装备试验标准体系研究

谷师泉　赵保伟　王　栋　杨　军　著

西北工业大学出版社

西　安

【内容简介】 本书是装备试验标准体系研究专著,来源于军队技术基础标准化研究项目"常规武器装备作战试验标准体系研究"。本书在分析试验标准特性、试验标准化问题与原因、试验基地标准建设问题和常规武器装备作战试验评价影响因素的基础上,提出按照工程应用用途将标准化文件分为标准化管理技术指南、技术基础规范、工程产品和服务质量标准、技术协调标准、技术指导规范和工程管理技术指南等六类,架构了面向常规武器装备作战试验工程的开放型质量技术标准体系结构(标准约束力、工程应用用途、开放性等三维度)和体系表结构要素,并提出了常规武器装备作战试验标准项目建设需求、标准体系建设目标与原则及思路、标准体系建设与推行建议。

本书可供装备试验鉴定工程技术与管理人员、质量与技术基础工作者、标准化工作者和大专院校标准化专业师生参考。

图书在版编目(CIP)数据

装备试验标准体系研究/谷师泉等著 . —西安:
西北工业大学出版社,2020.5
ISBN 978 - 7 - 5612 - 6726 - 4

Ⅰ.①装… Ⅱ.①谷… Ⅲ.①武器试验-标准体系-研究 Ⅳ.①TJ01-65

中国版本图书馆 CIP 数据核字(2020)第 068916 号

ZHUANGBEI SHIYAN BIAOZHUN TIXI YANJIU
装 备 试 验 标 准 体 系 研 究

责任编辑:孙 倩		策划编辑:杨 军	
责任校对:朱辰浩 刘 葳		装帧设计:李 飞	

出版发行:西北工业大学出版社
通信地址:西安市友谊西路 127 号　　　　邮编:710072
电　话:(029)88491757,88493844
网　址:www.nwpup.com
印 刷 者:兴平市博闻印务有限公司
开　本:787 mm×1 092 mm　　　　1/16
印　张:12.125
字　数:318 千字
版　次:2020 年 5 月第 1 版　　2020 年 5 月第 1 次印刷
定　价:49.00 元

前　言

常规武器装备作战试验是装备鉴定定型的重要环节,具有揭示装备实践能力水平、把关质量问题、衔接作战运用和反馈论证研制等重要作用;而标准是知识管理内容、技术创新成果和工程最佳实践,是技术培训依托和质量评价的依据,是质量基础(计量、标准和合格评定)、技术基础(计量、标准化、科技信息、质量管理、知识产权)。同时,标准也是国家和军队治理体系(法规、政策、标准)的重要组成,是加快实现"依法治军、从严治军"三个根本性转变,全面推进依法治国、贯彻落实依法治军重要制度的有效抓手。建设常规武器装备作战试验标准体系和推行试验标准,充分发挥标准"保底线、守基本、树标杆、提质效"等基础性、战略性、引领性作用,对于检验装备实战能力,构建先进、实用的试验鉴定体系,提高试验质量,加强装备质量建设,推动装备自主发展和实现强军目标有重要意义。

由于先前设计定型部队试验与生产定型部队试用标准不完善,作战试验可适用标准缺失,现有标准尚未形成协调、统一、适用、有效的标准体系,有的标准还缺乏生成的科学依据和有效的评估方法,所以造成问题:任务可靠性、实战保障性、人机结合性、信息化能力软件适用性考核不足;在复杂环境、边界条件和体系对抗条件下考核不彻底、不充分、不到位,实战能力考核严重不足;对抗条件下的作战效能评估基本属于空白;许多装备还是按照各自理解,有什么条件就做什么试验,而不是按照应达到要求来做试验;试验基地试验和部队试验一体化设计不足,试验项目过于简单;试验信息没有充分共享利用;各军兵种装备试验各自为战。为解决武器装备试验中标准管理"软"、标准体系"乱"和标准水平"低"等问题,必须从标准体系建设高度研究解决以上作战试验问题。根据上级领导和机关要求,2013 年 9 月课题组开始常规武器装备作战试验标准体系研究立项论证,2015 年开始技术基础标准化研究项目,2019 年 6 月完成课题验收,并最终形成了《装备试验标准体系研究》一书。

全书共 8 章。第 1 章为绪论。第 2 章分析信息化条件下军队作战能力、常规武器装备发展特点、国外主要国家武器装备采办和作战试验评价的特点、传统与新型试验鉴定体系的特点。第 3 章分析标准作用机理、标准自愿性、质量技术协商统一本质等标准特性,分析常规武器装备试验有关的国内外标准化发展特点。第 4 章分析现有常规武器装备作战试验标准体系存在的问题及原因,分析试验基地标准的建设需求和重点、与质量管理体系文件整合、信息化管理等问题,论证技术标准和管理标准的标准分类不合理性,分析常规武器装备作战试验标准需求,从装备、作战、试验和标准化等四方面分析常规武器装备作战试验标准化对象特点。第

5 章提出标准体系建设的目标、原则与思路。第 6 章基于科学-技术-工程生态链,提出面向工程质量的技术标准可分为标准化管理技术规范标准(元标准)、技术基础标准、工程产品和服务质量标准、技术协调标准、技术指导标准、工程管理技术标准等六类新观点;面向试验工程质量,着眼和落脚应用,强调开放性,首次提出标准使用约束力、工程应用用途和开放性等三维度的面向常规武器装备作战试验工程的开放型质量技术标准体系结构,从技术特性和信息化管理要求提出标准体系表要素。第 7 章分析常规武器装备作战试验标准项目建设需求。第 8 章提出作战试验标准体系建设与推行的对策建议。

当前,针对构建新型装备试验鉴定体系的需求,标准体系建设不断深入,但工作中还存在思想认识、体制机制、法规保障和经费支撑等制约因素,为落实李克强总理提出的"要立足于提高产品和服务质量,将不断升级的标准与富于创新的企业家精神和精益求精的工匠精神更好结合,鼓励企业做标准的领跑者,在追求高标准中创造更多优质供给,更好满足消费升级需求"的要求,使试验标准化工作更好地满足试验鉴定需求,试验管理机构、试验行业、试验基地的标准体系建设工作仍任重道远!本书可为装备试验鉴定领域标准体系构建、标准立项论证、标准研究、标准贯彻实施、试验基地标准建设、标准信息化管理、质量技术基础工作管理等提供技术支撑,为优化完善武器装备试验标准体系提供参考。

目前作战试验还在不断深化发展和持续探索实践中,会出现许多新情况、新问题,武器装备试验标准体系的优化完善有待于广大装备试验鉴定工程有关人员进一步探讨。

本书由谷师泉负责设计框架、统稿及修改,并撰写第 1,2,4~6,8 章;由杨军撰写第 3 章,由赵保伟、王栋撰写第 7 章。

在本书编写过程中,各级领导和很多同志给予了热情指导和大力帮助,在此一并表示感谢!写作本书参阅了相关文献资料,在此,谨向其作者深致谢意。

由于水平有限,书中难免有偏颇和疏漏之处,诚恳希望广大读者批评指正。

著 者

2019 年 10 月

目　　录

第1章　绪论 ··· 1

1.1　引言 ··· 1

1.2　本书研究范围 ··· 2

1.3　本书研究目标 ··· 2

1.4　本书研究内容与章节结构 ··· 3

第2章　常规武器装备作战试验影响因素 ································· 6

2.1　信息化条件下的军队作战能力 ····································· 6

2.2　常规武器装备发展特点 ··· 8

2.3　国外武器装备采办特点 ··· 15

2.4　常规武器装备试验与试验鉴定体系 ································· 27

第3章　国内外标准化发展特点 ··· 43

3.1　标准特性分析 ··· 43

3.2　国际标准化组织标准化发展特点 ··································· 50

3.3　北约与美军标准化发展特点 ······································· 55

3.4　我国民用标准化、国家军用标准化发展特点 ······················· 66

第4章　常规武器装备试验标准化现状与发展 ··························· 82

4.1　常规武器装备试验标准化发展特点 ································· 82

4.2　我国作战试验标准化现状 ··· 88

4.3　武器装备试验标准体系建设的两个问题 ····························· 96

第5章　常规武器装备作战试验标准体系建设目标与原则 ··············· 104

5.1　作战试验标准体系建设目标 ······································· 104

5.2　作战试验标准体系建设原则 ······································· 105

5.3　作战标准体系建设依据与思路 ····································· 110

第 6 章　常规武器装备作战试验标准体系总体结构 ················· 111

　6.1　常规武器装备作战试验标准化对象分析 ················· 111

　6.2　常规武器装备作战试验标准需求分析 ················· 117

　6.3　作战标准体系表要素 ················· 120

　6.4　作战标准体系结构图 ················· 122

第 7 章　常规武器装备作战试验标准项目分析 ················· 133

　7.1　作战试验技术标准 ················· 133

　7.2　作战效能评估技术标准 ················· 142

　7.3　作战适用性评估技术标准 ················· 148

　7.4　作战生存性评估技术标准 ················· 158

　7.5　产品质量标准 ················· 159

　7.6　试验服务质量标准 ················· 162

　7.7　相关性标准 ················· 163

第 8 章　试验标准体系建设与推行的对策 ················· 179

　8.1　试验标准体系建设 ················· 179

　8.2　试验标准体系推行 ················· 181

参考文献 ················· 186

第1章 绪 论

1.1 引 言

为了检验装备实战能力、推动装备自主发展，作战试验鉴定标准体系建设问题亟待解决。"抓好常规武器装备试验鉴定标准建设，是武器装备建设的一项战略性、基础性、长远性的工作"。随着现代战争进入"信息主导、破体击要、联合制胜"体系作战模式，我军武器装备由单装引进仿制进入成体系、自主创新发展新阶段，要求我们不断推进装备定型工作改革，把列装定型作战试验作为常规武器装备鉴定重要环节，建立"法律法规规章、政策指示指令、标准规范指南"治理体系理念，把标准作为法规支撑和补充，抓好标准体系建设，促进武器装备建设发展。

实现强军目标，加强质量建设，构建先进、实用的装备试验鉴定体系，必然要求研究作战试验鉴定标准体系。中央军委主席习近平提出"能打仗、打胜仗"的强军目标，指示"贯彻质量就是生命、质量就是胜算的理念……着力构建先进、实用的试验鉴定体系，确保装备实战的适用性""高度关注装备实战效能，严格装备试验考核和作战试验鉴定""在体系运用中检验性能、挖掘潜能，推动新装备成建制、成体系形成作战能力和保障能力"。军委首长也多次指出"作战试验鉴定是在实战背景条件下对武器装备的作战效能、作战适应性和体系贡献率等进行试验及综合评定的系统工程，是装备自主创新发展的坚实基础，是确保装备'能打仗、打胜仗'的有效手段"。标准是"质量的轨道、质量的硬约束"，树立战斗力根本标准，构建先进实用试验鉴定体系，武器装备作战试验标准体系建设问题非常重要。

解决武器装备试验中标准体系"乱"、水平"低"、管理"软"的问题，落实全面"依法治国"和"依法治军、从严治军"要求，必须优化标准体系。

标准化是为解决实际与潜在问题做出统一的规定，以在一定范围内获得最佳秩序和促进最佳共同效益。标准是质量评价的依据和技术培训依托，是质量基础（计量、标准和合格评定）和技术基础（计量、标准化、科技信息、质量管理、知识产权）、国家和军队治理体系（法规、政策、标准）的重要组成，是全面推进依法治国，贯彻落实依法治军的重要制度和有效抓手，促进实现"依法治军、从严治军"三个根本性转变，提高装备试验质量、装备作战效能与适用性，需充分发挥标准基础性、战略性和引领性的作用。由于先前设计定型部队试验与生产定型部队试用标准不完善、作战试验可适用标准少，现行标准尚未形成协调、统一、适用和有效的试验鉴定标准体系，有的标准缺乏生成的科学依据和有效评估方法，从而造成装备软件考核不足；任务可靠性、实战保障性、人机结合性、信息化能力考核不足；在复杂环境、极限边界、体系对抗条件下考核不彻底、不充分和不到位，实战能力考核严重不足；对抗条件下的作战效能评估基本属于空白;许多装备还是按照各自理解,有什么条件就做什么试验,而不是按照应达到的要求做试验;试验基地试验和部队试验一体化设计不足,试验项目重复;试验信息没有充分共享利用;各军兵种装备试验各自为战等问题。

1.2　本书研究范围

本书研究范围为常规武器装备作战试验标准体系。其中武器装备是"用于实施和保障作战行动的武器、武器系统和军事器材,主要指武装力量编制内的武器、弹药、车辆、机械、器材、装具等"[①];"常规武器装备"不考虑核武器、新概念武器、战略导弹;作战是"武装力量各种范围、规模、形式的攻击或抗击敌方的战役战斗行动"[②];狭义试验是"获得、验证或提供用于鉴定数据的过程"(其中鉴定是"对数据进行逻辑组合、分析并与预期的性能进行比较以帮助做出系统性决策的过程"),广义试验是"为考察某种事物的性能或效果而从事的活动""为了解某物的性能或某事的结果而进行的尝试性活动",即试验与评价(有时扩大为试验鉴定),本书中的试验主要指广义"试验与鉴定"概念(包括评价、定委专家评审与定型报批决策等)。常规武器装备作战试验是非装备解决方案(即作战条令、部队编制、人员训练和作战指挥控制等条件)有关实战因素条件试验评估装备解决方案对作战能力生成的贡献。狭义标准"为了在一定的范围内获得最佳秩序,经协商一致制定并由公认机构批准,共同使用的和重复使用的一种规范性文件。标准应以科学、技术和经验的综合成果为基础,以促进最佳的共同效益为目的"[国际标准化组织和国际电工委员会(ISO/IEC)第 2 号指南 1996 年版(第七版)、GB/T 20000.1 — 2002《标准化工作指南第 1 部分:标准化和相关活动的通用词汇》]。广义上标准是为了统一的约定文件、需要统一的技术要求(《中华人民共和国标准化法》2018 年 1 月 1 日起施行),本书所指标准不仅限于国家军用标准的广义概念,也考虑了标准化军民融合建设、试验行业/军兵种和试验基地标准三个方面,而且与美国防部"标准化文件"基本一致;一般的标准体系是指"一定范围内的标准按其内在联系形成的科学的有机整体"(GB/T 13016 — 2009《标准体系表编制原则和要求》)。本书所指标准体系是指"一定范围内所需标准按相关性分类的集合,它包括现行标准和需制定的标准"。总之,常规武器装备作战试验标准体系为了统一获取、综合、分析成建制或合成与联合的武装力量,使用除核武器、新概念武器和战略导弹以外的装备体系中的武器、武器系统和军事器材,在实施和保障各种范围、规模、形式的攻击或抗击敌方的战役战斗行动中的性能和效果数据并与预期要求比较,辅助做出系统性决策等过程,按相关性分类确定的现行和需制定的技术约定文件。

1.3　本书研究目标

贯彻落实习近平主席"能打仗、打胜仗"强军目标要求,贯彻"质量就是生命、质量就是胜算"理念,面向提高部队战斗力、面向军事斗争准备、面向信息化建设、面向武器重大工程和重点装备建设,以"一体化联合作战"和"体系建设"武器装备建设需求为牵引,适应战斗力生成、

---

① 《中国人民解放军军语》,1997.

② 《中国人民解放军军语》,2001.

武器装备发展和常规武器装备作战试验鉴定需要,研究常规武器装备试验鉴定和标准体系建设特点和规律,提出能够满足我军当前和今后一定时期常规武器装备作战试验鉴定需要,覆盖常规武器装备作战试验鉴定全要素、全过程,目标明确、全面成套、层次适当、划分清楚的标准体系建设思路、体系框架及有关对策建议,为建设技术先进、适用、有效的技术标准提供支撑,为首长和机关提供决策参考。

1.4　本书研究内容与章节结构

本书研究内容包括常规武器装备作战试验评价工作影响因素分析、常规武器装备作战试验评价标准问题及原因分析、标准体系建设目标、原则及建设思路、标准体系结构框架、标准体系实施及有关对策建议等内容。主要内容如下:

(1)分析战争由机械化向"体系对抗、网络聚能、联合制胜、精确作战、快速机动、立体打击、多能多样"的信息化演变趋势,对武器装备"基于信息网络体系的联合作战能力"检验评估问题,提出作战试验标准研制和标准体系建设原则:区别于作战试验、兵棋推演,以非装备解决方案(即作战条令、部队编制、人员训练、作战指挥控制等)为着眼点,重点论述,武器装备作战试验评估应着眼任务能力、能力要素、信息基础支撑能力等。

(2)从现有作战体系构架和试验的形式、主体、目的、重点和难点等六个维度分析研制方、独立第三方和使用方试验区别,从环境特性真实性、体系要素集成度(由元部件、分系统、系统到装备体系,由人与机结合装备体系、保障体系到作战体系)、目标对抗逼真性等人机环境目标要素分析各种试验,从试验工程共同体各主体的发展演变分析研制方、使用方和独立第三方等三种试验目的,指出装备作战试验特点:以作战体系中装备体系为对象、以作战能力评估为目的、装备工程共同体试验和各种试验一体化。

(3)从质量观念、试验模式、试验目的最佳实践、试验的需求、项目、重点、装备、参试人员、手段、技术、条件、测量标准、评估理论和评估标准等 14 个维度分析了传统、新型试验鉴定体系区别,从卡诺模型三种质量要求分析了人机结合性试验在作战试验中重要作用和地位,提出应将人机结合性作为作战试验标准体系建设中的重要内容。

(4)分析国际标准化"以保护社会公众利益和促进全球经济繁荣、科学技术发展和人类社会发展进步"为目的,以提高国际标准的全球市场适应性和努力实现"一个标准、一次检测、全球有效"为目标,由基础标准、测试方法标准向高新技术和产品标准转移,标准由单纯的技术向技术与管理融合,由单纯的传统工业向工业、农业和服务业一体化转型;欧盟标准在技术法规、新方法指令、协调标准和合格评定程序等市场统一化产品质量管理体系中作用;分析北约联盟是"以信息技术标准化为主攻方向和主战场、标准化协议聚焦于联合作战互操作性、推荐性标准最大限度采用民标,推行推荐性标准,构建由标准化协议、推荐性标准、管理出版物组成的标准化文件体系"的标准化发展趋势;美国军用标准化"围绕未来联合部队建设和联合作战的需求,全面推进标准化工作,使之成为连接使用部门、采办部门、保障部门和一切相关军民单位的纽带"的指导思想、"将国防部的标准化建成节省费用、提高作战使用效能的'冠军'"的总目标,采办过程中的标准化工作应将互操作性、兼容性和集成性作为主要的标准化目标。标准化的落脚点是要确定在现役武器装备的寿命周期内采办、保障和使用国防部系统采信装备的技术参数的基础上,将标准化文件区分为协调文件、有限协调文件和临时性文件。试验鉴定标准体系建设从管理培训计划(MTP)发展为 TOP、JOTP,参与北约制定 ITOP、盟国出版物 AP、AAP 等北约标准化文件的发展历程。本书提出为满足质量要求将标准区分为强制性标准、协调性标准和自愿性标准的分类方法,构建基于"法规、政策、标准"治理体系,将武器装备作战试验标准体系定位为技术标准体系。

(5)分析我国标准化工作"事关国家自主创新体系的建设和国家核心竞争力的培育以及对质量的硬约束""推进国家治理体系和治理能力现代化中标准化的基础性、战略性作用"等。认识历史进程,分析标准化战略成为我国重要的国家发展战略之一、"国家—行业—地方—企业"传统标准体系向"强制标准—公益标准—团体标准—企业标准"新型标准体系转变等国家标准化发展趋势,提出标准建设原则要适应国家标准化改革要求,并在武器装备作战试验标准体系中建立试验行业标准和试验基地/靶场试验。

(6)分析与我国军工产品定型制度相联系的研制单位鉴定、试验基地定型和部队试验试用所用传统试验鉴定标准体系,提出作战试验鉴定标准体系建设原则应适应新型试验鉴定体系构建,应继承部队试验试用标准合理部分,并借鉴研制单位鉴定试验和试验基地定型试验标准,构建与性能试验、在役考核标准相协调和满足一体化的试验鉴定。

(7)分析美军"非摧毁、非线式、非接触、非对称、零伤亡"等作战概念、以及取得军事技术优势和信息优势的装备发展理念,从重视装备信息化、无人化、体系化和人因系统综合(HSI,包括人因工程 HFE)的装备发展思想出发,提出作战试验标准体系建设应重视人机结合性试验标准、相关性标准体系中信息技术标准。

(8)分析美军武器装备采办特点(发展基于仿真采办、采办需求基于威胁转向能力,重视联合能力生成中 DOTMLPF 全领域的装备解决方案和非装备解决方案分析、技术成熟度评估、研制试验和作战试验一体化设计,发挥试验鉴定里程碑管理风险决策支持作用"确定性能水平;发现、报告和帮助纠正缺陷,为风险管理和完善需求提供决策支持数据"、采用"3-3-4-4"里程碑节点评审与管理等);分析美军作战试验鉴定特点(联合能力试验鉴定"像作战一样试验"保证体系化装备"天生联合"、试验"基于能力"转型,建设"逻辑靶场"构建联合任务环境,开发装备体系联合任务环境下能力试验方法 CTM,作战试验与研制试验、训练一体化,作战评估专注任务能力而非具体需求、规格、性能与效能量度,基于比较鉴定、由有重点技术规范验证(KSA+KPP+CTP)到作战任务能力系统评估确认转变(MOP→MOE+MOS→COI/COIC)等),提出作战试验标准体系建设中重视相关性共性技术标准(战场环境、作战对象、作战力量、作战任务、作战编成和作战试验想定等)、作战力量装备体系效能评估标准建设原则。

(9)从法规制度、试验标准、试验设计和试验效果等方面分析了我国武器装备试验鉴定体系的特点和存在问题;从装备、作战、试验、评估、标准和标准体系等方面,分析我国武器装备试验鉴定标准体系现状,对标准缺失、老化、交叉、重复、矛盾、技术水平低和适用性等不足,从技术和管理两方面,分析问题产生的原因(标准作用、作用机理、约束力、分级等标准化意识,治理体系中标准与法规关系,标准化与质量管理、技术创新、人力资源管理评价激励机制协调性,信息管理、标准化工作体制、标准化工作模式、主体参与多元性和充分性、综合标准化、型号标准化、试验单位标准化等)。

(10)分析强制性标准由行政部门基于法律法规强制、推荐性标准由契约双方基于合同协议协调、自愿性标准由企业基于自我承诺声明三种标准作用机理;从经济管理体制关联性和市场主体作用发挥,分析不同于法规的标准自愿性根本性质;分析标准工程质量技术统一本质、

"公标准"和"私标准"特点及其价值,提出常规武器装备试验行业标准与试验基地标准"私标准"建设需求;分析装备作战试验评估过程要素和复杂活动内在关系,以及标准体系建设中评估标准独立性、试验特有过程标准、基于作战想定和装备作战运用过程的作战试验流程标准(规范作战试验想定)、基于作战体系的人机结合性试验评估标准等标准建设需求;在分析装备内涵、试验产品特点、标准化依存主体(装备或试验)、标准可操作性与标准重复使用性等常规武器装备作战试验评估标准化对象特点基础上,提出标准建设要求、标准体系建设目标与原则,明确标准体系建设依据。

(11)从标准目的、作用、内容、"科学-技术-工程"关系、工程活动、管理活动、标准中适宜协调和统一的管理事项具体内容、管理有关标准用途、法规与标准关系、技术法规与管理有关标准关系、与管理有关标准的最成功标准和"垃圾标准"等方面,论证标准分为技术标准和管理标准的分类不合理性,提出所谓"管理标准(包括工作标准)"实质是"管理技术标准",可称其为"管理技术标准"(用于认证、认可与市场准入),管理有关标准应与技术法规和管理活动相协调,定位为管理技术标准,管理有关标准只有满足"大市场对标准的需求,贸易和服务对标准的需求,以及社会可持续发展、安全健康保障对标准的需求"并实现"一个标准、一次检测、广泛认可"才能行之有效,进而避免成为"垃圾标准"。因此将标准划分为管理标准和技术标准是不完备的,也是不适宜的,提出面向工程的质量技术标准可分为标准化管理技术标准、工程产品和服务质量标准、技术基础标准、技术协调标准(规范)、技术指导标准(指南)、工程管理技术标准(指南)等六类。

(12)根据谋求利益最优化和利益一致性竞争合作模型,分析了"合作标准、竞合标准、竞争标准"各类标准特点(政府负责供给,促进市场主体合作,提高市场主体共同效益的政府强制性纯公共标准;社会团体负责供给,促进市场主体合作参与更大范围竞争,提高社会团体共同效益的社会福利性准公共标准;市场主体企业负责供给,参与市场竞争,提高市场主体最佳效益的纯私有标准),在常规武器装备作战试验标准体系建设中,国军标要大幅瘦身;国军标、军民两用标准中强制性标准要整合;推荐性标准要优化精简;试验行业标准要大力发展;特别是试验基地/靶场标准要促进和鼓励发展,以突出其主体作用。

(13)分析试验基地标准基本功能(技术知识显性化积累固化,自主创新技术成果转换为试验基地强制性技术指令;产品和服务标准质量水平升级)和建设重点(专利技术固化和质量标准升级)及试验基地标准建设需求,根据装备试验创新性、信息管理系统固化积累技术成果,提出试验基地标准与质管体系文件整合思路,提出试验基地标准建设不必求全、对试验基地标准管理可以分类,但总体上却必须形成对试验基地标准体系管理措施。

(14)提出常规武器装备作战试验标准体系建设思路,明确装备体系要素、作战试验过程、作战条件要素、作战试验产品/服务等标准化对象和标准文件类别的标准名称构成要素,首次提出标准约束力、工程应用用途、开放性等三维度常规武器装备作战试验标准体系总体结构,提出10种作战试验标准,对各类标准主要内容、项目需求、国内外标准现状等进行初步论证,并提出标准建设项目具体建议等。

(15)提出文化建设与观念创新,机构、组织与人才队伍建设,标准化法规制度健全、标准立项与评审机制完善、标准化与技术创新和质量管理融合、工程试验标准制定/型号规范标准化建立健全、型号标准化与试验单位标准化经费保障、标准信息管理条件保障建设、标准化理论和标准体系深化研究等作战试验标准体系建设对策与建议。

第2章 常规武器装备作战试验影响因素

2.1 信息化条件下的军队作战能力

目前,各国军队战斗力基本形态呈现机械化与信息化"两化并存","基于大规模杀伤力和机动力的作战能力"的机械化战争加速向"体系对抗、网络聚能、联合制胜、精确作战、快速机动、立体打击、多能多样"的"基于信息系统的体系作战能力"信息化战争演变。战斗力也称为作战能力,它是武装力量遂行作战任务的能力。[①] 由于受到信息技术水平等制约,机械化战争中的军队整体作战能力基于在多元化作战力量、多维战场、多样作战样式、多种作战手段之间独立,作战力量按编制序列树状划分,整体结构松散,军种和作战实体之间不能实现战场信息高度共享和战场态势共同感知,整体作战力量形成和提高依靠作战系统中各要素的简单叠加。基于信息系统的体系作战能力(见图 2-1)是"以指挥信息系统为纽带和支撑,使各种作战要素、作战单元、作战系统相互融合,将实时感知、高效指挥、精确打击、快速机动、全维防护和综合保障集为一体所形成的具有倍增效应的作战能力"。[①]信息化作战能力的实质是以战场信息感知和利用为主线,以指挥信息系统为依托,充分利用信息技术的渗透性和连通性,对作战能力要素、各军兵种力量单元、作战体系综合集成和机构优化,使军队作战能力产生质的飞跃,形成新型整体作战能力。

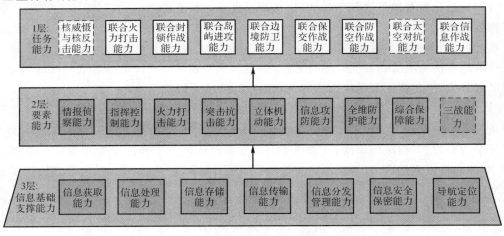

图 2-1 基于信息系统的体系作战能力框架

---

① 《中国人民解放军军语》,2011.

在信息化条件下,战争的基本特征是"多网联动"和"多域交联",具有"基于信息系统的体系作战",鲜明时代特征,对作战试验的体系化试验设计、试验重点和效能评估提出了新要求。

"多网联动"指作战体系处于由信息网络、作战力量网络、社会人际关系等多种网络"网网相扣"的关联中,"多域交联"指作战体系处于"多方、多要素、多领域"交联而成的"多尺度""跨尺度"的复杂战争空间中。基于信息系统的体系作战能力具有 4 个特征:①质量优势决定作战能力水平。集中兵力不等于集中作战能力,信息优势决定质量优势,从而决定战场主动权,决定战争的胜负。战争胜负取决于通过网络化信息系统将分散的作战单元,在决定性时间、决定性地点和决定性目标上集中信息力和打击力。②诸军兵种作战力量紧密融合。作战单元按照"部署分散、效能聚焦"原则行动,作战力量通过指挥信息系统融合武器系统实现信息共享,融合作战单元实现互联、互通、互操作,融合作战要素,实现能力聚合,实现不同空间行动衔接和效能聚合,形成"神联力融"力量结构。③信息力主导作战能力发挥。信息取代物质和能量成为作战能力要素中的主导要素,信息成为战争的胜负决定性因素,信息由服务保障地位上升为主导地位:实现作战单元和要素间信息共享;自适应协同达到行动实时调控;战场信息透明直观;实现多空间和多手段精打要害和一体化攻击能力。④信息与火力一体化。更加强调火力突击与信息保障,信息攻防紧密结合,最大限度提高己方的打击精度和效能。

信息化条件下,机动力、信息、指挥控制力、杀伤力、防护力和保障力等作战要素能力呈现出新特点,对作战试验设计和试验条件控制提出了以下新要求。

(1)作战能力主要由机动力、信息、指挥控制力、杀伤力、防护力和保障力等要素能力构成。信息化条件下作战要素能力呈现出新特点:①高精确、高效能打击武器与高素质军人有机结合,使得远程精确打击,软硬杀伤等杀伤力得到质的提高;②机动力使用呈现多向性,显现临近空间、太空机动等多维性,空中机动能力从战术级向战役级跃升,民用运输力量补充军事运输力量;③新型复合材料和隐身材料、电子干扰技术、防空反导系统、部队装备运用能力使得军队防护能力提高;④通信、雷达、计算机、卫星和激光等信息技术装备使得军队信息获取、处理、利用和控制能力增强;⑤随着作战范围扩大,战场信息量增多,军队机动力和杀伤力提高以及指挥活动日趋复杂,C^4ISR 等先进自动化指挥信息系统的广泛应用,军队指挥控制力得到质的飞跃;⑥战争对作战保障能力要求越来越高,先进信息技术广泛应用,使得情报、工程和气象、水文等作战保障能力大幅度提高;战争更加依赖于后勤能力,后勤保障表现出组织扁平化、指挥信息化、信息实时化、保障联勤化、管理立体化和保障区域延伸化等特征,形成战略战役战术多级一体、海陆空联合综合后勤保障体系;装备保障能力更重要,装备保障技术要求更高,更依赖于专业修理单位和研制厂所。

(2)在军兵种建设上,各种作战能力有不同要求。总体上,将加快转变战斗力生成模式,运用信息系统把各种作战力量、作战单元、作战要素融合集成为整体作战能力,逐步构建作战要素无缝链接、作战平台自主协同一体化联合的作战体系。陆军发展是按照机动作战、立体攻防战略要求,实现区域防卫型向全域机动型转变,加快小型化、多能化、模块化发展步伐,适应不同地区、不同任务需求,组织作战力量分类建设,构建适应联合作战要求的作战力量体系,提高精确作战、立体作战、全域作战、多能作战和持续作战能力;海军发展要求按照近海防御、远海护卫战略要求,逐步实现近海防御型向近海防御与远海护卫型结合转变,构建合成、多能、高效的海上作战力量体系,提高战略威慑与反击、海上机动作战、海上联合作战、综合防御作战和综合保障能力;空军发展要求按照空天一体、攻防兼备战略要求,实现国土防空型向攻防兼备型转变,构建适应信息化作战需要的空天防御力量体系,提高战略预警、空中打击、防空反导、信息对抗、空降作战、战略投送和综合保障能力。

从装备建设角度出发,作战能力生成可以分为装备解决方案和非装备解决方案两种方式。在信息化条件下,装备解决方案日益重要,武器装备成为军队作战能力生成的主要途径,武器装备作战试验在作战系统非装备因素已知的实战化条件下进行。

战斗力或作战能力生成途径一般包括发展武器装备、调整体制编制、深化教育训练、培育战斗精神、实施科学管理和创新军事科学。从装备建设角度出发,作战能力的生成分为装备解决方案和非装备解决方案两种方式,信息化条件下装备解决方案日益重要,武器装备成为军队作战能力生成的主要途径。习近平主席指出:武器装备是军队现代化的重要标志,是国家安全和民族复兴的重要支撑。建设一支掌握先进装备的人民军队,是我们党孜孜以求的目标。在战争制胜问题上,人是决定因素。同时也要看到,随着军事技术的不断发展,装备因素的重要性在上升,人的因素、装备因素结合得越来越紧密,人与装备已经高度一体化,重视装备因素也就是重视人的因素。武器装备作战试验就是在作战能力生成的非装备解决方案涉及因素(作战条令、部队编制、人员训练和作战指挥控制等条件)确定的实战化条件下,对装备解决方案生成的作战能力开展试验评估,作战试验鉴定必须着眼于杀伤力、机动力、防护力、信息、指挥控制力和保障力等作战效能评估的根本问题,而联合训练重视联合指挥、逐级集成、综合保障和复杂电磁环境等也是作战试验应有之义。在解决武器装备宜人性中,除人因工程试验外还要关注人员选拔、训练考核、人机结合和人人协同等人机体系整合问题;而军事科学理论、体制编制以及科学管理首先涉及的是作战试验的条件,但也是评价的对象,要研究常规武器装备体系、作战使命、战役联合作战运用原则、编制体制、训练与作战任务剖面、使用与保障要求、作战环境等问题。总之,作战试验是在装备系统/体系之外的作战能力生成的非装备解决方案所涉及因素确定的实战化条件下对装备解决方案生成的作战能力进行试验评估,研究作战试验标准化问题也必须遵循作战能力生成规律,将其作为标准体系建设原则之一。

综上所述,机械化战争向"体系对抗、网络聚能、联合制胜、精确作战、快速机动、立体打击、多能多样"信息化战争发展,要求从任务能力、能力要素和信息基础支撑能力三个层面解决"基于信息网络体系的联合作战能力"检验评估问题,武器装备作战试验应区分于非装备解决方案(作战条令、部队编制、人员训练和作战指挥控制等条件)的作战实验、兵棋推演,应在作战系统作战能力生成的非装备解决方案所涉及因素确定的实战化条件下,对装备解决方案对体系作战能力贡献进行试验评估,应全面考虑杀伤力、机动力、防护力、信息力、指挥控制力和保障力等能力要素对任务能力贡献、作战效能评估这一根本问题,这是作战试验标准体系建设原则之一。

2.2　常规武器装备发展特点

2.2.1　国外武器装备的发展特点

1. 美国武器装备作战运用

以巩固全球霸主地位为目的,以"尚力、尚武""技术决胜"的军事战略思维为指南,以"非对称、非线式、非接触、非摧毁"等作战思想和"联合作战""信息作战""震慑达成快速主宰""快速决定性作战""基于效果作战""网络中心战""五环目标空袭作战"等作战理论为指导,以首先打击"重心"目标和"要害"部位来影响战争结局,极力追求"效益高、见效快、代价小",甚至"零伤亡"。在实用主义和现实主义哲学指导下,受社会达尔文主义价值观和"个性""独立"文化影响,为了追求所谓"救世使命"和化解病态"危机感",在"通过强力建立霸权、谋求利益"思维定势下,将"在发展、拥有并使用先进武器装备的基础上取得绝对优势"作为战略思维取向。美军吸取朝鲜战争与越南战争的教训,强调依靠先进武器装备、以最小伤亡取得胜利。20 世纪 70 —80 年代美军建立"核力量、常规军事力量、军政领导中心、经济目标"的顺序"四环目标空袭作战"理论,90 年代初"冷战"时期,美军战略由全面打核战争转向打高技术条件下常规战争,提出"效益高、见效快、代价小"空袭作战基本原则。1988 年美国空军为适应高技术条件下局部战争需要,按对敌方战争决策影响大小,建立"国家指挥中心→关键性的企业(电力、石油、军工)→交通目标(桥梁和枢纽)→民心(心理战目标与民生目标)→作战部队"空袭目标顺序的"五环目标空袭作战"理论,90 年代海湾战争与科索沃战争的空袭作战完全以"五环理论"作为战略指导,达到了美军空袭作战"效益高、见效快、代价小"的要求,尤其令美军称道的是己方伤亡小,在科索沃战争中几乎实现"零伤亡"突破。1996 年 7 月《2010 年联合构想》提出"制敌机动、精确打击、全维保护、聚焦式后勤"4 个新作战概念。1999 年 10 月,美联合部队司令部颁布《0.5 版快速决定性作战白皮书》提出了联合作战理论。2000 年 5 月在《2020 年联合构想》提出了"信息作战""全谱优势""联合指挥与控制"和"多国与跨部门行动"等作战概念,目前又发展了"跨域联合""无人机集群作战"等概念。在联合构想(2010 年、2020 年)指导美军未来建设和作战的纲领性文件中,提出了未来联合作战理论基础是必须能够控制作战空间,而控制作战空间必须首先拥有制信息权。自 2003 年以来,美军先后制定《联合作战顶层概念》《联合行动概念》《联合功能概念》和《联合集成概念》等一系列文件,以其为指导,并将联合作战理念不断推向深入。2001 年正式提出适用有限正规战争"基于效果作战"理论(20 世纪 90 年代空军提出,2001 年白皮书《决定性快速作战》(1.0 版)定义"基于效果作战",并从多年实战中发现和总结了各军种联合作战优势。2006 年《联合作战纲要》吸收其理论精华,2010 年美联合部队司令部发布《关于基于效果作战的指南》对该理论的适用性进行了反思)。"基于效果作战"是"通过在战略、战役和战术层次,以协调、增效和积累方式,运用全部军事和非军事力量,获得所期望的战略效果或对敌人造成所期望的'效果'的过程",理论基点是打击敌人能力,评估标准是敌人是否失去战斗能力,而不是彻底被消灭,要求"快速、精确、远程"以最快速度达成作战目标,以精确打击扩大效果,以远程打击避免陷入持久战。力量运用强调综合使用国家全部军事和非军事能力,形成非对称优势;作战样式强调震撼人心的效果和多种力量并列推进,采用从"集中兵力""集中火力"改为"集中效果",通过集中摧毁对方物质实体,造成对方心理失能,达成战略效果;打击对象上平行打击对方各种力量;时空上集中时间对敌方领土实施全纵深、全维度打击。从以往战争看,美军作战中使用物质摧毁系统和精神摧毁系统两个力量系统,在效果牵引下平行运行、相互耦合,发挥各自功能,促进了国家战略目标的实现。

2. 美国武器装备发展

美军受"技术制胜"军事战略思想影响,以技术制胜战争观为指导,极力谋求压倒性技术优势,谋求保持军事战略优势,以"取得军事绝对优势"思维大力发展高技术装备,以"控制作战空间,拥有制信息权"为理论指导大力推进装备信息化建设,强调依赖国防科技发展,始终把国防科技发展置于优先地位,将国防科技优势作为国家安全更为有效的威慑手段,建立"军事技术预警"机制和成熟技术快速转化为联合作战能力机制,重视国防科技发展战略规划管理,对太空技术、信息技术以及信息系统、隐身武器系统、无人作战系统、巡航导弹和精确制导武器等未来作战所需的关键技术重点支持。

（1）重视国防科技发展战略规划管理。美国作为当今世界国防科技最发达的国家之一，一直重视制定国防科技发展战略。美国国防部根据国家安全长远目标、战略需求和现实需求，把保持美国在国防科技领域的领先地位作为国防科技发展战略目标。美军十分重视国防科技发展战略规划工作，根据《2020年联合设想》《四年一度防务评审》和《国家安全战略》，通过国防部、联合参谋部、各军种的国防科技发展规划人员，制定美国国防科技设想、战略、规划和目标系列文件：《国防科学技术战略》作为战略规划关键，制定及支撑该战略且满足美军当前和未来作战需求的《基础研究计划（BRP）》《国防技术领域计划（DTAP）》和《联合作战科学技术计划（JWSTP）》作为《国防科学技术战略》的重要保证，制定《国防技术领域计划的国防技术目标（DTO）》作为国防科技计划重要支撑。BRP计划每两年更新一次，内容包括物理、力学、化学、地球科学、数学、海洋科学、计算机科学、大气与空间科学、电子学、生物科学、材料科学及感知科学与神经科学等12个大类科学技术领域。"冷战"时期，根据"遏制战略""大规模报复战略""灵活反应战略""现实威慑战略""新灵活反应战略"和"全球威慑、应急反应战略"等军事战略，在国防科技发展上，美国采取"先军后民，以军带民，全面发展"战略，加大国防科技研究经费投入，以大型工程项目促进了国防科技发展。20世纪60年代，"阿波罗"登月计划耗资250亿美元，带动电子科技、材料科技和能源科技等新兴技术领域发展；20世纪80年代，"星球大战"计划耗资近400亿美元促进定向能技术、航天技术、探测技术和数据处理技术等一批新技术出现。"冷战"时期结束后，根据调整后的"灵活与选择参与战略"与"营造-反应-准备战略"等军事战略，美国对国防科技发展战略进行重大转变，强调"和平时期技术优势是威慑力量的关键要素"，声称要在高技术领域对盟国保持一代优势，对竞争对手至少保持两代优势。围绕提高军事作战能力，突出基础研究与应用研究，制定完善的国防科技发展计划，于1992年7月公布"冷战"后第一个《国防科学技术战略》，加强对关键技术关注，把航天技术、军用电子技术、军用计算机技术、微波技术、电子战技术、精确制导技术、新材料技术和超导技术等作为国防科研建设的重点领域和方向，适应武器装备从数量规模型向高精尖武器转变。2001年"9·11"事件后，美国为增强对付敌对国家和恐怖组织军事实力，提出"内保安全""外谋霸权"的"确信、慑阻、威慑、击败"四项战略目标，形成"营造国际环境→阻止敌对势力形成→通过威慑推行美国意志→使用打击手段彻底解决问题"战略目标顺序链，形成美国新军事战略总纲领，提出把"洲际核导弹、战略轰炸机和战略核潜艇"的"三位一体"纯核体系改造成"核与非核打击能力、主动与被动防御能力和灵活反应的基础设施"的"新三位一体"结构，强调核与常规打击能力结合、进攻与防御结合、威慑与实战结合、"硬力量"与"软力量"结合。2002年确定推行国家军事安全战略为"先发制人"战略，强调"基于能力"军事力量建设，加快"国防转型"，国防转型根本目的是减少制度风险，转型核心是：精简机构、优化运作；强化可承受性发展策略；保持国防基础工业能力优势。军事规划与建设方针由"基于威胁"模式转向"基于能力"模式，主要关注于可能的对手具有或将发展何种作战能力，而不是对手是谁或战争将在何处爆发。二是要求美军具备制止和挫败敌人依赖突然袭击、欺骗或非对称作战手段达成目的的能力；要求国家不仅要在关键领域保持军事优势，而且还要不断发展新军事优势领域。将太空技术、信息技术和情报能力作为应对未来挑战的新军事竞争领域，将太空战、信息战和情报能力作为美军军事核心能力。

(2)美军为了适应联合作战需要,在 2005 年将"先期概念技术演示(ACTD)"改革为"联合能力技术演示验证(JCTD)",确立采用技术演示方式将成熟技术快速转化成联合作战能力机制。

(3)发展高技术装备及其关键技术。美军从近几场局部战争深刻认识到,高科技武器具有无比巨大的威力和不可替代的作用。美国防部 2003 财年《国防报告》确定航空平台,化学、生物防御与核武器,信息系统与技术,地面车辆与舰船,材料工艺,生物医学,传感器、电子设备和作战空间环境,航天平台,人员防护系统和高技术武器等 10 个装备技术发展重点。目前美国防科技经费重点支持信息系统、隐身武器系统、无人作战系统、巡航导弹和精确制导武器等未来作战所需关键技术与装备研发,增强预警能力和远程精确打击、非致命打击能力。优先发展太空和网空"两空"作战技术,加快发展网络赋能技术。

3. 美国武器装备发展重视体系化建设

武器系统采用 SoS 的体系化发展模式,先后开发体系结构设计工具《C⁴ISR 体系结构框架》《国防部体系结构框架》DoDAF,在其最新 DoDAF2.0 版中设计了作战、技术和系统三方面全视图,数据与信息视图、标准视图、能力视图、作战视图、服务视图、系统视图和项目视图等 8 种视角,将标准纳入体系结构框架,在标准视角中设计了标准概况和标准预测 2 种模型,并提供了包括联合通用系统功能清单(JCSFL)、通用联合任务清单(U－JTL)、知识管理/决策支持系统(KM/DS)等 9 种公共参考资源。

(1)武器系统采用 SoS 体系化发展思想。SoS 体系要求依次考虑现有武器系统充分利用、现有武器改进、开发新武器系统。SoS 体系思想充分利用现有系统可靠性、吸收优点、改进不足,避免重复开发和重复投资,从而节省成本和时间,又在很大程度上减少新系统开发风险,是开发复杂大系统(尤其是投资大周期长的系统开发项目)的好方法。

(2)发展体系结构设计。海湾战争后,为提高 C⁴ISR 系统建设效率,解决互操作性问题,美军规范其体系结构设计,1996 年 10 月发布《C⁴ISR 体系结构框架》1.0 版、1997 年 12 月发布《C⁴ISR 体系结构框架》2.0 版,2004 年美军在《C⁴ISR 体系结构框架》基础上发布《国防部体系结构框架(DoDAF)》1.0 版,要求进行国防部各个任务领域体系结构设计时,强制执行 DoDAF 规定的作战视图、系统视图与技术视图三种视图来描述体系结构,强调体系结构对国防部联合能力集成与开发系统(JCIDS)、国防采办系统(DAS)以及规划、计划、预算和执行(PPBE)流程"三大采办系统"支持。2007 年 4 月 23 日发布《国防部体系结构框架(DoDAF)》1.5 版,引进了网络中心战的基本概念,并充分吸收面向服务体系结构服务等先进技术,将系统视图改为系统与服务视图等,更强调体系结构数据而不是产品,引入联合体系结构概念,将核心体系结构数据模型作为 DoDAF 必要部分。

2009 年 5 月 28 日,美国防部颁布《国防部体系结构框架(DoDAF)》2.0 版,武器装备体系结构发生四点变化:一是体系结构开发过程从以产品为中心转向以数据为中心,主要提供决策数据;二是三大视图(作战、技术和系统)转变为全视图、数据与信息视图、标准视图、能力视图、作战视图、服务视图、系统视图、项目视图等 8 种视角(DoDAF2.0 前称为视图)(见表 2－1);三是描述数据共享和在联邦环境中获取信息需求;四是创建国防部体系结构框架元模型;五是描述和讨论面向服务体系结构(SOA)开发方法。

表 2-1 DoDAF2.0 体系结构模型

适应视图	模型代号	模型名称	适应视图	模型代号	模型名称
全视图	AV-1	概述和摘要信息	服务视图	SvcV-1	服务关系描述
	AV-2	综合词典		SvcV-2	服务资源信息流描述
能力视图	CV-1	构想		SvcV-3a	系统-服务矩阵
	CV-2	能力分类法		SvcV-3b	服务-服务矩阵
	CV-3	能力的阶段划分		SvcV-4	服务功能描述
	CV-4	能力相关性		SvcV-5	作战活动对应服务追溯矩阵
	CV-5	能力对组织开发的映射		SvcV-6	服务资源信息流矩阵
	CV-6	能力对作战活动的映射		SvcV-7	服务度量矩阵
	CV-7	能力对服务的映射		SvcV-8	服务发展描述
数据和信息视图	DIV-1	概念数据模型		SvcV-9	服务技术与能力预测
	DIV-2	逻辑数据模型		SvcV-10a	服务规则模型
	DIV-3	物理数据模型		SvcV-10b	服务状态转换描述
作战视图	OV-1	高层作战概念图		SvcV-10c	服务事件-追踪描述
	OV-2	作战资源信息流描述	标准视图	StdV-1	标准概况
	OV-3	作战资源信息流矩阵		StdV-2	标准预测
	OV-4	组织机构关系图	系统视图	SV-1	系统接口描述
	OV-5a	作战活动分解结构树		SV-2	系统资源信息流描述
	OV-5b	作战活动模型		SV-3	系统-系统矩阵
	OV-6a	作战规则模型		SV-4	系统功能描述
	OV-6b	作战状态转换描述		SV-5a	作战活动对应系统功能追溯矩阵
	OV-6c	作战事件跟踪描述		SV-5b	作战活动对应系统追溯矩阵
项目视图	PV-1	项目组合关系		SV-6	系统资源信息流矩阵
	PV-2	项目时间进度		SV-7	系统度量矩阵
	PV-3	项目对能力的映射		SV-8	系统发展描述
				SV-9	系统技术与能力预测
				SV-10a	系统规则模型
				SV-10b	系统状态转换描述
				SV-10c	系统事件-追踪描述

4. 美国武器装备发展重视 HFE、HSI 和无人化、非致命装备

受美国人文主义文化传统和职业军人制度影响,极度重视生命价值,重视人因工程(HFE)和人因系统综合(HSI),以"非接触、零伤亡"理念,大力发展无人化装备;适应"维和"和"非战争行动(OOTW)"加速发展非致命武器。

(1)美国人文主义传统文化对"战争高伤亡"极度敏感,在武器装备创新和作战理论探索中,比较多地考虑"如何减少伤亡",将"非接触、零伤亡"作为一种理想和作战思想。《美国陆军史》指出"在第二次世界大战中,10％的伤亡率就难以接受"。事实上美军各个年代、各种版本作战条令、作战纲要等出版物频繁出现"以最小的伤亡代价取得胜利"。这主要归因于美国文化的人文主义传统根基,突出对生命极度重视。对美国军事思想影响较大的西方哲学人文主义思潮,起源于欧洲中世纪的文艺复兴时期,确立于 18 世纪启蒙运动,基本内涵是要求尊重包括生命价值的社会成员个人权利和价值,这种哲学和生命思潮在当时代表进步力量,而后发展成为带有个人主义倾向文化观念,它较少顾及国家整体价值和社会群体共同权利和义务,较多强调公民个体价值和个人自由与权利,在战争领域表现出一种对人的生存权利和生命状态格外关注和极端追求。

(2)武器装备"全系统方法"采办管理,重视人因工程(HFE)和人因体系整合(HSI,也称人机综合)。美国历来非常重视人因问题,武器装备发展中对人的因素关注经历了人适应机、机适应人、人机匹配和人因系统整合等阶段,即对训练、HFE、人机交互和与人有关因素的 HSI 等问题关注,从开始强调人,装备单方面,双方的交互,再到选拔、训练等多种人的因素融合整合。人因体系整合是在国防采办过程中对人力、人员、训练、人的因素、安全和职业健康、人员生存性和适居性等与人有关的因素进行整合。人因体系整合是"将对人的考虑综合到系统设计中去以改进总的系统性能和降低寿命周期费用的一种有序的、单一的相互作用的方法"。美国国防部指令 DoDD5000.1 要求采办管理采用"全系统方法",以优化系统总体性能,使所有权费用最小,国防部指示 DoDI5000.2 规定强调运用系统工程"武器系统的有效维持源自设计研制可靠的可维护的系统,要做到这一点,必须坚持运用强有力的系统工程方法(SE)"。系统工程决策中应当考虑的设计要素包括开放系统设计、互操作性、软件、民用货架产品、制造能力、质量、可靠性、可用性和维修性、保障性、人机整合、环境、安全、人员健康、生存力、腐蚀预防和控制、退役处理和非军事化、信息保证、钝感弹药、防窃密规定、系统安全性和可达性,其中人因体系整合对于最大限度提高全系统绩效和降低寿命周期费用是必需的。HSI 是在能力定义和系统开发中考虑人的性能的一个规范化采办程序;目的是保证在采办寿命周期早期识别与人的性能有关的问题,并在系统开发和试验中解决或减轻问题;HSI 是在系统定义、设计、开发和评价中结合人的能力和限制,以优化作战使用环境全系统性能。

(3)受美国人文主义文化传统影响,极度重视生命价值,重视"非接触"作战,重视"以最小的伤亡代价取得胜利",甚至崇尚"零伤亡"大力发展无人化装备。全速推进定向能武器实战化运用,将激光武器作为能"改变战争游戏规则"重要突破口,发展无人化装备执行"枯燥、恶劣、危险、纵深"4D 任务,将无人作战系统技术视为未来美军五大技术支柱核心重点投资,指出"未来由无人机实施的远程火力打击将是美军全球理论投送的主要手段之一"。美国国防部在《无人机系统路线图 2005—2030》中,计划到 2025 年以后使无人机具有集群战场认知能力,实现完全自组织作战,利用极佳的战场生存能力和任务完成能力,完成在复杂对抗环境下协同的搜索、干扰、攻击、察/打以及集群对抗等任务(见图 2-2)。

(4)美军适应增多"维和行动"和"非战争行动(OOTW)需求,大力发展非致命武器研发。美军认为,非致命武器可以减少双方人员伤亡,使美军赢得国内外支持,保证美国武装部队实现其最终目的。美国陆军装备司令部计划指出:"弱杀伤武器的潜在应用包括阻滞人员行动(控制人群、设置路障、阻止人员逃离),阻止车辆机动(阻止车辆机动时尽量减少车辆中的人员伤亡),干扰通信线路(通过计算机病毒),干扰通信设施等。"非致命武器技术范围很广,美国陆军训练与条令司令部《陆军作战中非致命能力的概念》附录列出 50 余项潜在非致命技术。1995 年美军在索马里使用了橡皮子弹、木制猎枪小子弹、由枪炮发射的豆粒子弹,肥皂和催泪气形成的障碍,使人动弹不得的胶粒枪等非致命武器。1996 年,美国国防部拟定国防部指令 DODI3000.3"非致命性武器政策",目的是利用非致命武器使敌军丧失战斗力而不杀死敌人。新政策不再限制战术指挥官在作战行动或非作战行动中对武器的选择,允许战术指挥官灵活地运用非致命武器,同时允许军队在受到威胁时使用杀伤性武器。该指令"不要求非致命性武器的杀伤率或永久性损伤率达到零。"根据这项指令,非致命武器的目的是把死亡率、单兵永久性损伤率以及不希望出现的财产破坏程度降到最低点。因为杀死一个人相对容易,但使一个人丧失战斗力而不被杀死则非常困难。

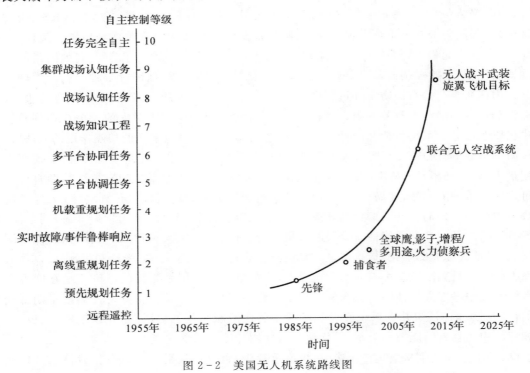

图 2-2　美国无人机系统路线图

总之,美国武器装备发展以"尚力、尚武""技术决胜"军事战略思维为指南,以"非对称、非线式、非接触、非摧毁"作战思想为指导,极力追求"效益高、见效快、代价小",甚至"零伤亡";强调依赖国防科技发展,以"控制作战空间,拥有制信息权"为指导大力推进信息化建设,以"信息网络→信息共享→信息质量→合作程度→共享感知→自同步→任务效率"形成信息优势,以技术制胜战争观为指导极力谋求压倒性技术优势,以"取得军事绝对优势"思维大力发展高技术装备;重视体系化建设开发《C⁴ISR 体系结构框架》《国防部体系结构框架》(DoDAF),将标准纳入了体系结构框架,并提供了包括通用联合任务清单(UJTL)、联合通用系统功能清单(JCSFL)等公共参考资源;受美国人文主义文化传统影响对生命价值极度重视,重视人因工程(HFE)和人因体系整合(HSI),以"非接触、零伤亡"理念,大力发展无人化装备;适应"维和"和"非战争行动(OOTW)"需求加速发展非致命武器,重视先进武器装备研发,以在发展、拥有并使用先进武器装备基础上"取得绝对优势"为目标。

2.2.2　我军常规武器装备发展特点

以"完善体系、优化结构、综合集成、提高质量"为目标,按照"全域作战、机动作战、立体攻防"战略要求,我军武器装备建设将进入信息主导、体系建设,自主创新、持续发展,统筹兼顾、突出重点的新阶段,常规武器装备将出现非战争军事行动装备、装备体系补缺装备以及新型作战力量编配所需等新型号装备,远程精确化、智能化、隐身化、无人化、高技术、信息化、多功能、模块化特征明显,如微型无人平台、单兵无人作战平台系统、遥控武器站、旋翼无人飞行器、班组综合无人作战系统、小型侦察机器人系统、边防光纤传感网、战术激光武器、可穿透树丛侦察雷达、航空火箭纤维弹、卫星制导迫弹、弹道修正引信、加榴炮弹多选择引信、多功能杀爆弹可编程引信和射距修正弹引信等。通用质量特性、人机结合性、信息化能力试验等作战能力试验要求更高,竞标比测试验、装备体系/系统作战试验数量和要求逐步提高。

2.3　国外武器装备采办特点

2.3.1　美国武器装备采办的特点

(1)美国国防系统和服务主要依靠私营承包商提供,国防采办是获得防务所需武器系统、军用物资、器材、设施和劳务过程,采办效果的关键取决于国防部与承包商的利益平衡,采办改革采用多种激励建立与承包商互利关系的,提高国防经费使用效率效益,但由于资本主义政治制度国防部与私营承包商互利关系平衡问题,高费用问题多次改革见效不大。

1)通过采办改革建立与承包商建立互利关系,提高国防经费使用效率与效益。国防采办武器装备系统和服务合同主要依靠私营承包商提供,采办包括需求生成和定义、采办策略和行业分析、合同授予以及合同执行中绩效分析,效果关键取决于国防部与承包商双方利益的平衡。国防部性能/价格与承包商利润/风险目标冲突、双方结构关系,易造成常以牺牲成本和进度来换取性能目标的实现。第二次世界大战(以下简称"二战")结束后到 20 世纪 90 年代"冷战"时期结束前,国防部采用日益复杂的法规条例、军用标准体系对承包商及其产品严格控制,而不是采用民用市场激励手段,在平衡国防部和承包商经常性目标冲突中,形成互为敌手不信任关系而造成重重问题,虽进行了一些国防采办改革来满足预算涨降现实需求,但未触及采办关系、体制根本,成效一直不大。90 年代"冷战"时期后,由于国家安全环境变化,对采办合同执行"拖、涨、降"的做法无法容忍,美国开始全面国防采办改革,颁布《联邦采办简化法》(FASA)和《联邦采办改革法》(FARA)。1971 年 7 月第一个国防部指示 DODD5000.1、1984年 4 月 1 日《联邦采办条例》、1996 年《克林格-科恩法》进行国防采办改革,着重贯彻以需求为牵引、性能为要求、市场为条件、竞争为手段、作战为目的等采办原则,强调军民通用性,重视一体化有效作战保障,限制军用标准/规范使用,加快科技成果转化,注重缩短采办周期,不断改善管理方法,大力采用民用项目,推广"一体化产品小组"模式。由于能力需求和信息沟通条件的改进,建设性对话关系形成,国防部与承包商关系向目标双赢、相互信任互利伙伴关系转变。

2)通过《武器系统采办改革法》改革,加大项目实施中系统工程、技术管理与试验鉴定力度,重组系统工程和研制试验鉴定机构,加强装备技术成熟度管理,降低装备项目技术风险。面对装备采办领域"拖进度、降指标、涨费用"的严重问题,2009 年 5 月 22 日,奥巴马政府颁布

《武器系统采办改革法》规定在原来系统与软件工程办公室基础上成立系统工程办公室,并成立新研制试验鉴定办公室,评估美军系统工程和研制试验鉴定能力,并对采办过程中的系统工程工作与研制试验鉴定提供政策指导;同时,规定特别关注系统工程,管理技术风险,尽早独立估算项目费用,提供资金支持,重点重申竞争(项目启动前系统原型竞争/在主要分系统层次竞争)的重要性。

3)推进"更优购买力"采办改革,采取技术成熟度评估、里程碑评审改革等7项重大改革措施,提高国防经费使用效率效益。国防部2010年发布《国防效率决议》,2010年6月,国防部《更优购买力:提高国防经费使用效率与效益指南》备忘录提出"更优购买力"倡议,之后陆续发布40余份相关政策、指南和备忘录,推进"更优购买力"采办改革,如2010年6月28日《提高购买力——重新制定国防支出中的可承受性和提高生产力》命令,2010年9月14日国防部《更优购买力:提高国防经费使用效率与效益指南》备忘录,2010年11月3日《提高购买力在国防支出中获得更高效率和提高生产力的实施指令》备忘录明确提高购买力具体、强制性要求。2011年2月《最佳商业实践:关键设计后审查报告与评估》备忘录取消项目主任关键设计后审查。2012年11月13日《提高购买力2.0继续追求国防支出的更高效率和生产力》。其中"更优购买力"采办改革实施7项重大措施:减少单一投标管理方式,调整国防合同管理局与国防合同审计局工作程序,改革关键设计后审查环节,强化技术成熟度评估工作,改革里程碑评审工作,推行基于绩效合同支付,推行基于"应计成本/计划成本"管理。"更优购买力"采办改革特点是管理体制改革突出高效精简管理理念,管理程序改革强调更有效、稳定、快捷管理思路,改革运行机制强调促进竞争、强化管控,加大激励。

(2)美国国防采办管理制度采用集中指导与分散实施相结合,优先采用渐进式采办策略,管理法制化、创新不断及不灵活复杂管理特征共存。

1)采办制度机构设置科学,法规体系健全,运行机制高效,体现"集中指导与分散实施相结合"管理原则,创造出"统而不死,活而不乱"的良好局面(见图2-3)。20世纪40年代开始,国防采办管理经历了武器装备个人自制、自用,经过国家分工专人管理原始阶段;分散、孤立政府部门管理为主、军队管理为辅发展阶段;在国家统一领导下,以军队为主实施武器装备全过程管理等3个时期,到1985年帕卡德特别委员会成立后逐步建立集中指导与分散实施国防采办制度。总体上,国防采办摊子大、机构多、法规全,上下结合,左右协调;在政治、经济体制结构特征、历史文化传统等方面,美军主导采办管理系统,具有成熟市场经济环境,承制单位以私营军火商为主,采办系统基本体制相对稳定。

2)法规体系方面。四级法规体系相当完善,层次清晰、系统配套。国会、白宫、国防部、各军种分别制定国防采办法规多达900余部,主要有4类:国会法律(如武装力量采办法、小型企业法、联邦采办政策法、合同竞争法、国防采办改革法等);总统及有关政府部门行政指令;管理及预算办公室通告;国防部采办政策文件。国防采办的主要法规文件有:DODD5000.01《国防采办体系》(2001.01.04)指示规定国防采办基本政策,DODI5000.02《国防采办体系运行》(2008.12.08发布,2013.11.25发布了过渡版)指令等,这些都体现国防采办管理理念和管理方式,具体规定采办程序与方式等。

3)注重管理创新。根据采办系统运行,及时发布政策指令不断完善,但许多采办条例针对某个具体问题反应过度,最终约束采办系统,一些条例甚至限制项目经理导致项目费用增长。国防采办耗资大、不简化、不灵活。例如,DODD5000.1指令自1971年发布后,修订发布

1977、1987、1991、1996、2000、2003、2008、2013 年等 8 版；与 DODD5000.1 指示配套，DODI5000.2 指示 1977 年发布后也修订发布 7 版(《美军装备采办改革与发展》)。过渡版 5000.02 采办程序由原来 1 种采办程序细化为 4 个基本型(见图 2-4)和 2 个混合型。4 个基本型项目分别是硬件密集、国防专用软件密集、渐进式部署软件密集和快速采办项目，2 个混合型项目分别是项目 A(硬件为主)和项目 B(软件为主)。将 2008 版"技术开发"阶段修改为过渡版"技术成熟与风险降低"TMRR(Technology Maturation and Risk Reduction)阶段等。

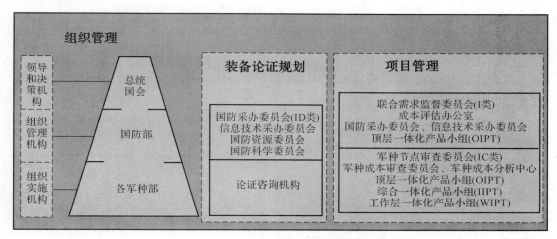

图 2-3　美国采办制度机构设置

4)武器装备采办提倡优先采用渐进式采办(见图 2-5)。武器装备采办有渐进式采办和"一步到位"两种采办策略。传统采办方式为"一步到位"SSFC(Single Step to Full Capability)采办策略。2000 年开始提倡优先采用灵活性较强、分阶段的渐进式采办(EA)策略，即把采办计划分为若干批，第一批根据现有技术成熟度、用户需求和制造能力，确定、研制、生产和部署初始作战能力，并对后续第二、三批以及更多批研制、生产和部署进行规划；后续各批在前一批能力基础上不断升级，逐步增强作战能力，直到获得完全作战能力。这种采办方式在解决复杂系统研制采购周期过长、关键部件技术落后、技术风险大的难题发挥了重要作用。DODI5000.2(2003 年版)规定递增式、螺旋式 2 种渐进式采办方式，国防部指令 DODD5000.1(2003 年版)规定螺旋式发展是渐进式采办优选方式。递增式方式在项目初期确定每个批次能力要求和性能指标，根据技术成熟程度分批次发展项目，适合周期较短(1~5 年)项目；螺旋式方式在项目初期只确定系统最终能力要求和初始批次性能指标，根据用户反馈、技术成熟程度和风险管理等确定后续批次能力要求和性能指标，适合周期较长(5 年以上)、技术复杂项目。渐进式采办在研制周期与交付进度、基于技术成熟度项目风险管理、用户需求响应、竞争范围与力度等 4 方面取得初期成效，但也出现一些问题，如美国国防部 5000 系列文件对渐进式采办策略实施细则未明确，强调灵活性而带来实施混乱，2002 年国防部发布一份备忘录对渐进式采办相关问题解释和澄清，2005 空军年发布指导文件详细解释有关概念和程序，但未完全解决问题；费用控制存在弱点，初始耗费较高，初始批次产品性能与初始批次耗费资金不相当，因渐进式采办策略配套法规不健全，在国会和政府监管部门高层阻力下实施遇到困难，很多螺旋式发展项目遭到经费削减，被迫转向递增式发展项目/演示验证项目甚至中止；部分项目管理人员对渐进式采办要求和风险认识不足，渐进式采办未得到严格落实，导致优势未充分发挥；前期计划、技术评估、用户反馈回路等管理工作增加,要求作战、试验、研制、后勤保障、工业界等多职能部门密切合作,管理难度和工作量较大,耗费管理资源多,影响该策略在中小型项目推广使用;后勤保障难度大,不利于降低系统全寿命费用;采办部门对反馈回路、螺旋式发展、递增式发展等理论关键概念还有争论。

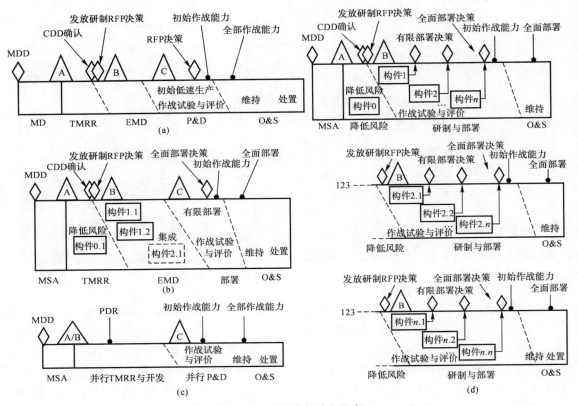

图 2-4　美军装备采办程序

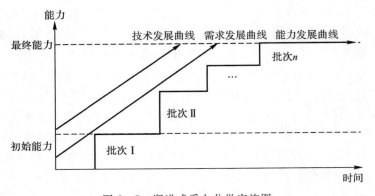

图 2-5　渐进式采办分批实施图

(3)国防采办管理方法科学性强,采办及其改革一直围绕"能力需求、进度和费用"目标和监管进行,有联合能力集成与开发系统 JCIDS、国防采购系统 DAS 以及规划、计划、预算和执行 PPBE"三大采购系统"流程支持,采办需求开发基于威胁转向基于能力,重视 DOTMLPF 全领域联合装备解决方案和非装备解决方案能力生成分析,注重技术成熟度评估、"3-3-4-4""组织-内容-阶段-结果"里程碑节点评审与管理、经费使用效率效益管理(见图 2-6、图 2-7)。

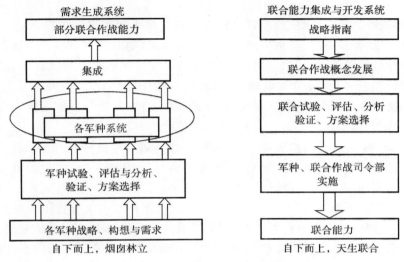

图 2-6　改革前后美军需求模式比较

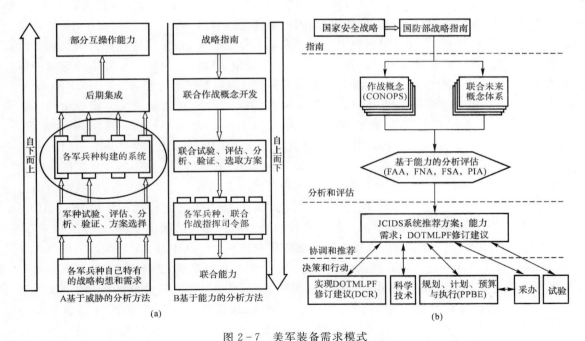

图 2-7　美军装备需求模式

(a)传统的需求分析方法与 JCIDS 分析方法的区别;(b)JCIDS 系统自顶向下的能力需求确定方法

1)国防采购管理方法科学性强。在管理过程上,美军实行从"摇篮到坟墓"采办系统工程,运用项目管理方式,推广"一体化产品小组"模式,采用里程碑式决策,分阶段管理节点清晰、责权分明。国防采办着重贯彻需求为牵引、性能为要求、市场为条件、竞争为手段、作战为目的采办原则,强调军民通用性,重视一体化有效作战保障,限制军用标准/规范使用,转化科技成果,缩短采办周期,改善管理方法,采用民用项目推广"一体化产品小组"模式。20世纪90年代中期后国防部大力推行军事革命RMA、军事转型(military transformation)和业务革命RBA、业务转型(business transformation),国防采办由"以威胁为基础"向"以能力为基础"转型。"更优购买力"采办改革出台《技术成熟度评估指南》,规定重大国防采办项目到达里程碑B节点时评估技术成熟度;发布《提高里程碑评审有效性》,强制要求Ⅰ类采办项目在里程碑评审中将经济可承受性作为关键评审指标。里程碑审查中项目支持评审方法PSR评审标准简洁明了、评审结果分值化和色彩化,可迅速定位问题,能很好用于定性评审;而项目成功可能性方法POPS,评审团队专业化、问题分析系统化、评审标准普适性,能综合分析定量评审多个项目共性问题,可很好识别风险。

2)采办需求基于威胁转向基于能力。2003年,改革需求生成机制,出台"联合能力集成和开发系统(JCIDS)",2005年新的"规划计划预算执行"(PPBE)代替"规划计划预算系统"(PPBS)。联合能力集成与开发系统(JCIDS)、国防采办系统(DAS)以及规划、计划、预算和执行(PPBE)流程"三大采办系统"支持国防采办。系统传统作战需求分析由各军兵种基于各自威胁分析确定,采用自下而上分析方法,强调军种试验和后期集成,通过集成最终获取"部分互操作能力",难以适应一体化联合作战要求。而JCIDS反映美军部队能力需求生成机制,以国家安全战略、国防战略和联合作战概念为指导,以发展面向联合作战全谱军事能力为核心,采用自上而下基于能力的分析方法CBA,确定部队执行联合作战任务中目前或未来能力差距,从抽象到具体,从宏观(战略方针、作战概念)到中观(能力),再到微观(技术装备),不断深入细化,建立需求分析谱系图,确保需求提案符合未来联合作战需要,指导国防部和有关机构正确决策,获得满足联合部队作战需要武器系统,生成"与生俱来"的联合能力,更好适应未来一体化联合作战需要。JCIDS系统基于能力军事需求分析分为功能领域分析(Functional Area Analysis,FAA)、功能需求分析(Functional Needs Analysis,FNA)、功能解决方案分析(Functional Solutions Analysis,FSA)和事后独立分析(Post Independent Analysis,PIA)等4步骤,最终完成军事能力差距与能力需求分析,给出覆盖DOTMLPF全领域(联合条令doctrine、机构organization、训练training、装备material、领导leadership和培训education、人员personnel以及设施facilities)联合能力开发方案。JCIDS分析产生系列操作规程和文档,包括联合能力文档(JCD)、初始能力文档(ICD)、能力开发文档(CDD)、能力生成文档(CPD)和DOTMLPF变更建议(DCR),为执行非装备解决方案和装备解决方案开发生成提供支持,为作战和采办、试验与鉴定及关于能力需求的资源管理提供规范化交流平台。其中,FSA旨在基于作战任务和目标对FNA确认的能力差距提出解决方案,由非装备方案生成、装备方案生成、装备与非装备方案分析3部分内容组成,根据解决能力差距需要,最终基于效果评价排好潜在解决方案优先顺序:变革均衡现有装备能力DOTMLPF和政策、改进现有装备或设施,通过跨机构协作/与国外合作发展装备/启动新装备项目等。在FSA非装备解决方案生成中,考虑能否通过发展与装备无关方案或改革DOTMLPF及政策弥补能力差距,发起者如判定非装备解决方案可部分弥补能力差距,除了必要的CDD或CPD外,还需要开发DCR(DOTMLPF变更建议),如判定能力差距可以完全由联合非装备解决方案解决,开发DCR代替ICD;在FSA装备解决方案生成中涉及对已有系统新的应用研究、开发和部署项目全过程。装备解决方案开发,应充分考虑如何通过改进现有及规划中装备项目满足能力需求避免重复建设,分析所有提议解决方案技术风险,确定左右装备发展进程关键技术,同时,应考虑与装备发展密切相关的 DOT-MLPF 和政策因素。装备与非装备方案分析最终结果是有优先顺序的装备与非装备发展建设方案及其相关 DOTMLPF 与政策清单。

3)JCIDS 是部队能力需求生成机制,其中联合行动能力是关键。从 RGS 到 JCIDS,为解决各需求主办部门独立负责需求生成各争其利、不顾大局的乱局,把需求主办部门工作纳入 JCIDS 体制,增加复杂审查过程,确保需求主办部门提出需求能够与高层设计一致,即 JCIDS 主要审查需求而不是确定需求。JCIDS 主要目标是确保产品联合能力而不是产品水平,在获得科学、准确和先进需求方面,DoDAF 贡献远比 JCIDS 大得多。JCIDS 需求生成指导思想由"基于威胁"升级为"基于能力",基于威胁思想从需求生成机制转变为更高层次上间接牵引军队能力需求生成。JCIDS 基于能力分析方法 CBA 将美军联合行动能力生成方式由自下而上聚合转变为自上而下统筹。

4)武器装备采办项目管理核心内容是里程碑节点审查。装备采办实行"3-3-4-4"里程碑节点审查制度(见图 2-8),3 类审查组织、3 类审查内容、4 个审查阶段、4 种审查结果与处理预案),将武器装备试验鉴定工具直接服务国防采办里程碑节点审查。"里程碑节点审查"是"在武器装备采办程序的重要决策点检验上一阶段工作完成情况和下一阶段工作准备情况,决定项目是否启动、继续、调整或中止的管理活动"。由于现代武器装备技术复杂、研制周期长、耗资巨大,为了缩短研制周期、节省费用、降低技术风险,在实施装备采办全寿命管理前提下,采办项目按照费用、重要性和权限分为Ⅰ类重大国防采办项目 MDAP、Ⅱ类重要系统和Ⅲ类其他采办项目,并将项目全寿命周期分为装备方案分析、技术成熟与风险降低、工程与制造开发、生产与部署、使用与保障等 5 个阶段,在 2、3、4 等 3 个阶段入口处设置 A、B、C 三个里程碑节点。①在里程碑节点审查组织体系方面,设立节点审查委员会辅助决策、一体化产品小组集成研讨、决策支撑性组织专业评审等三类,审查组织体系具有组织结构一体化、职能分配层次化、信息沟通并行交叉特点。②在里程碑节点审查运行机制方面,围绕基线科学设置基线与制定依据、目标实现控制因素、目标实现保障因素等 3 类审查内容,分阶段分层次优化审查流程,合理制定项目出入口审查标准与审查结果处理预案(分通过审查/修改基线和标准后通过审查/未通过审查需要限期调整或返工后重新审查/项目中止);审查内容强调"成本、进度、性能"权衡,标准突出独立评估地位。③在里程碑节点审查方法和工具方面,审查程序 4 阶段为分领域评审、预审查、正式审查和跟踪问效等;将审查方法分为定性、定量和集成研讨三类,突出项目支持评审方法 PSR 等定性评审问题分析、项目成功可能性方法 POPS 等定量评审风险识别功能、集成研讨专家经验利用,注重数据库工具-国防采办管理信息检索系统 DAMIR 和国防自动成本信息管理系统 DACIMS 信息全方位呈现,程序和方法注重反馈分析和科学优化,系统性操作性较强,信息基础建设注重项目顶层设计和工具开发,数据准确功能集成性较高。随采办全寿命管理理论发展,里程碑节点审查制度不断完善,强化国防部、军种、项目办直接沟通信息真实性和时效性,扩大成本性能进度权衡空间,对提升采办效益发挥重要作用。

(4)美国国防"从摇篮到坟墓"全寿命周期采办中,为有效解决进度成本问题,充分利用建模仿真技术,提出基于仿真采办新方法(Simulation Based Acquisition,SBA),开发 SBA 体系结构,促进采办方、研制方、使用方利益相关、关系合作、资源共享、工作协作。

1)不断发展完善 SBA 基于仿真采办。"采办指武器系统、自动化信息系统和其他装备方案探索、立项、设计、研制、试验、签订合同、生产、部署、后勤保障和退役处理,旨在满足国家防务需求"。按传统武器采办方法,现代重大武器系统开发时间成本呈级数上升,因此美国改变传统采办方式,有效降低武器系统开发时间和成本。国防部1994年开始采办体系探索,1997年提出基于仿真采办思想,1998年提出SBA体系结构。SBA就是"在产品整个寿命周期内反复迭代地使用建模与仿真(M&S)"(《国防采办指南》2006.08)、"跨采办职能部门、跨采办项目阶段、跨采办项目的各种仿真工具和技术的集成""一种将建模和仿真用于采办的方法,使作战、资源分配和采办团体能满足作战装备的需求,并保持系统整个寿命周期和国防部内部系统作为独立变量的费用"(《基于仿真的采办:一种新的方法》1998.12)。

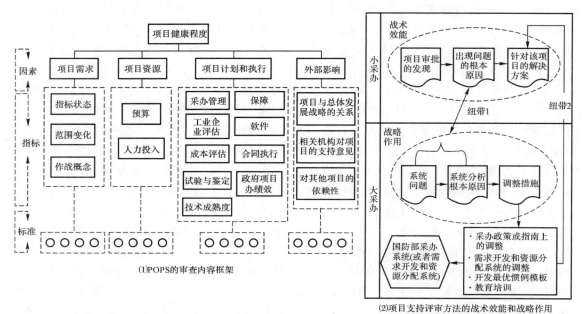

图2-8 美军武器装备采办里程碑节点审查

2)开发SBA采办运作/系统/技术的体系结构。SBA体系结构定义系统组成、各组成部分相互间关系及制约其设计与发展原理和准则,包括运作体系结构、系统体系结构、技术体系结构。运作体系结构主要关心完成采办任务所需组织结构相关活动、各部门职能、信息流和完成任务过程等问题;技术体系结构定义运作体系结构和系统体系结构实现中应遵循标准、规则和约定;系统体系结构关心实现运作体系结构所需系统软、硬件组成及相互关系,如平台、数据流、接口和网络等,系统体系结构顶层结构由协同环境、国防部/工业部门资源中心、分布式产品描述等3个构件组成系统、分系统等6个层次(协同环境包括战略、战役、任务、产品),给出适用于所有分布式产品描述协同环境参考系统体系结构,为开发者提供体系结构具体实现方法灵活性,并规定所需基本组件以及与协同环境相关接口标准(过程分布式产品描述主要由产品数据(给出产品各开发阶段属性值,包括需求分析、项目管理数据、成本数据、工程数据、制造数据和测试数据,数据按照标准数据交换格式DIF访问))、产品模型(对产品行为和/或性能权威表达)、过程模型(过程模型对定义、开发、制造、使用和报废一个产品所需处理过程进行定义)3类信息组成。

3)SBA及时发现和协调解决问题。SBA组成一体化产品开发团队IPT(Integrated

Product Teams),采用并行集成化产品开发 IPPD 过程,按照专门规范/标准管理,强调订货方、研制方和使用方利益相关、关系合作、资源共享、工作协作,使开发中及时发现协调解决问题。SBA 主要目的是促进国防部内建模仿真 M&S 工具和资源,跨功能领域、采办阶段、采办项目重用,并利用 M&S 技术全方位支持设计、开发、测试、制造、后勤保障、报废等国防采办全过程。SBA 三大总体目标:切实缩短采办时间、减少资源消耗、降低采办风险;提高产品质量、增强军事性能、加强系统可保障性、降低全寿命周期成本;采办全过程贯穿一体化产品与过程开发方法 IPPD。

4)SBA 强调创新。SBA 是对传统采办过程、支持环境和采办文化变革与创新,以"坚持革命性创新,把注意力放在新兴技术的应用上"为指导思想,是分布、交互、并发、协同、系统工程、标准化等工程设计方法学总集成,优势在于采办过程创新——变单循环串行过程为多循环并行 IPPD(并行集成化产品开发);采办环境创新——提供分布式虚拟化仿真协同工作环境;采办策略创新——注重 M&S 资源及其他工具、数据、标准共享和重用;管理模式创新——新型采办文化。美国在联合歼击机、先进两栖战车等采办项目部分运用 SBA 都获得巨大成功。

5)SBA 提倡可重用与互操作。即利用现有资源重新组合适应新应用需求,是对系统的系统 SoS(Systems of Systems)体系采办政策思想最好体现。

(5)国防采办管理体系文件由法规体系、标准化文件体系、国防部和军种行政指示指令组成"三维一体"。国会、白宫、国防部和各军种制定的四级国防采办法规体系层次清晰、系统配套完善,数量达 900 余部,包括国会法律[武装力量采办法、小型企业法、联邦采办政策、合同竞争法、国防采办改革法等,其中美国法典(U.S.C)第 10 篇第 139 和 2399 节中定义了作战试验与鉴定]、总统及有关政府部门行政指令、管理及预算办公室通告、国防部采办政策文件(国防采办法规性文件主要是国防部指令 DODD5000.01《国防采办体系》(2001.01.04)规定国防采办基本政策,DODI5000.02《国防采办体系运行》指令(2008.12.08 发布,2013.11.25 发布了过渡版)等,具体规定采办程序与方式等,体现国防采办管理管理理念和方式。每年根据法规变动及部队实际修订《军官手册》《军士手册》《士兵手册》等军事法规使用手册下发基层部队学习,见表 2-2)等 4 类。

表 2-2　美国国防采办法规体系

法规名称	类型	内　容	版　本	说　明
美国法典第 5 篇、第 10 篇	法律			
《联邦采办条例》	法律		1984 年 4 月	
《竞争合同法》	法律		1984 年	
《联邦采办简化法》(FASA)	法律		1994 年 10 月	
《联邦采办改革法》(FARA)			1996 年	《克林格-科恩法》
《2009 年武器系统采办改革法案》			2009 年 5 月 22 日	

续 表

法规名称	类型	内容	版本	说明
《国防授权法》	法律		每　年	
《国防拨款法》	法律		每　年	
DODD5000.01《国防采办体系》	行政法规	国防采办基本政策	1971年版《重大国防系统的采办》、1977年版《重大系统采办》、1987年版《重大与非重大国防采办项目》、1991年、1996年版《国防采办》、2000年、2003年版《国防采办系统》	国防部指令
DODI5000.02《国防采办体系运行》	行政法规	国防采办程序与方式	1977年《重大系统采办讨程》、1987年《国防采办项目程序》、1991年版《国防采办管理政策和程序》、1996年、2000年《重大国防采办项目和重大自动化系统采办项目必须遵循的程序》、2003年《国防采办系统的运行》、2008、2013年过渡版《国防采办体系运行》	国防部指示
AFI99-101《研制试验与评价的管理》	行政法规	研制试验与评价管理的指南		空军指示
AFI99-102《作战试验与评价的管理》	行政法规	作战试验与评价大纲管理的指南		
CJCSI3170.01C《联合能力集成开发系统》	行政法规	联合能力集成开发系统的指示	2003年、2009年	参谋长联席会议指示

　　(6)将试验鉴定作为系统工程过程SEP部分、采办里程碑节点审查工具及国防采办风险管理工具,在基于仿真采办产生后更注重试验鉴定与建模与仿真结合,同时重视发挥"确定性能水平。更易于发现、报告和帮助纠正缺陷;为质量成本进度权衡分析、降低风险和完善需求提供决策支持数据"里程碑决策支持作用,将试验分为研制试验DT和作战试验OT,两者通常分开,但应考虑试验设计一体化,两者相互结合,也可能并行展开。国防部定义鉴定为"在采办之前,并独立于任何采办,按照规范的要求对制造商能力或制造商或销售商的产品进行检验、认可,随后批准将其产品列入合格产品目录或将制造商列入合格制造商名录的整个过程",认为"试验与鉴定是一种风险管理工具",试验与鉴定T&E过程是系统工程过程SEP有机组成部分,作用是"确定性能水平,帮助研制者纠正缺陷,同时也是决策过程的一个重要环节,为支持权衡分析、降低风险和完善需求提供数据"。试验鉴定数据将告诉用户系统在研制期间装备表现如何以及是否做好部署准备。在采办中试验与鉴定关键贡献是"能够在早期发现和报告可能对系统性能能力、可用性和保障性产生不利影响的缺陷"。项目主任(PM)必须权衡费用、进度和性能风险,以保持计划始终向生产与部署方向发展。有关系统技术成熟度TRL和研制转段准备情况决策要考虑经过演示验证性能。对军种用户,首要问题是系统能否完成任

务,即系统性能/绩效,决策者责任集中在对风险权衡评估。正如国防部指令(DoDD)5000.1《国防采办系统》"试验与鉴定应贯穿国防采办的全过程。试验与鉴定的构建,应能为决策者提供基础信息,评估达到的技术性能参数,确定系统是否是作战有效、适用和可生存的,以及对预定使用是否安全。结合建模与仿真开展试验与鉴定,应有利于对技术成熟程度和互操作性的了解和评估,有利于与野战部队的结合,并对照文件规定的能力要求和系统威胁评估中描述的敌方能力进一步验证性能"。不论硬件试验、软件测试,整个试验与鉴定中要求"进行全面、合理、系统试验,及早做出试验规划,并随后反馈给系统研制人员、用户和决策者记录清楚和公正的试验与鉴定结果"。结合使用相互补充的试验鉴定、建模仿真又相互独立,如美国法典(U.S.C)第 10 篇定义作战试验与鉴定为"武器、装备或弹药的任何项目(或关键部件)在真实作战条件下进行的野外试验,目的是确定这些武器、装备或弹药由典型的军事用户在作战中使用时的效能与适用性;并对试验结果进行鉴定"。在武器系统研制进程中,研制试验 DT 和作战试验OT 通常分开进行,但研制试验与鉴定、作战试验与鉴定两个阶段并不一定必须顺序进行,必须相互结合,融入尽可能真实有效连续试验活动之中,不降低试验鉴定目标。信息保证、互操作性试验以及可靠性分析规划跟踪报告必须在连续试验中结合。

　　总之,美国国防采办管理制度采用集中指导与分散实施,具有法制化采办、频繁管理创新及不灵活复杂管理特征,资本主义社会制度下国防部与私营承包商互利关系平衡是影响"从摇篮到坟墓"全寿命周期采办费用关键因素;采用体系化采办政策依次考虑现有武器系统充分利用、现有武器改进、开发新武器系统 SoS;新武器系统采办优先采用渐进式策略;能力需求开发、采办和财务"三大系统"支持采办的管理方法科学性强;采办需求由基于威胁转向基于能力;重视 DOTMLPF 全领域装备解决方案和非装备解决方案联合能力生成分析,注重技术成熟度评估,采用"3-3-4-4"里程碑节点评审与管理,重视实体试验鉴定与建模仿真结合和相互补充,把试验鉴定作为采办系统工程过程 SEP 部分、里程碑节点审查工具、国防采办风险管理工具,注重研制试验和作战试验一体化设计,重视发挥试验鉴定"确定性能水平;发现、报告和帮助纠正缺陷;为风险管理和完善需求提供决策支持数据"支持里程碑风险决策作用,集成跨采办职能部门、采办项目阶段、采办项目各种仿真工具和技术,发展基于仿真采办 SBA,促进采办方、研制方和使用方利益相关、关系合作、资源共享、工作协作,实现质量成本进度目标。

2.3.2　英国武器装备采办特点

　　(1)基于经济实力,英国防务采办采用"精明采购",强调质量成本进度 QCD 有效性,阶段划分和评审点设计与美国不同(见图 2-9)。1998 年,英国政府颁布防务评审文件形成"精明采购倡议",主要关注"国防部怎样才能够最迅速、最便宜、最好地采购装备和获得建议"。精明采购倡议目标是"通过获得和保障装备在进度、费用和性能方面的更有效来增强国防实力"。采购根本变化是要求尽可能地采用竞争方式,成立一体化项目组。采购有 2 个审批点,需求和工业检察官独立对项目组"商业案例"评审;是否存在提高装备能力的需求? 该项目是否满足需求? 建议是否方法最好? 在"初始审批点"是否确定解决办法和措施? 在"主审批点"是否在费效分析基础上选择最佳方案? QCD 是否达到最优?

　　(2)与军方能力差距描述性需求、工业部门跟踪研制需求及技术研发需求不同,"精明采购倡议"采用全寿命、逐步进化"精明需求"产生方法,将"用户需求"转化为"系统需求"用于系统设计,能综合所有投资方需求,较容易交付和维持合理有效国防系统(见图 2-10)。

1)1998年前,英国防务采办倾向问题解决。早期很重视采购装备特征,基于作战想定解决方法开始采购,导致重视装备性能而不是用户使用需求,军事需求来源军方能力差距描述性需求、工业部门跟踪研制需求及技术研发需求,并直接用于系统设计,为装备验收和投入服役带来问题。装备发展军事需求是多方面、多层次的,如国家安全战略、军事战略方针、军队现代化建设和未来战争需要。一套武器装备产生一般经过4个环节:情报部门提出军情报告、作战部门提出装备用户需求、装备规划部门提出新装备性能要求、工业部门竞争提出跟踪研制需求。各方面提出装备需求有3个渠道:①军方根据现有装备能力与作战任务所需装备能力差距提出需求。用很长的描述性的需求文档很难用作系统设计依据。②国防工业部门跟踪研制,根据其他国家地区装备发展水平与新装备研制进展提出需求。③技术突破或储备技术发展引发潜在需求。这3个渠道的需求作为用户需求依据进入项目开发研制,用户与供应商身份不明,责任和义务不清,为装备验收和接受服役带来问题。

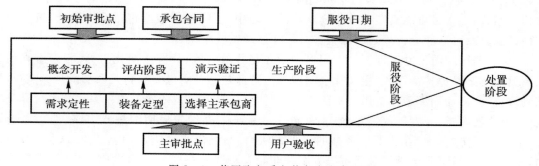

图2-9 英国防务采办装备全寿命过程

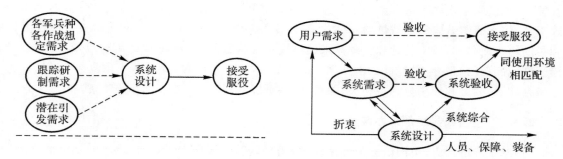

图2-10 英国装备精明采购的"精明需求"

2)"精明采购倡议"采用全寿命、逐步进化"精明需求"产生方法,将用户需求转化为系统需求设计系统,能综合所有投资方需求,较易交付和维持合理有效的国防系统。首先确定未来特定系统用户的需求是什么,包括整个系统寿命周期需求而不是初始采购方案需求;确定装备性能用户需求而不是一个军种系统用户需求。性能经理指导分配需求到系统方案,根据用户需求变化,改进现存系统性能。"精明需求"产生采用系统工程原理全寿命逐步进化,将需求分解成最基本组成部分,形成用户需求集与系统需求集反映用户要求,称为"原子化"《用户需求文档》与《系统需求文档》,不再用很长的描述性需求文档。用户需求通常包括检验需求方法,《用户需求文档》基础部分组成《任务要求声明》,这些文档尽早对外公布,可较早设计系统,便于初始审批点选择系统方案评估费用;《系统需求文档》从系统角度实现要求并提炼需求,作为签订合同基础,在主审批点后潜在承包商可依据《系统需求文档》竞标;主承包商与一体化项目组合作,依据《系统需求文档》和《用户需求文档》系统设计;用户依据《系统需求文档》标准验收产品。验收产品是依据系统要求进行各个层次大量试验,在各层次最终接受系统。然后结合相关认证标准决定是否同使用环境相匹配,最终决定是否接受服役。"精明需求"增加了系统需求,使用户需求产生更科学合理,而且系统验收依据操作性强,为装备接受服役创造了更坚实基础。

(3)"精明采购"规定国防部中央参谋部武器系统规划局为性能经理,作为装备性能临时用户确定军队所需装备性能、制订装备作战要求/标准,将以往部队用户直接采办改革为武器系统规划局专门采办。

以往装备采购管理中,用户通常只有单一军种一家,最终实际使用用户是前线指挥官和训练官,而"精明采购倡议"规定了另一类用户——装备性能临时用户(即中央用户),或性能经理,其代表是国防部中央参谋部的武器系统规划局。作为装备需求主管部门,确定军队所需要装备性能和制订装备作战要求或标准。项目概念开发阶段,由性能经理成立"性能工作组",根据系统工程原理确定需求。性能工作组组建初始一体化项目组,草拟全寿命管理计划框架并逐步完善。《用户供应商协议》具体明确规定性能经理与一体化项目组关系为用户与供应商关系。装备服役前,一体化项目组归国防采购局管理,国防采购局监督一体化项目组运行规模、程序和管理,而用户是装备性能临时用户("中央用户")。装备服役起,一体化项目组归国防后勤局管理,而用户是军种实际使用用户。如果对装备性能大幅度改进,性能经理充当一体化项目组临时用户。性能经理指导一体化项目组,处理二者关系的原则是就采办过程向用户提供真正管理,确保所有投资方充分、适当参与。在整个项目生命周期内实现采办责任无缝转移和采办管理无缝连接。1999 年前,英国采购过程倾向于问题解决方法。早期很重视所采购装备特征,仅基于作战想定解决方法开始采购,导致重视装备性能而不是用户使用需求。

总之,英国装备采办将以往部队直接采办改革为武器系统规划局专门采购,采用"精明采购",注重采办成本,提倡竞争方式,成立一体化项目组,装备 6 个阶段全寿命过程设立初审评审点和主评审点 2 个里程碑,采用全寿命、逐步进化"精明需求"产生方法,"精明需求"将"用户需求"转化为"系统需求"用于系统设计,综合所有投资方需求,使用户需求产生更科学合理,系统验收依据操作性强,为装备接受服役创造更坚实基础。

2.4　常规武器装备试验与试验鉴定体系

2.4.1　装备研制发展中的作战试验与其他试验

试验分类有不同维度和层级,随着环境特性的真实性、体系要素的集成度(由元部件、分系统、系统到装备体系,由人与机结合、保障体系与装备体系结合到作战体系)、目标对抗的逼真性等人机环境目标系统要素的深入融合,试验将不断推进。武器装备建设是复杂系统工程,试验鉴定是监测、调控手段,是装备系统工程活动的重要一环和重要工具。由于战争形态转变中需求开发风险性(需求认识与准确完整定义矛盾)、装备系统/装备体系复杂性、工程设计中科学技术应用转化困难性、系统集成优化风险性、工程成本和进度等边界条件约束,使用方、设计方、生产方主体分离,生产方和使用方利益冲突,因此需要进行各种试验,评估风险、效能等,以揭示缺陷、确认能力、把关质量,从而服务采办决策和工程研制,最终保证部队的作战能力和保障能力得到提高,且得到"好用、管用、顶用、耐用"的武器装备。试验包括各种功能试验、软件测试、技术性能试验、战术性能试验(机动、发现、命中、毁伤、通信、指挥、控制等及其对抗性能)、使用适用性试验(可靠性、维修性、保障性、测试性、环境适应性、电磁兼容性试验、安全性、人的因素试验)、系统作战效能试验、体系能力试验等试验项目。工程研制试验、试验基地试验、部队试验分别完成不同层级上多种能力考核(见表 2-3)。各层级试验有客观时序要求,高级别试验不能超前于低级别,高级别、低级别试验可并行或结合,后续试验需要评价对前期试验中出现的缺陷/问题纠正措施有效性。这些试验随着装备建设节点推进(从工程研制的概念设计、产品设计、技术开发、工艺设计、产品生产、产品集成、产品鉴定一直到定型、生产验收、部队作战使用),武器装备技术成熟度(确定工作原理、确定技术方案或应用方案、关键功能分析和实验分析验证、实验室环境关键仿真验证、模拟应用环境下部件仿真验证、模拟应用环境下系统或子系统仿真验证、实际环境下样机演示验证、实际系统试验验证合格(设计定型)、实际系统任务应用成功等)逐步提高,装备建设风险逐步降低,基于信息系统武器装备作战能力和保障能力逐步成系统和成建制形成。这些试验的共同要求是提高试验信息可信性和产品评估质量、提高效率、降低试验周期和降低试验消耗,只有共享试验资源和试验信息、重复/冗余试验项目消减才能达到质量、成本和进度要求。

表 2-3 三种试验的比较

试验项目	研制方试验	独立第三方试验	使用方试验
原有试验形式	科研试验、鉴定试验	基地定型试验/性能鉴定试验	设计定型部队试验、生产定型部队试用/作战试验、作战演习、作战实验
试验主体	设计方、生产方	独立第三方	论证方、使用方
试验目的	检验装备技术能力是否提高;检验纠正措施有效性;检验是否满足技术需求、系统需求、性能需求和功能需求	检验技术能力和作战能力是否提高;检验纠正措施有效性;检验是否满足性能需求、功能需求和能力需求	检验作战能力是否提高;检验纠正措施有效性;检验是否满足功能需求、能力需求和任务需求
试验重点	技术成熟度;装备能力	技术成熟度、能力成熟度、体系融合性;装备能力、作战能力、人机结合性、体系贡献度	能力成熟度:保障能力、作战能力
作战体系层次	低:装备体系(元部件、分系统、系统等)	较高:装备系统、作战体系	高:保障体系、作战体系
试验难点	低:装备系统工程复杂性——技术转化和开发难度、系统集成优化的风险性、工程进度和成本等边界条件约束	高:试验一体化管理、试验技术管理、试验知识管理等	低:装备体系和作战体系的复杂性——作战任务、作战对象、作战环境、使用人员复杂性、需求开发的风险性

作战试验是"在武器装备全寿命周期过程中,为确定武器装备的作战适用性和作战效能,由独立作战试验机构依据武器装备训练与作战任务剖面要求,构建近似于实战的逼真试验环境,运用多种作战试验方法手段,对武器装备进行实战化试验与评估的综合过程"。主要作用是揭示能力水平、把关质量问题、衔接作战运用、反馈论证研制等四个方面。需指出,装备作战试验就是在非装备解决方案(即作战条令、部队编制、人员训练、作战指挥控制等条件)所涉及因素确定实战化条件下,对装备解决方案生成的作战能力提高程度试验评估。本质上装备作战试验是以作战体系为对象、以作战能力评估为目的的使用方作战体系能力试验,超越于装备试验,是对设计定型部队试验、生产定型部队使用试验的发展完善。对于作战试验与部队试验试用(现称为在役考核)关系、作战试验独立性目前还存在着不同看法。由于使用方和研制方主体分离,衍生出独立第三方试验,之后随着设计方和生产方分离,论证方和质量监督机构产生,装备试验工程共同体不断发展壮大,而试验主体选择,试验主体、评估主体、使用主体可否分离性,试验地点和试验环境选择并非决定试验有效性根本因素。对于独立第三方,超越于使用方和研制方利益冲突是独立试验第三方的先天优势和生存之本,兼而有之装备系统工程和作战体系工程知识的试验能力,依托装备工程共同体一体化试验管理是第三方试验成功之道,这就是独立第三方试验方存在的合理性。独立第三方使命任务就是检验装备技术能力和作战能力是否提高,检验纠正措施有效性。由于试验可分为服务于研制方装备技术成熟度提升和服务于使用方作战能力生成两个维度,第三方独立试验源于使用方和研制方(设计方和生产方)主体分离及由此引起的双方利益冲突,作战试验由使用方还是独立第三方实施各有其合理性,但根本解决之道在于依托装备工程共同体对性能试验、作战试验和在役考核一体化管理。

2.4.2　传统试验鉴定体系与新型试验鉴定体系

传统试验鉴定体系与新型试验鉴定体系在试验目的的最佳实践、试验模式、试验对象、试验需求、试验项目、试验重点、参试人员、试验手段、试验技术、试验条件、测量标准、评估标准、评估理论等方面均有所不同(见表 2-4)。

表 2-4　传统试验鉴定体系与新型试验鉴定体系

试验评价 体系 项目	传统试验评价体系	新型试验评价体系
质量观念	符合性狭义质量观	适用性广义质量观
试验目的	技术性能验证,系统合同协议要求验证,目标检查,针对技术规范的试验	一体化、信息化作战能力与保障能力确认,用户能力需求确认,需求应答,针对作战需求的试验
试验需求	定量型和确定性需求为主,进行基本型和期望型质量需求、客观需求测试;　技术、系统、功能(装备内部特征)需求和性能(装备外部特征)需求;	部分不确定质量需求进行兴奋性质量需求、个性化主观需求测试;　功能(装备内部特征)需求和性能-能力-任务(装备外部特征)需求;

续 表

试验评价体系 项目	传统试验评价体系	新型试验评价体系
试验项目	功能检查(模拟条件)	功能试验(训练与作战背景)
	技术性能指标验证试验	技术性能检查、战术性能指标验证试验
	效能试验:型号单项效能、技术专业效能	效能试验:型号系统效能、整体体系效能
	面向系统的适用性试验	面向任务的适用性试验
	可靠性:基本可靠性试验、硬件可靠性	使用可靠性、任务可靠性、软件可靠性
	环境适应性:模拟环境为主	环境适应性:战场自然环境、对抗环境为主
	人机环试验:人因工程试验	人机环试验:人机结合性试验、人因体系综合试验
试验重点	战术技术性能指标单项评价	作战效能、作战适应性、系统配套性、装备体系贡献度等实战能力
	纠正措施有效性	纠正措施有效性
试验对象	装备分系统、装备个体、研制试验品	作战系统中的装备个体(即单体式、组合式的装备型号)和装备集团(成系统、成建制的装备体系)、小批生产的试验品
参试人员	最终用户样本量小(甚至不参与)或参与程度不深入:采办用户;研制与试验人员;专家用户;经培训有经验人员	总体中大样本量和参与度深入的最终用户:代表性使用人员(部队在编装备使用、维修和保障人员);经过培训的部队使用人员;最终用户结合专家用户(属于研制与试验人员)
试验手段	实装测试设备	实装测试设备与建模仿真设备设施结合
试验技术	实物样机测试技术、客观试评技术、物理试验技术、"白盒测试"技术为主的软件测试	主观测评技术、虚拟样机试验技术、计算试验技术、"黑盒测试"技术为主的软件测试
试验条件	规定的、标准化、非对抗环境;可控制环境	预期的、实战化、对抗性环境;实际的有作战背景的战术环境
测量标准	精确的性能目标和阈值测量	作战效能与作战适用性的测量
评估理论	统计检验	统计检验结合用户体验
评估标准	性能指标	性能指标和实战效能相结合;性能与用户满意度相结合
试验模式	基地试验与部队试验串行分离;现实靶场物理试验	基地试验与部队一体化试验;现实靶场和人工靶场相补充、物理试验和计算试验相结合进行平行试验

随着我军武器装备由单装引进仿制阶段进入自主创新、成体系发展新阶段,实现基于信息系统一体化联合作战条件下"能打仗,打胜仗"强军目标,适应"信息主导、体系对抗、精确作战、全域机动、网络攻防"战争制胜机理,要求我们改革装备定型工作,构建先进实用试验鉴定体系,检验装备实战能力,加强装备质量建设,推动装备自主发展,确保武器装备"好用、管用、耐用、实用",确保装备实战适用性,推动武器装备成体系发展,推动装备需求论证科学发展,实现由传统试验评价体系向新型试验评价体系转变。

机械化战争时代,在符合性质量观指导下,在武器装备主要以引进后仿制和改进的装备建设水平条件下,武器装备试验工作逐渐形成了以型号装备为试验对象、标准化环境为试验条件、研制或试验的专业人员为装备操作使用人员、实装测试为试验手段、抽样统计检验为评估基础、单项技术性能指标验证试验和评估为重点、技术性能试验为最佳实践标准、基地试验与部队试验串行分离的传统试验模式试验评价体系,并为机械化战争时期装备发展做出重要贡献。但是,在基于信息系统体系对抗的信息化战争时代,在适用性广义质量观指导下,要求传统武器装备试验鉴定体系转型为以作战体系中装备体系为对象、实战化环境为试验条件、装备操作主要为部队人员、将模拟仿真与实验作为试验补充手段、抽样统计检验结合用户体验为评估基础、一体化联合作战与保障能力和体系贡献率及联合作战效能评估为重点、以作战适用性确认试验为最佳实践标准、基地试验与部队试验一体化的现代试验模式试验评价体系。为解决传统试验鉴定在复杂环境、极限边界、体系对抗条件下试验考核不彻底、不充分、不到位,装备软件和信息化能力考核不足,实战能力考核严重不足,对抗条件下作战效能考核基本属于空白等问题,目前我国常规兵器传统试验评价体系正处在现代试验评价体系转型的时期。

需强调,根据质量管理理论卡诺模型质量要求与顾客满意度关系,从作战使用要求质量评价维度看,作战试验需要更加重视基于用户行为观察和用户满意度测评确认作战使用要求(兴奋型和基本型),具有主观需求测试优势,用户为大样本量最终用户,最终用户参与程度深;而传统研制试验是基于标准规范检查和标杆技术比较(专家经验评审)验证作战使用需求(期望型和基本型),具有客观测试优势,用户为试用的专家用户或小样本量研制/试验用户,最终用户不参与或者参与程度不深。因此,作战试验标准体系建设应将人机结合性(人因体系整合试验/人因试验考虑作战体系中所有与人有关因素)作为重要内容。

1984 年,东京理工大学教授狩野纪昭(NoriakiKano)与其同事 FumioTakahashi 受行为科学家赫兹伯格双因素理论启发,第一次将满意与不满意标准引入质量管理领域,发表《质量的保健因素和激励因素》《魅力质量与必备质量》研究报告,奠定卡诺模型相关理论基础。卡诺模型定义三个层次顾客要求:基本型、期望型和兴奋型,根据绩效指标分类,这三种需求与基本因素、绩效因素和激励因素相对应。

(1)基本型要求是顾客认为产品"必须有"的属性或功能。当产品属性或功能不充足时(不满足用户需求),顾客表现很不满意;当其属性或功能充足时(基本满足用户需求),用户充其量是满意,此时再追求产品属性或功能充足毫无意义。基本型需求通常隐含(惯例或一般做法,不言而喻),也可能明示(如研制总要求等文件规定),涉及安全、健康与环境保护方面法规要求。

(2)期望型要求并不是"必须"的产品属性/服务行为,要求生产者/服务人员提供的产品/服务比较优秀。有些期望型需求连用户自己可能都不太清楚,是他们内心实际希望得到的、需要在合适时机诱导发现的需求。在问卷调查或访谈中,用户谈论的通常是期望型需求,期望型需求在产品/服务中得到越多,用户越满意;没有满足这些需求时,顾客表现出不满意。一般是明示要求(文件中规定要求或协议中规定,如研制总要求)或必须履行的要求(合同或协议中规定)。

(3)兴奋型要求是生产者提供给用户的产品属性出乎意料或服务人员提供额外服务行为,使用户产生惊喜。当服务品质或产品属性不充足时,并且特性无关紧要,则用户无所谓,而当产品/服务令用户感到惊喜时,顾客就可能对产品非常满意,从而提高顾客对产品和服务忠诚度,激励其后续购买产品或继续要求服务。兴奋型需求不是用户和相关方提出的要求,而是研制方文件中明示功能/性能。

2.4.3 美军作战试验与评价特点

(1)美军作战试验与研制试验是一体化设计,强调跨靶场边界、跨试验与训练边界、跨现实和仿真资源,强调试验鉴定与建模仿真结合使用,即相互独立,又相互补充。

1)强调试验联合、试验与训练一体化。美军装备试验评价经历独立试验、联合试验、试验与训练一体化三个发展阶段:一是独立试验阶段。"冷战"初期,军兵种根据各自需要发展武器装备,"烟囱式"建设不同用途试验训练靶场与设施。二是联合试验阶段。"冷战"末期到20世纪90年代,突破兵种沟壑和以武器为中心,优化结构,整合试验资源,实现装备联合试验。1970年,美国国会"蓝丝带国防小组报告"提出联合试验与评估(Joint Test & Evaluation)概念,联合试验目标是:评估联合技术作战概念并提出改进建议;评估军兵种装备联合作战中互操作性;验证联合试验技术方法;利用试验数据提高建模仿真有效性;定量分析数据提高联合作战能力;为采办与联合作战部门提供反馈信息改进联合战术技术及其规程。1972年建立联合试验与评价机制。20世纪80年代开发分布式交互仿真DIS和高层体系结构HLA等先进仿真技术,1991财年开始"中央试验与评价投资计划",1992年国防部提出靶场试验互联互操作;1994年至1995年,国防部要求建立"逻辑靶场(Logical Range)"和"联合试验训练靶场"(Joint Test and Training Range)使各靶场、实验设施、仿真资源互操作、可重用、可组合。1995年国防部实验与评估投资中心项目办公室发起"试验与训练使能体系结构TENA(Test & Training Enabling Architecture)"三军联合技术研发项目,1996年推出《联合技术体系结构(JTA)》,1997年国防部制定"联合试验和训练靶场路线图",1998年/2005年,国防部先后发布/修订"5010.41号指令"联合试验政策和程序。2000年12月国防部《联合试验与训练靶场指南》正式提出"逻辑靶场"概念。2002年,新建作战试验与评估局调整联合试验制度,联合试验分"快速反应试验"和"长期试验"。"快速反应试验"应对联合作战和装备建设紧急需求,试验周期不超一年;"长期试验"针对联合作战和装备建设重大问题试验,试验周期三年。2004年3月国防部出台《2006—2011军力转型中的联合试验战略规划指南》指出在联合作战背景下进行充分、真实联合作战能力试验评估,要求单件装备进行在联合对抗环境研制试验和作战试验。2004年12月国防部发布"联合环境试验路线图"要求"像作战一样试验"(Testas We Fight),建设联合分布式试验能力。2005年12月国防部批准"联合任务环境试验能力JMETC(Joint Mission Environment Test Capability)"项目,2006年10月JMETC项目办公室成立JMETC计划启动。三是试验与训练一体化。20世纪90年代冷战后,为适应"通过将概念、能力、人员和组织进行新的整合,塑造军事竞争和军事合作变化的本质"转型要求,以"网络中心战"思想为核心,以计算机网络、通信及仿真等高技术为纽带,通过资源和能力共享,跨靶场边界、跨试验训练边界、跨现实和仿真资源,发展试验训练一体化阶段。

2)开展一体化试验与鉴定 IT&E(Integrated Test and Evaluation),推行作战试验与研制试验一体化。2007 年 12 月国防部修订一体化试验为"所有试验鉴定相关机构共同合作,对各试验阶段及其活动计划与实施,为独立分析、鉴定和报告提供共享数据";目标是实施无缝试验,为所有评估者提供可靠、有用数据,并在早期采办中为决策者说明研制、保障和作战问题。1999 年 10 月国防部以陆军为试点合并研制试验鉴定和作战试验鉴定,成立国防部首个统一试验鉴定司令部实施陆军装备试验鉴定一体化管理。2008 年 12 月新发布 DoDI5000.2 规定开展一体化试验鉴定;2009 年 5 月,国防部恢复 10 年前撤销的研制试验与评估局。国防采办大学出版《试验鉴定管理指南》特别强调一体化试验鉴定,要求项目主任应与用户以及试验鉴定机构一起将研制试验鉴定、作战试验鉴定、实弹射击试验鉴定、系统族互操作性试验、建模和仿真活动协调为有效连续体,并与要求、定义以及系统设计和研制紧密结合,采用单一《试验鉴定主计划》,形成统一和连续活动,尽量避免在武器研制阶段进行单一、重复性试验,力争通过1 次试验获得多个参数,以显著减少使用试验资源,缩短研制时间,提高试验效益。

3)美军将建模仿真、试验鉴定结合使用进行相互补充,但首先两者是作为相互独立,将建模仿真作为一体化试验鉴定重要支撑。作战试验鉴定不包括基于专门计算机建模与仿真作战评估,针对系统需求、工程提议、设计规格、或者项目文件中其他信息相关分析。一体化试验评估是基于知识的系统研制、试验与评估,通过建模仿真建构基础设施开放体系结构,集成设计、工程与制造、生产与部署、使用与保障、试验与评估各阶段型号指标数据,使结构仿真、虚拟仿真和实况仿真有机结合,为项目办公室、制造商、试验与评估机构建立共享知识库,为研制试验与作战试验提供高保真系统模型。一体化试验评估打破传统试验模式,使试验程序从"试验—改进—试验"向"建模与仿真—虚拟试验—改进模型"转变,最大限度降低产品风险,缩短产品研制周期、降低研制费用、减少技术风险(见图 2-11)。

(2)适应"基于能力"采办转型,试验鉴定由有重点技术规范验证(KSA+KPP+CTP)到作战任务能力系统评估确认逐步演化(MOP→MOE+MOS→COI/COIC),作战试验更专注任务能力而非具体需求、规格、性能与效能量度。2004 年 8 月美空军发布指示 AFI99-103《基于能力的试验鉴定》,2008 年美空军航天司令部 AFSPCI99-103《基于能力的空间与洲际导弹系统的试验鉴定》指出基于能力试验鉴定方法"要将试验鉴定目标、措施和问题同作战、保障和其他使能方案联系起来,试验鉴定的准则不应以是否能达到某些技术参数为重点,而要以系统是否能达到要求的作战能力、是否具备完成相应作战任务的能力为准则进行试验鉴定"。不同于研制试验评价重点要"满足详细的技术规范",作战试验评价重点是"装备在必须与人和周围的装备相互作用的实际作战环境中所具有的实际功能"。试验鉴定计划要考虑关键作战使用问题 COI(Critical Operational Issue),是作战试验与鉴定中必须检验的关键作战效能/作战适用性问题,以确定系统执行任务的能力,是在对系统作战效能(例如,在作战环境中,系统是否能在有效范围内探测到威胁从而确保作战成功)和/或作战适用性(系统在作战应用中是否安全可靠)鉴定中要回答的问题,通常用疑问句表述,COI 可分解为多种系统完成任务程度效能量度(Measure Of Effectiveness,MOE)和系统在战场被保障程度适用性量度(Measure Of Suitable,MOS),MOE 和 MOS 可进一步分解为性能量度(Measure Of Performance,

MOP),MOP包括关键性能参数(Critical Performance Parameter,KPP)和关键系统属性(Critical System Attribute,CSA)等关键需求或陆军使用的关键作战问题与准则(Critical Operational Issue and Criterion,COIC)、关键技术参数(Critical Technique Parameter,CTP)、最低可接受值(阈值)、采办策略和里程碑决策点等因素。作战试验与鉴定为决策者提供以下评估:①新系统满足用户需求程度,表述为新系统作战效能和作战适用性;②系统现有能力,要考虑可利用设备以及与新系统相关作战效益或负担;③为纠正性能缺陷而进一步研制新系统要求;④系统部署条令、组织、操作技术、战术和训练充分性;系统维修保障充分性;在对抗环境中系统性能充分性。

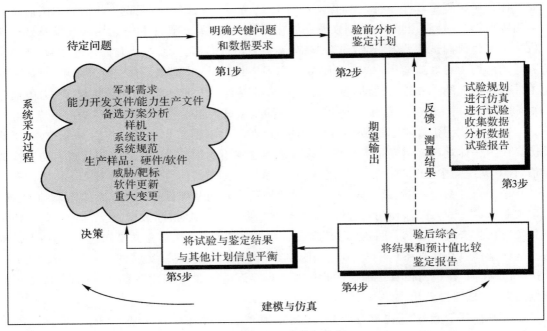

图2-11　美军建模与仿真

(3)美军作战试验包括采办5阶段中最后2阶段的初始作战试验(IOT)与后续作战试验(FOT),是真实作战条件下野外现场试验,强调环境条件、作战运用和操作人员的真实性。而作战能力评估和鉴定包括采办5阶段后4阶段早期作战评估(Early Operational Assessment,EOA)、作战评估(Operational Assessment,OA)、初始作战鉴定(Initial Operational Evaluation,IOE)、后续作战鉴定(Follow-on Operational Evaluation,FOE),采用基于比较鉴定思想。

1)作战能力评估与评价贯穿采办周期。每个阶段都进行一定形式作战评估,全速率生产之前作战试验鉴定包括早期作战评估(里程碑A)、作战评估(里程碑B)和初始作战试验鉴定(里程碑C),全速率生产后进行后续作战试验鉴定全面评估每个采办阶段作战使用性能。

2)美军装备试验重视在一定战术背景下进行,以充分评估装备作战使用性能及与相关系统互操作性。实施作战评估与早期作战评估是为了帮助确定最佳设计、指出该发展阶段性能风险等级、检查系统研制在作战方面问题和评估潜在作战效能和适用性,并对从研制向生产过渡规划分析。作战试验与鉴定由独立作战试验与鉴定机构实施,作战鉴定目标是提供下列有关信息帮助研制方:作战性能,条令、训练、后勤和战术、技术与规程,安全性,生存能力,人力,技术出版物,可靠性、可用性和维修性,缺陷纠正,环境文件精确性,需求细化;协助决策者确保将作战有效和适用系统交付作战部队;每个决策点向决策者提供系统作战效能、适用性和采办转段准备信息;从用户角度考虑已部署系统能力,评估对某种系统需要和在作战环境中保障该系统有关效益或负担;确定系统在所要求气候和实际战场环境下(自然、诱发和对抗环境)作战能力。美国法典(U.S.C)第 10 篇 139 和 2399 节定义作战试验与鉴定为"武器、装备或弹药的任何项目(或关键部件)在真实作战条件下进行的野外试验,目的是确定这些武器、装备或弹药由典型的军事用户在作战中使用时的效能与适用性;并对试验结果进行鉴定",《试验与鉴定管理指南》第 6 版强调该定义通常仅适用初始作战试验与鉴定(IOT&E)。美空军《作战适用性试验与鉴定指南》定义作战试验与鉴定为:"对武器、装备或弹药的任何项目(或关键部件)在真实条件下进行的现场试验和对试验结果的评估,其目的在于确定武器、装备或弹药由一般军事使用人员在战斗中使用时的有效性(也称效能)和适用性"。总之,作战试验鉴定在全寿命周期不同阶段内容不同,但都强调充分性、质量和可信性、真实性(见表 2-5)。充分性是"数据量和试验条件的真实性必须足以支持对关键作战使用问题的鉴定"。质量是"试验规划、试验事件控制和数据处理都必须提供清晰而准确的试验报告"。可信性是"试验的实施和数据的处理必须不受外界和个人偏见的影响"。真实性包括:环境条件真实性——要求"在真实条件下"、"现场试验",威胁、对抗环境、自然环境等方面要符合作战实际;作战运用真实性——"在战斗中使用",应按真实编配原则、战术战法等应用。操作人员真实性——试验中武器装备操作人员必须是真实装备用户/与其操作水平相当试验人员。

　　3)作战鉴定采用基于比较鉴定思想。国防部强调武器装备采办最终目标是"使采办所提供的武器装备能够充分满足用户的需求,使其在完成各类作战任务的能力方面与现行同类型武器装备相比具有可以测量的改进与提高"。作战试验与鉴定局提出基于比较鉴定思想"作战试验与鉴定应该关注的焦点,是将现行武器装备和新研发的武器装备在完成任务的能力方面进行定量化的直接比较,而不是比照武器装备的技术方案对其性能的达标程度进行量化的度量"(见表 2-4)。

表 2-5　支持装备采办不同阶段决策审查的作战试验与鉴定比较

项目类别	采办阶段	内　容
早期作战评估	装备方案分析(MSA)和/或技术发展(TD)到系统集成	在制造模型、试验原型机或者晚期开发原型机上,对潜在作战效能和适用性预测和鉴定
作战评估	里程碑 C 前系统级性能鉴定开始到系统性能成熟为止	在成熟的系统构型(也就是工程研制模型 EDM 或试生产产品)上,验证系统级性能,并提供该系统是否满足最低作战阈值要求数据,对生产定型之前系统所进行的作战效能和作战适用性评估,反映系统满足用户需求的能力

续表

项目类别	采办阶段	内容
初始作战鉴定	在低速率初始生产阶段进行,作战试验准备度审查(OTRR)和作战试验成熟度评估(AOTR)后到全速率生产决策之前为止	在产品或具有产品代表性的系统(做好"最终作战试验与鉴定"准备的生产型装备)上,在逼真作战场景中通过典型的作战人员,专注于能力生产文件(CPD)中所确定的关键性能参数(KPP)以及试验与鉴定主计划中的关键作战使用问题(COI),对预期的系统作战效能和作战适用性做出有效的估计,支持逾越低速率初始生产决策。对与用户单位在作战行动期间的作战部署相关的组织和条令、一体化后勤保障、威胁、通信、指挥和控制以及战术进行检验。 (1)评估作战效能和作战适用性; (2)评估系统的生存能力; (3)评估系统的可靠性、可维修性和一体化后勤保障规划; (4)鉴定人力、人员、训练和安全需求; (5)验证组织和部署方案; (6)确定训练和后勤需求的缺陷; (7)评估系统进入全速率生产的准备状态
后续作战鉴定	全速率生产决策和部署后使用和保障阶段	作战单位在生产产品上进行,改进早期作战试验与鉴定期间所做出的效能和适用性估计,评估在初始作战试验与鉴定期间所没有鉴定的性能,鉴定新的战术和条令并评估系统改进或升级的影响;在新的环境中对系统作战评估期间经过改进的系统的作战效能和适用性进行验证。后续作战试验与鉴定可以考察不同的平台应用、新的战术应用或新的威胁的影响

4)为了"像作战一样试验"(Test as We Fight)解决联合能力和体系化装备"天生联合"问题,通过"逻辑靶场"建设构建联合任务环境,开发体系化装备在联合任务环境下能力试验方法CTM。20世纪90年代开始,开始"基础设施倡议2010(Foundation Initiative 2010,FI2010)"工程,包括试验与训练使能体系结构(Test and Training Enabling Architecture,TENA)、通用显示分析与处理系统、虚拟试验与训练靶场、地域性靶场综合设施、联合先进分布式仿真等五个相关工程,推行"逻辑靶场"。2000年12月,国防部《联合试验与训练靶场指南》确立"逻辑靶场"建设基本框架。2004年3月国防部《战略规划指南》提出联合作战环境试验鉴定倡议,2004年11月发布"联合环境下的试验路线图",2005年启动"联合任务环境试验能力"JMETC计划,2006年作战试验鉴定局启动"联合试验与鉴定方法"工程,开发"能力试验方法"(CTM),2007年、2008年、2009年分别推出了全面试验与鉴定能力试验方法CTM1.0、CTM2.0、CTM3.0三个版本,以适应未来一体化联合作战为目的,对传统试验方法补充和扩展,允许定制或灵活性剪裁。美军传统试验鉴定采用5步过程,而CTM3.0能力试验方法分为制定试验鉴定策略、描述试验、规划试验、构建LVC-DE(真实-虚拟-构造分布式环境)、能力鉴定等6个过程24个步骤69项基本活动,并通过鉴定、系统工程、试验管理等三个独立工作领域线程(Thread)构成全面、系统和严密程序。"联合试验鉴定方法"最终目标是将逼真联合任务环境中试验与鉴定要求作为顶层采办一部分,使联合环境下试验制度化。其对美军优化试验鉴

定过程和在联合环境下多系统之系统 SOS 试验有重要作用。联合任务环境试验及有关方法对美军未来试验鉴定能力产生重要影响。首先推行联合任务环境试验鉴定适应武器装备分布式、网络化"多系统之系统"试验需要,关键是将原有试验设施通过网络构架连接形成统一试验网络,满足联合作战需求。其次联合任务环境试验方法是对美军试验鉴定过程优化增强,有利于提升联合任务环境试验鉴定能力。

总之,美军作战试验强调与训练、研制试验一体化。一体化目标是实施无缝试验,为所有评估者提供可靠有用数据并在早期采办中为决策者说明研制、保障和作战问题,强调将建模仿真、试验鉴定结合使用相互补充、相互独立。作战试验是真实作战条件下野外现场试验,强调环境条件、作战运用、操作人员真实性,在采办 5 阶段最后 2 阶段进行初始作战试验(IOT)、后续作战试验(FOT),试验鉴定向"基于能力"试验鉴定转型,采用基于比较鉴定思想,由有重点技术规范验证(KSA＋KPP＋CTP)到作战任务能力系统评估确认转变(MOP→MOE+MOS→COI/COIC),作战评估专注任务能力而非具体需求、规格、性能与效能量度。作战评估与鉴定在采办 5 阶段后 4 阶段进行早期作战评估(EOA)、作战评估(OA)、初始作战鉴定(IOE)、后续作战鉴定(FOE)。为"像作战一样试验"解决体系化装备"天生联合"能力试验鉴定问题,建设"逻辑靶场"构建联合任务环境,开发装备体系联合任务环境下能力试验方法 CTM,鉴定基于CCI(关键能力问题)和 COI(关键作战问题)的 MOSA 系统/体系属性指标(CTM 关键技术参数、KPP 关键性能参数、KSA 关键系统属性、联合力量特性等)、TMOP(工作性能指标)、MMOE(任务效能指标)指标体系,实现"系统/体系/联合能力"联合任务效能(JMe)的联合能力鉴定(JCE)。

2.4.4　我国作战试验特点

我军传统的武器装备部队试验/试用正在向武器装备作战试验转变。2014 年提出进一步完善、规范装备作战试验鉴定问题,之后提出"将装备定型工作分为装备性能试验、作战试验鉴定、在役考核三个阶段",2015 年提出高度关注"试验鉴定工作简单的思想问题",指出"试验鉴定能力建设得不到重视,严重滞后装备快速发展需求,试验鉴定周期成本也得不到合理有效的控制。有不少"拖、降、涨"问题,其实是试验设计不科学造成的"。

从法规标准看,以往部队试验/试用完成部分作战试验鉴定工作。

(1)法规制度方面,《中国人民解放军新型装备部队试验试用管理规定》和《陆装军工产品定型工作指南》等对部队试验试用和软件测评进行了规范。《陆装军工产品定型工作指南》要求进行软件测评;《中国人民解放军新型装备部队试验试用管理规定》废止《通用新型武器装备部队试验、试用暂行规定》,其中第五条规定"部队试验试用主要包括设计定型部队试验和生产定型部队试用。新型装备设计定型应当组织部队试验。部队试验主要考核新型装备作战使用性能和部队适用性(含编配方案、训练要求等),检验新型装备完成作战使命任务的能力和部队满意程度,新型装备与其他配套使用装备(含指挥信息、系统)的协调性,以及装备系统组成、人员编配的合理性。新型装备生产定型应当组织部队试用。部队试用的新型装备为小批量试生产后正式列装配发部队的装备,重点考核新型装备质量稳定性和性能一致性,以及是否满足部队作战使用与保障要求"。

(2)试验标准方面,GJB 6177 — 2007,GJB /Z170.7 — 2013 规范了部队试验试用。GJB 6177 — 2007《军工产品定型部队试验试用大纲通用要求》要求部队试验试用大纲"应根据被试品特性和作战使命、实际使用环境和部队训练条件,合理确定试验试用的周期、强度或作业次数等,全面地综合考核被试品的作战使用性能和部队适用性"。并要求"按照被试品的特性和部队作战、训练的基本要求,针对试验地区的实际使用环境和条件,编制部队试验试用大纲及其编制说明",要求试验试用规划"应依据被试品的使用要求,设置战术背景条件,拟定使用方案,按照作战使用流程进行试验试用,或结合部队战术训练、演习组织实施部队试验试用"。

(3)在试验实施方面,设计定型中基地试验和部队试验、生产定型中基地试验和部队试用,不同阶段各有侧重、相互衔接、逐步递进、分步实施。设计定型基地试验目的"考核军工产品的主要战术技术指标是否满足研制总要求的相关规定,为军工产品能否设计定型提供依据"(GJB/Z170.5—2013《军工产品设计定型文件编制指南第5部分:设计定型基地试验大纲》),因此设计定型基地试验与作战试验交集很少;设计定型中部队试验目的通常是"在接近实战或实际使用的条件下,通过部队试验,考核被试品是否满足批准的作战使用性能和部队适用性(含编配方案、训练要求等)要求,为其能否设计定型提供依据。同时为研究装备的作战使用、编制、人员要求、后勤保障以及为科研和生产等积累资料。"(GJB 6177—2007《军工产品定型部队试验试用大纲通用要求》和GJB/Z170.7—2013《军工产品设计定型文件编制指南第7部分:设计定型部队试验大纲》),而且"部队试验通常采用单机或分系统、多件装备或全系统、组成战斗结构试验的模式进行"(GJB 6177—2007中7.1.6),"部队试验大纲应侧重产品作战使用性能和部队适用性等内容(《陆装军工产品定型工作指南》)",其中"作战使用性能"指"装备在预期或规定的使用环境条件(考虑编制、战术背景等因素)下,由具有代表性的人员使用,完成作战任务的程度",而"部队适用性"指"装备在实际使用环境条件下满足部队训练和作战使用要求的程度"。因此部队试验对单装作战试验主要内容(作战使用性能和部队适用性)考核较严格,但对作战效能和装备体系能力考核存在不足;生产定型中基地试验目的是"对小批试制军工产品的有关性能进行考核,验证其批量生产的质量稳定性及成套、批量生产条件达到程度,并确定产品批量生产工艺的活动""其试验项目设置应侧重于考核因工艺改变而引起或可能引起的产品战术技术指标及使用要求变化"(《陆装军工产品定型工作指南》),因此生产定型基地试验中有作战试验但并非重点;生产定型中部队试用目的通常是"在部队正常使用条件下,通过部队试用,考核被试品的质量稳定性和满足部队作战使用与保障要求的程度,为其能否生产定型提供依据。同时为研究装备的作战使用、装备编制、人员要求、训练要求、后勤保障以及装备的科研和生产等积累资料"(GJB 6177—2007《军工产品定型部队试验试用大纲》)。部队试用进一步试验考核产品可信性、作战使用性能和部队适用性目的,为装备立项论证积累资料、推动装备发展目的。总之,现有试验鉴定体系在实战化环境构建和仿真结合存在不少差距;在复杂环境、极限边界、体系对抗条件下试验考核不彻底、不充分、不到位,装备软件和信息化能力考核不足,实战能力考核严重不足,对抗条件下作战效能考核基本属于空白(见表2-6)。

表 2-6　原有装备试验的目的与不足

试验类型	试验目的	存在不足
设计定型基地试验	考核军工产品的主要战术技术指标是否满足研制总要求的相关规定,为军工产品能否设计定型提供依据	比较局限于实装试验,装备在极限条件、边界条件下的性能考核不足,与作战试验交集很少

续　表

试验类型	试验目的	存在不足
设计定型部队试验	在接近实战或实际使用的条件下,通过部队试验,考核被试品是否满足批准的作战使用性能和部队适用性(含编配方案、训练要求等)要求,为其能否设计定型提供依据。同时为研究装备的作战使用、编制、人员要求、后勤保障以及为科研和生产等积累资料	作战试验比较局限于军种装备的作战使用性能和部队适用性考核;战场环境构建不足;对作战效能和装备体系的能力考核不足
生产定型部队试验	对小批试制军工产品的有关性能进行考核,验证其批量生产的质量稳定性及成套、批量生产条件达到程度,并确定产品批量生产工艺	比较局限于实装试验,与作战试验交集少
生产定型部队试用	在部队正常使用条件下,通过部队试用,考核被试品的质量稳定性和满足部队作战使用与保障要求的程度,为其能否生产定型提供依据。同时为研究装备的作战使用、装备编制、人员要求、训练要求、后勤保障以及装备的科研和生产等积累资料	比较局限于训练、保障、使用和维修等装备操作使用的适应性,但缺少主观试验技术的标准规范而随意性大;对保障适应性、环境适应性、部队编成适应性考核不足

从原有部队试验/试用效果来看,新装备列装后部队反馈问题重点关注体现在使用寿命极限、最小安全距离、阵地选择、特殊气象条件射击安全性、不同方位射击安全性、任务可靠性、安全性和配套性等方面,主要有使用寿命极限、最小安全距离、阵地选择、特殊气象条件射击安全性、不同方位射击安全性、任务可靠性、安全性和配套性等问题。

总之,机械化战争时代武器装备主要为引进仿制和改进,在符合性质量观指导下,武器装备试验逐渐形成以型号装备为试验对象、标准化环境为试验条件、研制或试验专业人员为装备操作使用人员、实装测试为试验手段、统计检验为评估基础、基地试验与部队试验串行分离为试验模式、单项技术性能指标验证试验和评估为重点、技术性能试验为最佳实践的传统试验评价体系,并为机械化战争时期装备发展做出重要贡献。但是,基于信息系统体系对抗信息化战争时代,装备自主式、体系化发展,在适用性质量为主的广义质量观指导下,传统武器装备试验鉴定体系转型为以作战系统中装备体系为对象、实战化环境为试验条件、装备操作主要使用部队人员、将模拟仿真与实验作为试验补充手段、统计检验结合用户体验为评估基础,基地与部队、试验与训练一体化为试验模式、一体化联合作战与保障能力和体系贡献率评估为重点、以作战适用性和联合作战效能确认试验为最佳实践的现代试验评价体系。因此,应解决传统试验鉴定在体系对抗、联合作战任务、复杂环境、极限边界条件下试验考核不彻底、不充分、不到位,装备的软件和信息化能力考核不足,实战能力考核严重不足,与潜在对手对抗条件下作战效能考核基本属于空白等问题。

2.4.5　作战试验鉴定系统分析及作战试验鉴定风险分析

从哲学方面看,试验属于规律(故障/失效/数据异常及其原因等因果关系)的认识活动,评价属于价值认识活动,试验鉴定实质上就是认知任务概念和人工自然概念基础上对武器装备胜任未来作战任务的认识活动;但试验主要是工程实践活动,评价属于工程项目(包含科技项目)评价活动,也是对人工自然对于作战部队价值的认识。从武器装备研制的全过程价值/成本看,所谓"试验鉴定"是付出"鉴定成本"避免"缺陷/故障损失成本"活动,它产生间接价值而不是直接价值。只有武器装备研制产生直接价值。试验鉴定产生的主要价值并非训法和战法等直接战斗使用价值,而是任务概念和人工自然概念认识基础上价值认识活动,即发展武器系统设计理论和改进方案的研制改进价值,这是战斗使用的间接价值,但却是战斗价值源泉所在。

试验提供产品是装备质量缺陷、性能水平(测量数据)及训法和战法。评价提供产品是采办决策用风险管理建议、效能评估信息。这些信息产品可用于采办决策、工程研制以及部队使用,并产生风险决策价值、研制改进价值和战斗使用价值。其中战斗使用价值最重要,表现为部队得到作战能力和保障能力提高且"好用、管用、耐用、顶用"武器装备,而风险决策价值通过研制改进得到体现,研制改进价值是对武器系统设计理论发展和方案改进的价值,研制改进价值通过战斗使用得到最终体现。试验评价价值与试验信息真实性和完整性有关,取决于武器装备、兵力、目标、威胁和环境等试验系统和试验条件真实性。试验鉴定过程(在合格评定/认证认可意义上)见图 2-12。作战试验评价系统可表示为

$$T_E = f_T(D, S, U, T, E) \cdot f_P(M_{SY}, M_{SC}, M_{QU}, M_{CO}, M_{TI}, M_{HU}, M_{PC}, M_{RI}, M_{PU})$$

$$(2-1)$$

式中:T_E 为试验鉴定系统;D 为试验设计;S 为试验保障;U 为装备使用/试用;T 为装备测量;E 为分析评估;f_T 为技术管理各要素之间的相互影响;f_P 为综合管理、需求(范围)管理、质量管理、成本管理、时间管理、人力资源管理、沟通管理、采购管理、风险管理、关系管理等项目管理各要素相互影响。

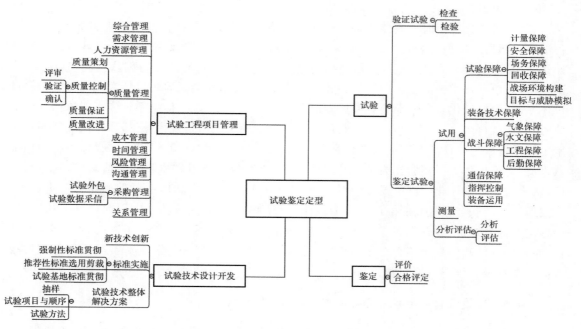

图 2-12 试验鉴定过程

武器装备试验应服务作战能力发展和试验,能力涉及军事理论、编制、人力、训练、装备、领

导和设施等。作战试验是试验最高层次,是确认目标能力(A)是否与作战效能(B)提高存在因果关系(即试验假设)首选科学方法,试验假设分战斗力和保障能力、试验、统计假设三个层次,试验基本结构分为试验对象 A、作战试验部队、测量结果 B、试验条件、结果分析与评价等 5 部分,试验分析评价回答三个问题:

(1)能力 A/解决方法是否在试验中充分应用(A 发生了吗)?

(2)试验测量分析结果是否能证明作战效能提高?/问题被解决(B 发生了吗)?

(3)B 问题解决/作战效能提高是否源于 A 解决方法/能力应用(B 是否是 A 的结果)?

作战试验可能存在风险,不能在自变量或因变量间找到联系,则试验风险最大:试验失败。因此有效作战试验应满足以下要求(见表 2-7)。将作战试验 4 个要求细分并与试验 5 个部分联系,则风险概括为 21 种(见表 2-8)。

表 2-7　优秀作战试验的 4 个要求

序 号	要求——例子	有效性证据	试验有效性风险因素
1	使用新能力——试验者是否正确施肥?	A 发生了	试验对象未被使用或未发挥作用
2	发现变化——试验者观察到两颗植物生长高度的区别了吗?	B 随 A 变化	有太多干扰因素,不能发现变化
3	区别变化原因——试验者能够判断出被施肥的植物的任何增长都是因为肥料的缘故吗?或许还有什么其他的原因?	A 是 B 唯一原因	变化存在替代解释
4	结果联系实战——试验中的土壤条件是否与花园中的一样,所以才导致了生长高度的不同?	将 A 引起 B 变化原理运用到现实	观察到变化无法用于实战中

表 2-8　作战试验的风险因子

序 号	风险因子(试验结构单元,试验要求)
1	R1(S1,D1)能力没有起作用
2	R2(S2,D1)试验单位没有做好充分准备
3	R3(S3,D1)测量措施对能力影响不敏感
4	R4(S4,D1)新能力未发挥作用
5	R5(S1,D2)能力系统表现的变化
6	R6(S2,D2)试验单位熟练程度的变化
7	R7(S3,D2)数据测量精度的变化
8	R8(S4,D2)试验条件的变化
9	R9(S5,D2)抽样规模不足
10	R10(S5,D2)试验假设被破坏
11	R11(S1,D3)$_{单组}$新能力功能的变化

续 表

序 号	风险因子(试验结构单元,试验要求)
12	R12(S2,D3)单组试验人员熟练程度的变化
13	R13(S3,D3)单组试验中数据测量精度的变化
14	R14(S4,D3)单组试验条件的变化
15	R15(S2,D3)多组各试验小组熟练程度的区别
16	R16(S3,D3)多组各小组数据测量精度的区别
17	R17(S4,D3)多组各小组在不同试验条件下工作
18	R18(S1,D4)新能力未能代表未来能力
19	R19(S2,D4)试验者未能代表作战单位
20	R20(S3,D4)测量结果没能反映出重要的变化
21	R21(S4,D4)场景不具有现实性

注:S1~S5分别为试验对象A、作战试验部队、测量结果B、试验条件、结果分析与评价;D1~D4分别为使用新能力、发现变化、区别变化原因、结果联系实战的能力;单组/多组指组/多组试验。

第3章 国内外标准化发展特点

3.1 标准特性分析

3.1.1 标准化本质分析

过程标准和结果标准两方面"质量与技术协商统一"是标准本质,对于标准体系构建有重要指导意义。

(1)质量与技术统一是标准化最本质内涵,过程标准和结果标准应同等看待。标准化是参照主体,以参照对象为基准向其不断逼近最终与参照对象达成统一,也是消除/减少标准化域中个体差异并最终达成集中、一致,包括统一的过程和统一的结果。不同于法规通过强制手段达成管理统一,通过协商手段达成质量与技术统一是标准化本质。因此标准体系不仅应关注产品标准,还需关注过程与服务标准。对于作战试验标准来说,现行产品标准包括 GJB 6177 — 2007《军工产品定型部队试验试用大纲通用要求》、GJB 6178 — 2007《军工产品定型部队试验试用报告通用要求》、GJB /Z170.7 — 2013《军工产品设计定型文件编制指南》第 7 部分:设计定型部队试验大纲、GJB /Z170.8 — 2013《军工产品设计定型文件编制指南》第 8 部分:设计定型部队试验报告等,过程标准包括 GJB 4002 — 2000《压制火炮部队试验规程》、GJB 4108 — 2000《军用小型无人机系统部队试验规程》等。这些标准主要以试验依存主体(即被试品武器装备)而不是以试验为标准化对象,没有通用性试验过程标准,模块化试验方法标准较少(如获得国家标准创新奖的系列 GJB 59.＊＊《装甲车辆试验规程第＊＊部分:＊＊＊》);试验标准以武器装备或子系统为对象,通用性不强;在武器装备各子系统试验标准中,技术状态、靶标要求、环境要求、操作手要求等试验条件和作战过程要素不协调、不一致。因此,不仅要制定以装备为标准化对象专用性试验标准,也要制定以试验过程为标准化对象通用性标准。

(2)过程和结果标准统一范围应区别对待,科学分级。顾客、政府和行业管理者首先关心过程结果(硬件、软件产品)标准,其涉及公众利益保护/产品合格评定,适用范围广泛且影响巨大,适宜作为高级别、强制性标准支撑法规强制性使用;而生产方和服务提供方质量管理最关心技术基础、共性技术标准等过程标准,其涉及竞争力提高和过程规范化,可能适用范围较小,适宜作为低级别、推荐性标准推荐使用方自主选用。因此武器装备作战试验标准体系建设不应局限于国军标范围,也应重视武器装备试验鉴定行业标准/军兵种武器装备试验标准。

总之,标准体系建设不仅应关注产品标准(过程结果)以提供社会福利或保护消费者利益,还应关注过程标准(生产标准和服务标准)服务产品生产方和服务提供方,实现标准化过程和结果统一;应重视国军标建设、武器装备试验鉴定行业标准/各军种武器装备试验标准;不仅以试验依存对象——武器装备为标准化对象制定专用性试验标准,也要以试验(针对主要的过程要素)为标准化对象制定通用性标准。

3.1.2 标准价值分析

标准价值体现质量与技术的统一作用,具体体现于"对实施客体产生统一属性、确定状态、基于标准/非标准状态的总体分割、个体之间互换等影响",但只有通过法律法规、合同与协议等强制性手段才能实现其价值,实施主体达到的标准化效果是"以促进效益最佳为预期目的""改进产品、过程和服务的适用性,并促进技术合作,防止贸易壁垒"。标准用于协调和统一事项(质量与技术要求),这是标准的本质和根本特征,具有可共同使用、重复使用特征;按照ISO9001质量定义"一组固有特性满足要求的程度"、要求定义"明示的、通常隐含的或必须履行的需求或期望",标准服务于工程质量及其技术,用于解决现实和潜在问题,作为治理手段在一定范围内获得最佳秩序;虽可用于科学/技术创新领域合作/协作,但主要目的是工程领域质量管理,用于合格评定(检验检测、认证认可);可以提高效益和效率,但更多为了工程质量而服务于效益和效率,这有助于理解为什么联合国工业组织和ISO提出国家质量基础(计量、标准、合格评定)概念(2006年),正所谓"标准是质量的轨道"。标准面向工程协调统一质量技术要求,这就是标准价值所在。

(1)标准在市场治理和技术合作方面具有不同的价值和寿命周期。根据对实施主体价值标准分为"公标准"和"私标准"两类。"公标准"维护市场秩序并提供贸易、安全、环境和健康等社会公平福利,服务公众利益;而"私标准"提升质量技术水平、保护技术创新成果,服务产品生产和服务提供方利益。公标准具有长期价值,产生统一规范效果,其与强制性标准/公益性标准、技术基础标准和共性技术标准、通用产品标准基本对应;私标准具有短期价值,促进技术创新和质量提升,产生竞争多样性效果,其与团体标准/企业标准、专用技术标准基本对应。值得指出,公标准也可能成为夹带制定者私利的"走私品",比如认证认可和市场准入等国际标准可能成为披着公平面纱争取霸权的武器,技术标准可能成为滥用专利垄断市场工具;私标准具有妨碍技术协作、形成贸易壁垒作用,企业标准是企业家提高竞争力获取利益法宝,当然私标准有可能转化为公标准,私标准可孵化出公标准实现统一。因此,标准体系建设应全面关注源于科学和技术成果的技术基础标准、共性技术标准,源于经验成果的综合技术标准、通用产品标准/专用产品标准;应全面关注政府保护消费者利益或提供社会福利、生命周期较长的强制性或公益性公标准、国家标准或行业标准,对产品生产方和服务提供方提高竞争力、寿命周期较短的私标准、行业标准/生产和服务提供方标准、企业标准,实现公私利益兼顾。标准体系建设应合理区分应用范围适当分级,以提高标准有效性、适用性和先进性为出发点和落脚点,公标准制定应加强利益协调,避免夹带"市场主体"私利,私标准制定应发挥市场主体/标准运用方的作用,标准强制性基本要求必须满足质量门槛要求,标准协调性推荐性技术水平要高。标准体系建设管理要公标准(国军标)、私标准(装备试验行业标准与试验基地标准)兼顾。

(2)标准价值取决于标准质量技术水平并决定应用范围和约束力。标准来源于科学、技术和经验综合成果,共享于特定应用范围。科学成果形成技术基础标准(如术语、符号标准)或者标准中技术基础(标准中术语与定义),价值有共享性;技术成果形成产品标准、通用产品规范、共性技术标准或者标准中一般要求;经验成果形成专用技术标准、专用产品规范或者标准中特殊要求,技术成果和最佳实践转化为标准后,成为获得技术话语权工具可为技术专利方谋取利益,价值不完全有共享性。标准应用范围不同,对实施主体就具有自愿自觉/强制性约束作用。我国传统标准体系分"国家-行业-地方-企业"四级,而标准化改革目标是新型标准体系分"国家标准、行业标准、地方标准、团体标准、企业标准"五级,国家标准分为强制性标准、推荐性标准,行业标准、地方标准是推荐性标准,强制性标准必须执行,国家鼓励采用推荐性标准。强制性或公益性国家标准满足公众利益保护或社会公民公平福利享受要求,约束力应有强制性;行业标准或团体标准满足消费者获取合格产品要求,约束力为协调性、自愿性;企业标准满足企业家竞争最大利益,约束力应有强制性。常规武器装备作战试验标准体系应分国家军用、试验行业、试验单位三级,发挥标准化对公利益和私利益不同作用(见表 3 - 1)。

表 3 - 1　标准性质

序　号	标准性质	具体内涵
1	标准化效益	在一定范围内促进最佳共同效益:公标准——社会治理、市场治理;私标准——知识产权保护、产品竞争。 划底线"兜底",守底线、保基本;树标杆"引领",提质效
2	标准作用	在一定范围内获得最佳秩序:技术协调、质量评价、技术指导 (管理者用于协调、指导、规范、约束、保障;个人用于知识学习、要求遵守、标准剪裁、成果共享)
3	标准文件种类	标准、指南、规范(即质量评价标准、技术工作指南、技术协调规范)
4	标准化形式	简化、统一化、通用化、系列化、组合化、模块化
5	标准特征	一般特征:共同使用、重复使用;本质特征:统一
6	标准水平	质量水平:规定下限质量要求,推荐一般质量要求; 技术水平:规定一般技术、推荐标杆技术
7	应用领域	市场规范、社会治理、创新引领、发展支撑(市场规范有标可循、公共利益有标可保、创新驱动有标引领、转型升级有标支撑)
8	应用范围	区域、行业、团体或组织
9	标准作用机理 (实施手段)	法律法规、合同协议、公开声明
10	标准约束力	强制性、协调性、自愿性
11	标准来源	科学知识、技术方法、工程经验
12	标准发布方式	公认机构批准公开发布、团体或组织批准自我声明公开
13	标准监督方式	强制性标准:行政管理、行政执法、社会监督; 推荐性标准:标准符合性检测、监督抽查、认证;组织与顾客协商、社会监督。 团体标准:团体自律和政府必要规范、社会监督; 企业产品和服务标准:自我声明公开;内部自律、社会监督。
14	标准化工作 关联因素	治理体系:法规、政策、标准 质量基础:计量、标准、合格评定(检验检测、认证认可) 技术基础:计量、标准化、科技信息、知识产权

总之,标准("一定范围""获得最佳秩序"和"促进最佳共同效益""共同使用和重复使用")作为质量基础、技术基础、管理制度为质量管理提供了检验依据,为组织治理提供了技术支撑,为组织发展提供了引领,标准化价值体现于质量技术协商统一性作用,常规武器装备作战试验标准体系建设,应以提高标准有效性、适用性和先进性为出发点和落脚点,应合理分类、区分范围、适当分级,按"国家军用级—试验行业级—试验单位级"三级进行"强制性—协调性/推荐性—自愿性"三类分类建设,发挥标准化在公利益和私利益方面不同作用,公标准制定应加强利益协调,尽力避免夹带标准制定者私利,私标准制定应发挥试验单位主体/标准运用方作用,标准质量门槛基本要求和技术水平要高。

3.1.3 基于利益竞争与合作标准分类

面向工程的标准管理制度,能调整和规范利益相关方在创新、生产、服务、贸易、消费中行为和利益关系,蕴藏巨大的经济利益。市场主体利益竞争催生不同质量/技术水平标准。从国家宏观竞争看,标准成为经济竞争焦点和科技竞争制高点,随着关税、配额等传统贸易手段弱化/退出,技术法规、标准与合格评定等贸易技术性措施作用和地位凸显,据美国商务部统计超过80%全球贸易受标准化影响。通过标准谋求话语权和影响力,谋求技术、经济利益,国际"标准战"日益激烈;从企业微观竞争看,标准已成为获取市场竞争优势利器。由于技术创新、产品研发、标准制定、标准学习、产业配套等技术转换成本存在、技术路径选择惯性依赖、消费者/生产者更加偏好选择其他人广泛使用系统的网络外部效应等,使得企业产品/服务更高质量、优势技术、专有技术协商通过筛选成为公标准,就产生巨大品牌效应带来经济利益,某种程度上,掌握标准制定权就掌握市场/产业竞争主动权。完全自由市场竞争逻辑是:市场规模扩大导致社会分工和专业化生产/服务,市场主体为提高效率、谋求"私利"而自愿制定实施竞争性技术/质量标准,按各自标准生产产品/服务,市场自由竞争,技术水平先进、产品质量好、价格有优势市场主体竞争获胜,实现市场资源优化配置和优胜劣汰。竞争标准集中于产品/服务高质量、优势技术、专有技术,实现获取最佳效益和企业范围内最佳秩序标准化根本目的。

利益竞争成本方面,专业化降低成本与协调增加交易成本权衡可能会促进市场主体合作(也可能需要政府管理部门才能达成),产生协商一致完全合作标准。由于信息获取、协商缔约、监督履约和违约处理等交易成本,在组织体制、贸易法规和政策措施条件下,竞争获胜的市场主体的个体竞争标准并不能成为社会普遍遵循的共同标准;而政府制定的计量标准、产品标准、贸易标准、安全与健康标准、环境保护标准等将促进市场治理、影响交易成本。因此,市场完全自由竞争将演变为有交易成本、非完全自由市场竞争。竞争逻辑是市场规模扩大导致社会分工和生产与服务专业化,专业化能降低成本、提高效率、促进经济增长,但随着分工不断细化和专业化生产程度不断提高,交易范围日益扩大和复杂化,协调成本和交易成本将不断提高。当生产服务分工和专业化产生的效率提升、成本下降与其协调成本、交易成本相当时,分工和专业化就难以继续,经济增长也就停滞,这时法规、政策和标准等手段的协调功能就能降低交易成本、促进经济持续增长。标准由于既能降低成本又能降低交易成本,所以能促进经济的增长。为了协调社会分工和专业化生产、降低交易成本,市场主体将从竞争走向合作,自由竞争的竞争标准(企业标准、事实标准等)"私标准",将超出原有范围协商,从而产生共同遵循的"公利"性合作标准"公标准"。完全合作标准主要体现为国家标准、行业标准、地方标准,主要为市场贸易准入门槛性市场治理标准,安全、健康、环境保护等公共产品性质的公共利益标准,并被立法确定为支撑技术法规的强制性标准,由行政部门强制执行。完全合作标准实现了政府治理追求最佳秩序和提供社会福利(最佳共同效益)标准化根本目的。

完全合作将限制创新动力、抑制市场活力、降低市场效率,完全竞争将增加协调成本和交易成本,两者都可能损害市场主体的共同利益、影响经济增长,市场主体基于共同利益可能会由完全竞争而趋向竞争中合作,从而协商妥协产生竞争合作标准(简称为竞合标准),达到效费比最优。竞合标准主要是由社会团体(若干市场主体组成)制定的团体标准,具有社会公益性和准公共产品性质,主要反映在技术协调标准、技术指导标准,实现了市场贸易中追求最佳秩序和最佳共同效益的标准化根本目的(见图3-1)。

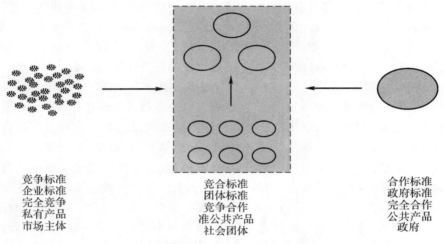

竞争标准	竞合标准	合作标准
企业标准	团体标准	政府标准
完全竞争	竞争合作	完全合作
私有产品	准公共产品	公共产品
市场主体	社会团体	政府

图 3-1　谋求利益一致性的标准竞争合作模型

总之,政府负责供给政府强制性纯公共标准,促进市场主体合作、提高市场主体共同效益;社会团体负责供给社会福利性准公共标准,促进市场主体合作参与更大范围竞争、提高社会团体共同效益;企业负责供给纯私有标准,市场主体参与市场竞争、提高市场主体最佳效益,政府、社会、市场各归其位,各类标准功能明确、定位科学、边界清晰、协调配套、协作联动,形成科学合理、结构稳定、持续发展的"合作标准、竞合标准、竞争标准"三位一体标准体系。对于常规武器装备试验评价标准体系来说,基于利益竞争与合作中政府、社会、市场主体在标准建设中定位,国家军用标准应大幅瘦身;军民两用标准、国家军用标准中的强制性标准应进行整合,推荐性标准应精简优化;试验行业标准应大力发展;试验基地标准应促进和鼓励发展,以突出试验主体和主要责任。

3.1.4　标准作用机理分析

标准有质量法规强制、契约协商协调、自我声明自愿自律三种作用机理。标准作用机理/标准作用方式决定标准类别、标准价值、应用范围和标准级别,标准化在服务公私利益方面价值不同,应用范围、标准体系级别地位就不同。标准作用机理包括三种:一是行政管理部门对生产和服务组织未执行法律法规引用的基本型质量要求标准进行违法惩处,这是强制性、门槛性质量标准的法规手段强制执行作用机理,简称为质量法规强制性标准作用机理;二是生产和服务提供方、接受方对协调性、期望型质量要求标准通过合同与协议协商确认,这是协调性(有时称为推荐性)标准的产品服务供需双方协商/协调作用机理,简称为协商协调性标准作用机理;三是生产和服务组织对企业自愿型、顾客兴奋型质量要求标准通过自我声明方式(或内部技术指令)发布主动接收顾客质量反馈和监督,这是企业质量技术标准自我声明自愿性、自律性标准企业高质量标准自我声明作用机理,简称为自愿自律性标准作用机理。

3.1.5 基于作用机理的标准约束力与标准需求侧自愿性特点分析

标准约束力取决于标准作用机理。以往标准化强调基于标准应用范围确定标准级别,而目前标准化发展方向更加强调基于标准约束力确定标准类别,基于公/私利益标准化价值、标准约束力构建标准体系分级具有重要指导意义。从标准级别来看,按照标准使用范围,分为国际标准、区域标准、国家标准、行业标准、团体标准、地方标准和企业标准等7个不同层级,1960年波兰的约·沃吉次基提出对象、性质和级别三维标准空间,其中标准级别分为国际标准、区域标准、国家标准、行业(或专业、部门)标准、地方标准和企业标准等级别。而我国传统标准体系正向新型标准体系转变,我国传统标准体系按适用范围分为"国家—行业—地方—企业"四级,而新型标准体系的标准化改革目标为"强制标准—公益标准—团体标准—企业标准"四类,强制性与自愿性标准协调配套,强制性或公益性国家标准满足保护公众利益或提供社会公民公平福利;团体标准或行业标准满足消费者获取合格产品/服务要求,企业标准满足企业家竞争最大利益,这四类标准对于企业约束力不同,强制标准、公益标准规定了提供社会福利和保护公众利益最低要求,其约束力最高,而团体标准、企业标准由于技术要求水平逐步提高对于产品生产和服务单位约束力逐步提高。考虑到常规武器装备试验行业不同于公益事业、民用领域/区域、企业联盟,选择行业比团体更为合适,因此可将作战试验标准按约束力分为A、B、C三级:A——强制性标准(包括安全、健康、环境保护、认证认可标准等)(对应国家军用标准层级);B——协调性、指导性、推荐性技术标准(对应试验行业部门或军兵种标准);C——自愿自律标准(对应试验基地或试验单位标准)。总之,常规武器装备作战试验标准体系建设应基于公/私利益标准化价值、质量技术水平,确定适宜的标准应用范围和级别,继承总装备部成立前国防科工委制定KB行业标准经验,重建指导性与协调性的试验行业标准体系,新建企业级试验基地标准/试验单位标准体系。

标准性质是决定标准建设方向乃至于标准体系构建重要因素,也是传统标准三维空间重要标准属性之一,认识标准性质分标准供给侧约束力(强制性、推荐性)、需求侧约束力(协调性、自愿性)和工作领域(技术、经济和管理)三个维度,但由于标准"以促进最佳共同效益为目的""为了在一定范围内获得最佳秩序"(ISO/IEC指南2,我国GB/T20000.1—2002等同转化该标准),可见标准强制性、推荐性、自愿性与经济管理相互影响。

(1)标准性质与经济管理体制密切相关,西方市场经济国家一直采用自愿性标准,我国标准正由强制性(政府主导制定标准,标准等同于技术法规)向自愿性(政府主导制定标准与市场自主制定的标准协调发展、协调配套,建立团体标准和企业标准自我声明备案制度)拓展。美国等市场经济比较发达国家,标准是推荐性/自愿性。有关安全、卫生、环保和公共利益标准,大都通过国家法律或行政法规引用转化为强制性要求。20世纪80年代前我国和苏联等社会主义国家实行计划经济体制管理,标准作为技术法规强制执行。1963年我国国务院《工农业产品和工程建设标准化管理办法》和1979年《中华人民共和国标准化管理条例》明确规定"标准一经发布,就是技术法规,必须严格执行",要求各级生产、建设、科研、设计、管理部门和企业、事业单位都必须严格贯彻执行,任何单位不得擅自更改或降低标准。1984年1月《军用标准化管理办法》第十四条规定"军用标准一经发布,各有关部门都必须严格贯彻执行,各级标准化管理部门负责督促检查。贯彻标准确有困难的,要说明理由,提出暂缓贯彻的期限和采取措施的报告;征得使用部门的同意后,经上级主管部门审查,报发布标准的部门批准"。《军用标准化管理办法》实质上是和 1979 年《中华人民共和国标准化管理条例》一样把标准作为"技术法规"对待的。1988 年《中华人民共和国标准化法》修改了将所有标准作为"技术法规"的规定,在第七条将国家标准、行业标准分为强制性标准(保障人体健康,人身、财产安全的标准和法律、行政法规规定强制执行的标准)和推荐性标准;第十四条规定强制性标准必须执行,不符合强制性标准的产品,禁止生产、销售和进口。1990 年 4 月 6 日《中华人民共和国标准化法实施条例》对强制性标准的范围做出具体规定同时扩大了强制性标准范围。2015 年 3 月 11 日,国务院印发《深化标准化工作改革方案》,提出标准化改革总体目标是"建立政府主导制定标准与市场自主制定的标准协调发展、协调配套的新型标准体系"。2015 年 12 月 17 日国务院《国家标准化体系建设发展规划》提出充分发挥"强制性标准守底线、推荐性标准保基本、企业标准强质量"的作用,"把标准化作为国家治理体系和治理能力现代化的基础制度和重要方法,'化'进经济社会发展各个领域、层级,主动靠上去、融进去,引领新发展,催生新效益,达到催化、引领、门槛和倍增的'1+1>2''标准化+'效应"。

(2)标准从企业主体角度都是自愿性的。推荐性标准是从标准供给角度推荐给企业自愿使用的推荐性标准,从企业需求侧角度是自愿选用剪裁,实质上从作用机理上也是自愿性标准,推荐性标准是有关利益方协商达成的对重复性事物的统一规定,推荐性标准是通用性文件,必须结合具体情况贯彻实施,推荐性标准规范要求,凡是使用方要求、影响使用效能,应严格执行;凡是使用方无要求或对生产、使用没有影响,就不必无条件照抄照搬,以免造成浪费。当涉及双方利益用于特定事物不适用时需要双方协商,可见推荐性标准是技术协调中协商使用,对于实施方是自愿性。而且推荐性和自愿性是分别从政府主导和市场主体方自主选择而言,分别针对标准供给侧和标准需求侧而言,可以说政府和行业管理方的推荐性标准也就是市场主体企业的自愿性标准;而只有与公众安全和公众利益有关标准才能作为强制性标准支撑法规,但强制性标准必须通过法律手段实现其强制性效果,法规规定的标准企业也可能置之不理,强制性标准是支持法规的技术文件而不是法规,作用力上强制性与法规有关而与标准无关,标准不过是"狐假虎威"(如果将法规比喻为老虎,那么标准就是狐狸),因此强制性标准对于实施方本质上也是自愿性的。另外,从标准内容来分析,标准中有些是强制性、底线性要求,而大部分都是推荐性、基本性要求,团体和企业标准中可能大量包含自愿性要求,而且大量标准同时包含强制性、推荐性和自愿性要求,因此,绝对、孤立地区分强制性、推荐性和自愿性标准是很困难的。

总之,技术团体标准和质量企业标准针对标准需求侧而言是自愿性的;支持法规、守底线的强制性标准,有关利益方协商一致选用剪裁、技术协调性、公益性、保基本推荐性标准是针对标准供给侧而言,但针对标准需求侧而言也是自愿性的;标准中可能同时包含强制性、推荐性、自愿性要求,使其难以划分为强制性标准、推荐性标准、自愿性标准,因此所有标准化文件从企业主体角度根本性质都是自愿性的,标准体系由"国家-行业-地方-企业"传统标准体系向"强制标准-公益标准-自愿标准"转变是发展趋势。

综上所述,经济全球化市场经济发展,需求侧自愿性与供给侧法规强制性矛盾,标准不再全作为技术法规,我国对标准性质认识经历"强制性(单一计划经济体制下标准均为技术法规)

→强制性和推荐性并存(计划经济指导商品经济体制下强制性标准和推荐性标准)→强制性、公益性、自愿性并存(中国特色市场经济体制下强制标准、公益标准、团体标准、企业标准)"发展演变,由于国际标准中管理体系标准在认证认可和市场准入中普遍应用、公益性/推荐性标准对利益相关方协商性要求、实施标准基于适用性分析选用剪裁,标准中强制性、推荐性/协调性和自愿性要求复合性特征,所有标准化文件从企业主体使用角度都是自愿性的,标准体系应由"国家-行业-地方-企业"向"强制标准-公益标准-自愿标准"转变。标准应从发挥市场主体作用的工程质量技术需求分类,而不是从满足行政部门管理需求分类。低级别、小范围的常规武器装备作战试验标准体系建设应基于公/私利益标准化价值、质量技术水平,确定适宜的标准应用范围和级别,宜定位为工程质量技术标准体系(技术标准是主体,工程(产品或服务,即技术过程结果)质量标准是核心);可继承总装备部成立前国防科工委制定 KB 行业标准经验,重建指导性与协调性的试验行业标准体系;新建企业级试验基地标准/试验单位标准体系。

3.2 国际标准化组织标准化发展特点

国际标准化(ISO、IEC、ITU 国际标准化机构为主体,见表 3-2),以保护社会公众利益和促进全球经济繁荣、科学技术发展和人类社会发展进步为目的,以研究、制定并推广采用国际标准为中心,标准化重点由基础标准、测试方法标准向高新技术、产品标准转移;标准由单纯的技术向技术与管理并重转移,由单纯传统工业(材料、电工、电气等)向工业与农业、服务业并重转移。20 世纪 60 年代前,ISO、IEC 协调各国标准以推荐性形式发布标准,20 世纪 70 年代后发布正式标准体现标准广泛协调严肃性(ISO、IEC 要求)。多年来 ISO、IEC 侧重术语、符号、互换性和兼容性等基础标准、测试方法标准、安全卫生标准及一些产品标准,并在简化产品品种、改进信息传输、保障安全健康生命等消费者和公众利益、获取经济效果、消除贸易壁垒等方面发挥了极其重要的作用。国际标准化组织合作不断加强。以世界标准日主题为例(见表 3-3),1969 年世界标准日开始设立,从 1986 年 17 届和 1987 年 18 届,世界标准日主题祝词由 ISO 主席一人发出;从 1988 年 19 届到 1992 年 23 届,由 ISO 和 IEC 主席共同发出;1993 年 24 届开始,改为由 ISO 主席、IEC 主席和 ITU 秘书长共同发出,国际标准化始终反映时代特征,关注社会热点,与社会发展进步紧密联系,由关注经济技术向社会发展进步拓展到造福人与社会,关注环境气候、建筑节能减排、消费者日常生活、全球安全、信息社会、贸易、和平与繁荣和未来可持续性发展目标等关键问题。值得指出,安全卫生评定标准、产品测试方法标准、信息化标准、管理方法标准和服务标准等国际标准对于装备试验有借鉴作用,例如 ISO9000 质量管理、ISO14000 环境管理、ISO26000 社会责任、ISO50001 能源管理、ISO31000 风险管理、ISO27001 信息安全管理和 ISO29990 非正规教育及培训等标准。

表 3-2   ISO,IEC,ITU 三大国际标准化机构

项 目	IEC	ISO	ITU
工作领域	电工电子领域国际标准化以及电工电子产品质量合格评定和安全认证	电工电子以外所有领域的国际标准化	电信手段和电信业务

续 表

项目	IEC	ISO	ITU
组织性质	非政府组织	非政府组织	政府间组织
工作宗旨	促进电工电子工程中标准化及相关问题的国际合作,促进相互了解	是在全世界范围内促进标准化的发展,以便于国际间物资交流与服务,并扩大知识、科学、技术和经济方面的合作	加强国际合作,改进并合理使用各种电信手段,促进技术设施的发展和应用以提高电信业务效率,研究制定和出版国际电信标准并促进其应用,协调各国电信领域的行为,促进并提供对发展中国家的援助
制定标准	IEC 标准、ISO/IEC 标准	ISO 标准、ISO/IEC 标准	ITU 标准
标准协调性	反对票不得超过 20%	赞成票必须超过 70%	
成立时间	1906 年	1946 年 10 月 14 日 25 国 64 名代表伦敦会议决定成立 ISO,1947 年正式成立	1865 年国际电报联盟,1934 年更名为国际电信联盟至今

表 3-3 历届世界标准日主题

届 期	年 份	主 题	届 期	年 份	主 题
第 17 届	1986	国际标准化	第 34 届	2003	为全球信息社会制订全球标准
第 18 届	1987	国际标准化	第 35 届	2004	标准连接全世界
第 19 届	1988	照明	第 36 届	2005	标准使世界更安全
第 20 届	1989	卫生技术标准	第 37 届	2006	标准为小企业创造大效益
第 21 届	1990	国际标准为世界免遭破坏所起的重要作用	第 38 届	2007	标准造福人与社会
第 22 届	1991	劳动安全	第 39 届	2008	标准与智能绿色建筑
第 23 届	1992	国际标准—打开市场的关键	第 40 届	2009	标准应对全球气候变化
第 24 届	1993	全球标准使信息处理更快更好	第 41 届	2010	标准让世界更畅通
第 25 届	1994	标准和消费者——一个更加美好世界的伙伴	第 42 届	2011	国际标准树立全球信心
第 26 届	1995	一个移动着的世界—国际标准有助于人员、能源、商品的运输和数据的传送	第 43 届	2012	减损耗,增效益——标准提高效率
第 27 届	1996	呼唤服务标准	第 44 届	2013	国际标准推动积极改变
第 28 届	1997	世界贸易需要国际标准	第 45 届	2014	标准营造公平竞争环境

续 表

届　期	年　份	主　题	届　期	年　份	主　题
第29届	1998	标准在日常生活中	第46届	2015	标准:世界的通用语言
第30届	1999	矗立在标准上的建筑	第47届	2016	标准建立信任
第31届	2000	国际标准促进和平与繁荣	第48届	2017	标准让城市更智慧
第32届	2001	环境与标准:紧密相连	第49届	2018	国际标准与第四次工业革命
第33届	2002	一个标准,一次检验,全球接受	第50届	2019	视频标准创造全球舞台

　　ISO以"标准化要服务于市场,确保利益各方都能最大限度地参与和协作,不断改进ISO组织的核心业务过程"为指导思想,以"强调全球市场对标准的需求,强调贸易和服务对标准的需求,以及社会可持续发展安全健康保障对标准的需求"为战略远景目标,坚持"价值、合作、优化"理念,制定了4个战略远景目标、9项具体目标和5项措施。首先,基于国际市场贸易竞争增长对安全、环境和自然资源保护需求,国际标准作为重要手段服务国际贸易,对全球市场发展产生更重要影响。其二,在安全、环境和自然资源保护等技术法规中占重要地位,发挥重要作用。2001年9月,发布"ISO标准化发展战略(2002—2004)",根据价值(对市场需求了解、应对和预测)、合作(标准化各阶段确保相关方都能最大限度协作参与)、优化(有效利用资源、充分利用信息通信技术)理念,提出4个远景目标——"在标准化中进一步完善协商一致和透明度原则;提高组织机构和办事程序的效率;加强与利益各方的交流;与其他标准制定组织建立更加密切的合作关系",9项具体战略目标——"帮助全球化工业和贸易最大限度地提高效率;促进全球化工业和贸易,协调技术法规和减少技术壁垒;解决各成员国的分歧,缩短发展中国家和发达国家在标准化中的差距;加强ISO、IEC、ITU三大组织间合作;快速应对变化和需求;使区域性标准化成为ISO标准化的一部分;尽可能地使其他国际组织和区域性组织的成果成为ISO标准;提供制定国际标准的文件处理机制;满足跨国公司对标准的特殊需求",五大战略措施——"提高ISO的市场适应性、提高国际影响力和公共组织的认知度、提升ISO体系及其标准、优化资源利用、支持发展中国家的国家标准机构"。2004年10月,发布2005—2010年战略计划,目标是使国际标准和交付产品支持:①全球贸易便利化;②质量、安全、环境和消费者保护得到改善,以及自然资源的合理利用;③技术和良好惯例全球共享;确定七个关键目标"制定协调一致的和集多行业于一体的满足全球需求的国际标准,保证利益相关方的参与,提高发展中国家的意识和能力,为有效地制定国际标准而对参与者开放,促进采用自愿性标准作为技术法规的一种替代或支持,对国际标准和有关合格评定导则提供者的认可,为协调一致的和广泛的标准制定提供有效的程序和方法"。战略计划包括"进一步加强与IEC、ITU的协调,建立高层次的世界标准协调机制(WSC);促进更多国家积极参与国际标准化活动,提高ISO标准的全球市场适应性,努力实现"一个标准、一次检测、全球有效";继续援助发展中国家全面提高实质参与国际标准制定的能力;积极与其他国际组织、标准制定机构建立良好的合作关系和合作机制;鼓励各国政府制定技术法规时有效利用国际标准;制定合格评定用的国际标准和指南,促进互认协议(MRA)工作;标准制定过程贯彻有效性、适合性、开放性、透明

性、公平性、协商一致以及柔性原则,有效利用公用规范 PAS、技术规范 TS、技术报告 TR、IWA、TTA 等新的标准发布形式;利用最新信息技术支持国际标准化活动;加强国际标准化教育和信息传递工作,为提高产业界、政府和社会等方面的标准化意识而加强信息传递工作;建立 ISO 中央秘书处资金保障机制"。

IEC 国际电工委员会标准化,以"使 IEC 标准和合格评定程序成为打开国际市场的金钥匙"为战略目标,注重新技术与标准有效协调,注重确保电工技术产品最大安全性和性能以减少对环境的潜在影响,注重加强同各国政府和有关国际和区域组织中重要机构合作,提高 IEC 标准和服务在世界范围内接受程度,注重提高所有 IEC 过程透明度和效率,确保 IEC 持久实力和财政独立性。2000 年 9 月,发布标准化发展战略。2006 年 9 月,IEC 正式发布了《IEC 发展纲要(2006 版)》,战略任务是"在电工、电子和相关联的技术领域内,使 IEC 成为全球公认的标准、合格评定和相关服务最重要的制定者和提供者,通过 IEC 的国际标准和合格评定体系,促进国际贸易在最大程度上便利化"。

ITU 国际电信联盟标准化,紧跟技术发展和人类社会发展步伐,及时提供最先进的通信技术标准,保障和推动先进电信网络建设,为人类提供最先进电信服务。ITU 标志性标准包括:电报传输标准、电话传输标准、无线电通信标准、国际电话网传输标准(人工转接和自动转接)、国际电报网络传输标准(人工转接和自动转接)、数据传输标准、广播和电视传输标准、卫星传输标准以及数字通信技术标准等。其标准化重点是宽带传输技术,特别是移动宽带通信技术、数字化多媒体传输技术、无线电信号数字传输技术、互联网升级换代技术、云计算技术、视频图像高速高效传输技术、应急通信技术、物联网技术、网络安全技术、智能终端技术和服务弱势群体的通信技术等。

欧洲标准化工作,由欧盟三大欧洲标准化组织〔欧洲标准化委员会(CEN)、欧洲电工标准化委员会(CEN-ELEC)和欧洲电信标准化组织(ETSI)〕和各国标准化组织负责,在欧盟统一市场中建立,以减少内部自由贸易障碍、消除贸易技术壁垒为目的。CEN 注重以开放和透明、一致性、国家承诺和技术协调、整合资源原则等四项原则制定标准。欧洲各国标准化组织以对口技术委员会(与 ISO 和 CEN 技术委员会)形式重视参与国际标准化活动而不是埋头制定国家标准,欧盟和欧洲各国标准对法律法规和政策发挥了重要的支撑作用,技术法规、新方法指令、协调标准、合格评定程序构成了有效、完善的标准管理体系和市场统一化产品质量管理体系。

(1)以《技术协调与标准的新方法》支持欧洲标准在欧盟政策和法律框架中发挥支撑作用。在欧盟统一市场建立中,为消除技术贸易壁垒,规范和协调成员国之间法规和技术标准,1985 年 5 月 7 日,欧共体理事会通过《技术协调和标准化新方法》决议。新方法核心原则:

1)欧盟法规和标准界线明确,法规(如指令)内容只限于基本要求,即公众关心的安全和健康、确保产品在欧盟内部自由流通,政府有责任确保欧盟法规基本要求实施(如市场监督),欧盟成员国采取适当措施撤销市场上不符合欧盟法规基本要求产品。

2)支撑欧盟法规基本要求的技术细则(即技术规范)由欧洲标准化组织起草。

"新方法"是技术协调的改进方法,它改变了旧方法中法规内容过繁过细的做法,在商品自由流通法律框架内分清欧盟立法机构和欧洲标准化组织职责,规定欧洲标准化组织任务是制定符合指令基本要求的相应技术规范(即"协调标准"Harmonized European Standards),符合技术规范可以断定产品符合指令基本要求。欧洲标准组织制定协调标准,以使欧洲标准支撑欧盟法规、消除技术贸易壁垒,在欧盟统一市场建设过程中具有重要地位和作用。协调标准起草任务由欧盟委员会根据欧盟指令 98/34/EC《在技术标准和法规及信息社会服务规则领域提供信息的程序》,以"标准化委托书"(A standardization mandate)形式下达。欧盟指令规定"基本要求"(Essential Requirement),即商品在投放市场时必须满足的健康和安全保障的基本要求。据统计,2006 年底欧洲标准化委员会(CEN)制定的欧洲标准已达 10 712 项,其中协调标准 1 825 项。

(2)制定具体计划改进欧洲标准化工作。根据 2004 年 10 月 18 日欧盟委员会"欧盟政策和法律框架中欧洲标准的作用"通告和 2004 年 12 月 22 日欧盟理事会"欧洲标准化的结论",欧盟委员会会同欧洲自由贸易联盟(EFTA)、三大欧洲标准化组织(CEN、CEN－ELEC、ETSI)、成员国及其国家标准化组织、相关方(Stakeholder)制定了"欧洲标准化行动计划"。计划分三个部分:

第一部分是增强和拓宽欧洲标准在欧盟政策和法规中使用,包括信息通信技术、服务业、研究和创新、国防、安全(包括反恐,化学、生物、辐射和核事故,产品和服务安全、供应链安全、能源和水供应安全、应急服务等)、测量(包括标样)、计量标准的有效性、空间和地理信息、可参与和可获得性等 16 个领域。

第二部分是完善欧洲标准化制度框架及其有效性、协调性和透明度。包括:①修改欧盟指令 98/34/EC;②宣传欧洲标准化系统;③增强标准制定有效性、时限性和市场相关性;④促进欧洲标准一致性评价(Keymark);⑤增强欧洲标准化组织合力,促进资源更有效利用;⑥促进所有利益相关方有效参与;⑦提供标准化财政支持。

第三部分是积极应对欧洲标准化面临的全球化挑战,包括在国际上大力宣传欧洲标准体系、欧洲标准支持法规的模式;大力促进欧洲参与国际标准化活动。

CEN 制定《CEN2010 年战略》包括 8 个关键目标及其预期结果和行动计划:①促进统一协调的欧洲标准化体系发展;②结合有效市场战略,加强对用户服务,改善 CEN 标准化系统透明度;③及时给用户提供满足需要的市场相关产品和服务,同时保持标准开放、透明和一致性价值;④为了 CEN 集中力量制定标准,需要确保对 CEN 标准系统和 CEN 管理中心财政支持稳定;⑤为了促进和强化欧洲标准对于支持欧盟政策及简化欧盟法律作用,大力发展与欧盟委员会和欧洲自由贸易联盟秘书处关系;⑥作为被认可的欧洲标准制定者,大力推广欧洲标准一致性评价(Keymark);⑦为了方便决策,确保 CEN 内部政策有效制定,评价 CEN 管理结构;⑧为了有效制定欧洲标准,确保与国际标准化组织(ISO)的紧密合作,与 ISO 建立开放伙伴关系。

(3)重视国际标准化。欧盟鼓励积极参与国际标准化活动,欧盟认为国际标准化具有消除贸易壁垒,增进市场准入(Market Access)潜力,也为促进和宣传技术提供了可能性;欧盟认为国际标准制定过程应该遵循开放、透明、一致以及所有利益相关方参与基本原则;为了切实实行国际标准化,CEN 标准停止政策(Stand Still Policy)规定 CEN 国家成员有义务:在欧洲标准(EN)制定期间,任何国家成员都必须立即停止相同内容国家标准制定活动,以便把资源集中到欧洲标准制定上来;任何国家成员不得出版与现行欧洲标准不一致的新标准或修改版标准。欧盟认为将国际标准化组织以外已经达成相对一致的标准和规范直接转入国际标准制定过程非常有益。例如 ISO 与 CEN 于 1990 年签订维也纳标准化合作协议主要目的是增加 ISO

和 CEN 正在进行的标准项目透明度,避免重复工作和重复设置,加快标准制修订速度;IEC 与 CENELEC 签订德雷斯顿协议也是为了加速国际标准化,避免重复工作。

3.3　北约与美军标准化发展特点

3.3.1　北约标准化发展特点

北约(北大西洋公约组织,NATO)标准化最大限度采用 ISO、IEC、ITU 标准及欧盟民用标准。北约标准化聚焦于多国军事联盟联合作战,以提高多国军事联盟联合作战行动效能为目标,以"各成员国自愿实施、最大限度采用民标、上下结合加强计划"为原则,2008 年在《加强互操作性行动计划》指导下,采取改进标准化工作程序、修订标准化协议编制办法、将 2 种标准化文件增加为 3 种、全面清理评估标准化文件等变革措施,由实行最大限度标准化向以互操作性为核心转移,进一步聚焦武器装备和作战指挥互操作性联合作战核心,促进了美国积极参与和进一步支持。

(1)起初实行最大限度标准化。1949 年冷战时期,成立并完善了标准化组织机构(见图 3 - 2),其标准化总政策是实现最大限度标准化,以提高资源利用率,加强北约军事地位,包括自愿实施,但一些标准属强制实施;最大限度采用民用标准;从名词术语标准化入手;贯彻自上而下和自下而上相结合标准化决策方针;加强计划性,每两年制定标准化课题计划;不得单方面终止参加标准化活动。

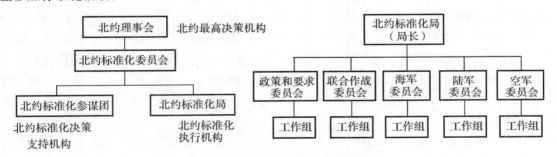

图 3 - 2　北约标准化组织机构

(2)随着冷战结束、北约成员增加、集体防御变为主动出击战略、恐怖力量挑战、美国经济实力下降和战争实践发展,北约军事行动日益远征化、常态化、动态化和网络化,北约开始调整标准化政策,以互操作性为中心开始标准化新变革。2005 年 12 月,北约成立常设"标准化文件管理工作组(SDMWG)"审议法国重构北约标准化文件管理的建议。2008 年布加勒斯特峰会,北约成员国元首和政府首脑指示北约理事会摸清北约内部互操作性现状、提出改进建议。2009 年,问卷调查显示"互操作性在许多领域依旧是一大短板,这种互操作性的缺失,在北约各成员国的武装部队间、成员国和北约部队间、各成员国的武器装备系统间无处不在,其中最为显著的是不能实现各级指挥间的通信。而其原因是多方面的:既缺乏语言技能,又缺少可互操作的设备。当然,还有装备、后勤、教育、训练和条令诸方面的"软肋"。但根本原因是尚未深刻理解互操作性的实现途径,各成员国执行北约标准化协议(NA-

TOSTANAG)不力"(见表 3-4)。2009 年初北约委员会及军事指挥部门深入分析上述互操作性问题的,统筹力量集中解决一批紧迫问题,同时提出互操作性是长期挑战,必须纳入北约长期防务规划统筹解决。北约认为从根本上解决互操作性问题的关键在于明确互操作性要求,验证互操作性解决办法效果。总之,成员国要执行北约标准化协议文件(NATO STANAG)和盟军管理出版物(AAP))(见表 3-5)。

2009 年发布 AAP-03(J)《关于北约标准化文件编制、维护和管理》(SDMWG 对 AAP-3《北约标准化协议编制办法》修订),其主要变化为:北约标准化文件要始终围绕其初始要求;明确支持盟军互操作性;丰富完善北约采用民用标准办法;设立新的推荐性北约标准化文件 STANREC,将与互操作性无关标准、程序全归入该类。

(3)北约标准以联合军事行动互操作性为核心,将 STANAG 分为互操作性标准化协议 STANAG、推荐性标准 STANREC,北约标准文件类型由标准化协议 STANAG 和盟军出版物 AAP 两种变为互操作性标准化协议 STANAG(分兼容性、互换性和通用性三个互操作性层次)、推荐性标准 STANREC、盟军管理出版物 AAP(根据是否包含专业信息和是否与标准对应分为独立 AAP、指导性 AAP 和混合式 AAP,部分具有相同标准化主题的 STANAG 和 AAP 对应配套)三种。北约标准分军事行动标准、武器装备标准、管理有关标准三类,有些标准可划归多个类别。军事行动标准指影响未来和当前军事实践、程序或形式,适用于军事方案、作战原则、战术、技术、后勤、训练、编制、报告、表格、地图和图表等;武器装备标准指有关未来和当前武器装备性能,包括工程惯例代码和生产惯例代码、装备规范。武器装备包括完整系统(武器系统和支持它的指挥、控制和通信系统)、分系统、组件、部件、消耗品(弹药、燃油、供应品和消耗性修理件)。例如,北约各成员国协调火炮发展时,首先统一火炮口径系列,实行"一炮多能,一炮多弹"方针,将压制火炮口径统一为 105 mm,155 mm 和 203 mm 共 3 种口径,重点发展 155 mm 口径主炮加榴合一,统一系列为合理发展品种规格和提高通用化打下基础。又如,北约致力飞机外挂系统标准化,经多年努力形成较完善标准系列,实现外挂装置通用化,在相容性条件下各种炸弹、导弹、火箭发射器、侦察吊舱、电子干扰吊舱和副油箱等在各机种均可悬挂。

管理有关标准主要包括术语标准,涉及作战行动领域、武器装备领域,也包括非军事领域管理有关标准,如经济统计数据报告标准。北约现有 1 500 余项 STANAG、500 项左右 AAP;具有相同标准化主题的部分 STANAG 和 AAP 对应配套,STANAG 规定原则协议,AAP 规定具体技术内容,二者相互对应,成员国认可 STANAG 亦连带认可相应 AP;在标准目录中相应条目中注明编号对应关系,即 STANAG 条目注明相应 AP 号,在 AP 条目注明相应 STAN-AG 号,在 500 项左右 AP 中约 370 项有这种关系,另有 130 项没有这种关系。北约 STANAG、STANREC、AAP 类目号体现标准文件类别。标准目录和标准封面标注密级和发放范围,分公开 NU、内部 NR、秘密 NS 和机密 NC 四个密级,分和平伙伴和其他有关国家 REL、北约内部 NREL 两种发放范围。

总之,北约标准化是保证多国部队联合作战成功重要因素,以信息技术标准化为主攻方向和主战场、STANAG 标准化协议聚焦于联合作战互操作性、STANREC 最大限度采用民标推行推荐性标准、APP 管理出版物与 STANAG 和 STANREC 构成标准化文件体系,代表着国际先进军用标准化发展趋势,对于常规武器装备作战试验标准体系有借鉴价值。

表 3-4　北约标准化协议类目名称及管理部门

类　目	类目名称	管理部门
1000	海军装备和行动标准	军用标准化局海军委员会
2000	陆军装备和行动标准	军用标准化局陆军委员会
3000	空军装备和行动标准	军用标准化局空军委员会
4000	武器弹药标准	北约总部 C^3 参谋部和信息系统
5000	C^3 运作和采办标准	北约总部 C^3 参谋部
6000	杂项(训练、气象、电子战标准)	国际军事参谋部
7000	空军装备和行动标准	军用标准化局空军委员会
8000	联合军事行动标准	军用标准化局联合作战委员会

示例:STANAG4175《多功能信息分布系统(MIDS)》、STANAG4093《NATO 成员国关于军用电子和电器元器件的合格鉴定的相互认可》,其中的 1 位数字"4"是类目号,表示该标准属 4000 北约标准类武器弹药标准,3 位数字"175"、"093"则是顺序号。

表 3-5　盟军出版物类目名称

类　目	出版物类目		类　目	出版物类目	
AACP	Allied Acquisition Practices Publication	北约采办惯例出版物	AGeoP	Allied Geographic Publication	北约地理出版物
AAP	Allied Acbninistrative Publication	北约管理出版物	AHP	Allied Hydrographic Publication	北约水文出版物
AArtyP	Allied Artillery Publication	北约炮兵出版物	AIntP	Allied Intelligence Publication	北约情报出版物
AASTP	Allied Storageand Transportation of Arrenunitionand Explosives Publication	北约弹药和爆炸物贮存和运输出版物	AIP	Aeronautical Information Publication	航空信息出版物
AAVSP	Allied Avionics Publication	北约航空电子出版物	AISP	AlliedImagery System Publication	北约成像系统出版物
ACCP	Allied Combat Clothing Publication	北约战斗服装出版物	AJP	Allied Joint Publication	北约联合行动出版物
ACMP	Allied Configuration Management Publication	北约技术状态管理出版物	ALP	Allied Logistic Publication	北约后勤出版物
ACodP	Allied Codification Publication	北约编码出版物	AMedP	Allied Medical Publication	北约医药出版物
AComP	Allied Communications Publication	北约通信出版物	AMEPP	Allied Maritime Environmental Protection Publication	北约海上环境保护出版物
ACP	Allied Communications Publication	北约通信出版物	AMovP	Allied Movement Publication	北约运输出版物
ADatP	Allied Data Processing Publication	北约数据处理出版物	AMP	Allied Mine Warfare Publication	北约反水雷出版物

续 表

类　目	出版物类目		类　目	出版物类目	
ADivP	Allied Diving Publication	北约潜水出版物	AMSP	Allied Military Security Publication [Cryptographic Publications]	北约军事安全出版物（密钥出版物）
ADP	Allied Defence Publication	北约防务出版物	ANEP	AlliedNaval Engineering Publication	北约海军工程出版物
AECP	Allied Environmental Conditions Publication	北约环境条件出版物	ANP	Allied Navigation Publication	北约导航出版物
AECTP	Allied Environmental Conditions Testing Publication	北约环境条件试验出版物	AOcP	Allied Oceanographic Publication	北约海洋出版物
AEDP	Allied Engineering DocumentationPublication	北约工程文件出版物	AOP	Allied Ordnance Publication	北约军械出版物
AEngrP	Allied Combat Engineer Publication	北约作战工兵出版物	APATC	Allied Publication Air Traffic Control	北约空中交通管制出版物
AEODP	Allied Explosive Ordnance Disposal Publication	北约爆炸物处理出版物	APP	Allied Procedural Publication	北约程序类出版物
AEP	Allied Engineering Publication	北约工程出版物	AQAP	AlliedQuality Assurance Publication	北约质量保证出版物
AEPP	Allied Engineering Practices Publication	北约工程惯例出版物	ARMP	Allied Reliabilityand Maintainability Publication	北约可靠性和维修性出版物
AEtY	Allied Electronics Publication	北约电子装备出版物	ATP	Allied Tactical Publication	北约战术出版物
AFLP	Allied Fuel Publication	北约燃料出版物	AVTP	AlliedVehicle Testing Publication	北约车辆试验出版物
AFP	Allied FORACS Publication	北约海军传感器和武器准确度检查站出版物	AWP	Allied Weather Publication	北约气象出版物
AFTP	Allied Fire Test Publication	北约实弹试验出版物	AXP	Allied Exercise Publication	北约演习出版物

　　注：北约出版物按与 STANAG 依存关系和包含的专业事实信息分为独立 APP、指导性 AAP 和混合式 AAP 共 3 种；按类目有 48 种，其中带下划线为与常规武器装备试验有关的主要出版物 12 种，其中车辆试验方面的 AVTP、环境试验方面的 AECTP、实弹试验方面的 AFTP 等 3 种试验出版物在北约内部都非常有名。例如 AAP－03（J）关于北约标准化文件编制、维护和管理，AAP－4 北约标准化协议和盟军出版物。

　　综上所述，作为质量技术基础工作得到全球公认的国际标准化，目的是保护社会公众利益、促进科技发展、全球经济繁荣和人类社会发展进步，提高国际标准全球市场适应性，实现"一个标准、一次检测、全球有效"，重点由基础标准、测试方法标准向高新技术、产品标准转移；由单纯技术转向技术与管理并重，由单纯传统工业转向工业与农业、服务业并重。欧洲标准化

〔欧盟三大欧洲标准化组织(CEN、CEN - ELEC 和 ETSI)和各国标准化组织负责〕以欧盟统一市场建立中减少内部自由贸易障碍、消除贸易技术壁垒为目的,欧洲各国标准化组织以对口技术委员会形式重视参与国际标准化活动,欧盟和欧洲各国的标准对法律法规和政策发挥重要支撑作用,技术法规、新方法指令、协调标准、合格评定程序构成有效、完善标准管理体系和市场统一产品质量管理体系。北约标准化目的是保证多国部队联合作战成功,其"以信息技术标准化为主攻方向和主战场、STANAG 标准化协议聚焦于联合作战互操作性、STANREC 最大限度采用民标、推行推荐性标准、APP 管理出版物与 STANAG 和 STANREC 构成完整的标准化文件体系"特点代表着国际先进军用标准化发展趋势,对于研究常规武器装备作战试验标准体系有借鉴价值。

3.3.2　美国军用标准化发展特点

美国军用标准化随国家战略需求和科技发展而逐步演进和完善,经历了起步、调整、改革三个阶段,目前进入实施支持作战部队新阶段,即由保障武器装备向保障联合作战效能转移。

(1)第二次世界大战后到 20 世纪 80 年代标准起步阶段,数量急剧增长、全军专用。美国军用标准化最早可追溯到海陆军联合制定的 AN 标准,1937 年美国海军和陆军航空委员会成立专门工作组,制定和发布标准代号"AN"陆军海军联合规范 1 100 余项,它们是美国军标"鼻祖"。该工作组是军种联合开展标准化拓荒者,是美国现代军用标准先驱,目前这些标准绝大多数早已废止,但其中 17 项经多次修订仍现行有效。美国 1951 年发布《军用标准化备忘录》,1952 年 7 月 1 日美国第 82 届国会通过公法第 436 号《国防编目和标准化法》,该法规定"在国防部范围内开展单一的、统一的标准化活动",《国防编目和标准化法》成为美国军用标准化发展真正起步标志和里程碑事件,由此进入大发展时期,之后依据 1953 年 DoDD 4120.3《国防部标准化工作》(注:1998 年 6 月 18 日改为 DoDI 4120.24)和国防部细则 DoD 4120.3 - M《国防部标准化工作的政策和程序》(注:2000 年 3 月改为 DOD 4120.24 - M)等有关军用标准化指令、指示,集中、统一开展军用标准化建设,对标准化工作实施科学管理和全过程控制,在"国防部标准化计划(DSP)"指导下,美国军用标准数量快速增长,从 20 世纪 50 年代到 20 世纪 80 年代初 30 年间,年平均增长数量高达 1 369 项,总数达到 43 580 项。本阶段美国军用标准化发展主要特点:一是保障军用标准发展各项制度法规全面建立;二是军用标准数量呈现急剧增长状态。

(2)20 世纪 80 年代起到 1994 年标准化改革前标准调整阶段,净增量明显趋缓、还民于民。20 世纪 80 年代起,根据装备、技术、管理等发展要求美军标准化工作指导性文件 DOD 4120 系列文件和标准化文件系列(SD - ＊＊)数次改版,及时纳入最新政策和适用措施,为标准实施与监督工作提供具体、明确指导。从 20 世纪 80 年代初到 1994 年美国军用标准修改前,10 年内标准净增数量趋缓,并稳定在一定数量级,净增总数仅为 1 951 项,从 43 580 项增加到 45 531 项,军用标准体系基本建成。这些标准横向覆盖各类武器装备,纵向覆盖武器装备整个寿命周期,内容先进,作为美国国防部武器装备采办基础文件,成为"国家宝贵的技术信息财富",是"为作战部队提供低价、优质、高安全性和高效能武器系统的重要因素。"这一阶段标准发展增量明显趋缓,主要特点是:一是技术发展迅猛,为适应新技术和新装备发布标准数量与淘汰标准数量大体相当;二是主要精力集中在维护和更新已有标准,酝酿改革。

(3)1994 年到 2001 年军民标准一体化改革阶段。美国军用标准化大发展时期取得令美国国防部骄傲成绩,获得行之有效经验,但也存在许多问题,多次受到国民国会抨击。国防部多次调查并提出改革方案,终因种种原因没有成功。冷战结束后,国家防务政策发生重大调整,军费大规模削减,导致冷战时期服务国防部国防企业规模缩减/转产/倒闭,丧失部分装备生产能力,不得不采办改革,使采办有利于军民工业基础一体化,使国防力量得到加强、国防部获得技术优势。改革前美国军用标准化主要问题是体系庞大、工作封闭、维护更新过慢、要求不当和使用,美军标在许多领域落后于最佳民用惯例,增加国防采购费用,在军民两大部门壁障阻碍军民工业一体化新战略实施。1994 年开始,随国防采办改革开始最大全面军标改革。1994 年 6 月 29 日,国防部长佩里发布《规范和标准工作的新思路》,并批准国防部行动小组报告。1995 年 6 月发布 SD‑15《性能规范指南》,之后修订 SD‑11《国防部参与非政府标准技术委员会指南》。1996 年美国会发布《国家技术转让与促进法案 1995》(公法 104‑113,简称 NTTAA)规定国防部等联邦政府部门和机构政府采购中尽力采用自愿标准,要求每年定期报告联邦政府采用标准情况;1998 年总统办公室行政管理和预算局(OMB)发布《联邦政府参与制定和使用自愿一致性标准和合格评定活动通告 A‑119》(简称 OMBA‑119),规定联邦政府机构在采购、制定法规等工作涉及标准必须采用现存自愿一致性标准(VCS),削减联邦政府制定政府专用标准(GUS)费用,OMBA‑119 与 NTTAA 配合改善立法和政策成果质量(ISO 标准即属于 VCS 标准,DOD 国防部标准即属于 GUS)。美国军标改革主要目的是改进军用标准化文件,建立基于性能要求招标程序,充分利用非政府标准、民用技术、民用产品、民用生产线和民用工业基础,实现军民一体化;中心是建议尽量使用民用规范和民用标准,以保证国防部充分利用民用技术和已扩大的工业基础;只有确实没有切实可行民用标准,才允许使用军用规范和军用标准;改革主要举措:①大力推行性能规范。SD‑15《性能规范指南》,对性能规范性质、作用、地位和编写方法明确规定。②全国性清理审查国防部标准化文件。国防部审查 4 万多项军用规范和标准,一律废止不属于军事专用的标准,修订或确认对维护现有装备需要但不适应新武器装备要求的规范/标准。1994 年至 1997 年,经美国国防标准改革委员会审查,废止军用规范 4 747 项(含单篇规范)、军用标准 57 项,207 项性能规范代替详细规范。③加强与工业部门联系。修订 SD‑11《国防部参与非政府标准技术委员会指南》鼓励与民间标准化组织联系。1994—1997 年,美国国防部新采纳民用标准 1 784 项,总数 7 449 项。④全面清理审查招标书。对属于一、二级采办项目招标书大规模清理,重点采用性能规范,减少采用军用标准数量。1994—1997 年,发布商品说明书 552 项,总数 5 889 项;取消 394 项资料项目说明。总之,军标改革把采用非政府标准放在军用标准改革首位,简化民用标准进入军用领域审核程序,使更多民用标准能够被国防部及时采用,将详尽的军用规范和标准的要求文件平台转换为由非政府标准、民用(商业)项目规定和性能规范构成的平台。到 2001 年标准改革结束,非政府标准和民用项目规定在美国军用标准比例由 25% 上升到 59%,而军用规范和标准下降到 41%。美国军用标准 29 000 项有 9 600 项被废止,另有 8 100 多项宣布为对新设计无效,仅供采购保障原系统使用。美国军用标准特点更加鲜明、专用性更强、吸纳先进技术能力更明显;管理体制更为科学合理、工作程序更为严格高效、管理手段更加现代化、体系更加完备和开放。从此美国军用标准化面向未来进入新时代。该阶段实现 2 个转变:一是观念转变,大力采用非政府标准,标准军民一体化程度加强;二是技术转变,从详细规范向性能规范转变。

(4)标准化战略实施新阶段,保障武器装备向保障联合作战效能转移。冷战结束后几场局部战争中,联合/联军作战成为美军基本作战方式。但海湾战争和科索沃战争初期,盟军难以协同美军作战,盟军/军种之间指挥、控制、通信、计算机和情报系统大多不能互联互通,从而贻误作战时机、误伤频发。主要原因是标准不统一,美国国防部标准化办公室主任乔治说:"没有联合作战的战争是地狱,而没有标准化的联合作战是真正的地狱"。1998 年 6 月 18 日,美国国防部发布 DoDI 4120.24《国防部标准化工作(DSP)》(废止 DoDD 4120.24《国防部标准化工作》),提出军用标准化新政策:"促进装备、设施和工程惯例标准化,提高战备完好性,降低总所有权费用,缩短采办周期。为此,应集中开展国防部标准化工作,制定一系列统一规范、标准和相关文件"。1999 年 10 月,美国国防部批准《国防部标准化战略计划》《国防部标准化战略计划实施细则》,转变标准化观念:①国防部要求源于产品使用要求,而不是规范和标准;②应规定保证产品使用价值的要求,不应规定"如何做"等一类不增加使用价值的要求;③优先使用满足军用要求的民用产品、民用技术、民用惯例和非政府标准;④与承包商建立伙伴关系,建立产品研制综合小组制度。美军发展蓝图是"建设一个全面、综合的国防标准化,使之成为联系采办、作战使用、后勤保障以及有关军民各界的纽带,为实现国防部 2010 联合作战设想和采办目标做出贡献";确定总目标"将国防部的标准化建成节省费用、提高作战使用效能的"冠军";明确总任务"瞄准需求,加强宣传,积极开发,加强管理,及时向作战人员、采办人员和后勤人员提供标准化过程、产品和服务,为提高互操作性,降低总所有权费用,保持战备完好性而努力奋斗";并提出国防部标准化工作六项战略任务:大力提高互操作性、改进后勤战备完好性、降低总所有权费用、大力加强领导和管理、加强基础建设、提供高质量的标准化产品和服务服务;确定三项战略重点:实现武器系统互操作性,为未来战争多军多国部队联合作战服务;加强信息化工作为美国武装力量取得信息优势服务;迅速吸纳新技术为提高新产品技术水平和老产品技术革新服务。

总之,美军标准化总体指导思想是"紧密围绕未来联合部队建设和联合作战的需求,站在整个国防部的高度,全面推进标准化工作,使之成为联结使用部门、采办部门、保障部门和一切相关军民单位的纽带",标准化建设由保障武器装备向联合作战转移。2000 年 3 月 9 日美国国防部发布 DoD4120.24 - M《国防部标准化工作的政策和程序》(废止 1993 年 7 月 DoD4120.3 - M《国防部标准化工作的政策和程序》)要求:一是贯彻美军标改革精神,反映改革主要举措,强调推行性能规范,规定标准优先使用顺序为非政府标准→联邦标准→军用标准,在没有非政府标准和联邦标准可用时且经过批准才能使用军用标准。二是为军事革命服务,着眼未来战争对标准化需求,强调国防部标准要努力为多军种、多国部队联合作战服务,将实现互操作性作为军用标准化头等任务,大力加强信息标准化工作,实现信息系统"互连、互通、互操作",保障未来作战制信息权;通过标准吸纳新技术、新产品,改造升级现有军事装备,延长有效寿命,指导新武器装备研制。

为解决海、陆、空、天、电多种作战力量联合和多国部队联合作战标准化问题,克服现行美国军用标准化管理体制弊端,根据联合作战使命,美国国防部组建了联合标准化委员会,与北约盟国签订标准化合作协议,以发挥标准化对联合作战技术支撑作用。目前美国国防部已组建战术无人机系统联合标准化委员会、联运设备联合标准化委员会等首批 8 个联合标准化委员会。将信息技术标准化作为标准化重点,并取得世界领先成果,最具代表性的是 1996 年推行《联合技术体系结构(JTA)》,20 世纪 90 年代推行联合战术无线电系统(JTRS)和数据链标准。为解决多国部队联合作战问题,美、英、澳等盟国签订了"国防军事标准化合作协议",采用美军标 90%以上,使盟国部队武器装备和指挥控制系统实现互联、互通、互操作。目前,国防部标准化局负责制定标准化政策指示,联合标准化委员会辅助国防部标准决策,陆、海、空三军和国防部后勤局等 4 大部门负责本部门标准化工作,部门下文件管理单位、标准化主持单位、参加单位和项目简化单位等完成具体标准化工作(见图 3-3)。国防部标准化管理业务范围按技术专业和产品供应类别划分,产品按联邦编目法逻辑关系划分为联邦供应大类 FSG,而每一大类细分为联邦供应小类 FSC。

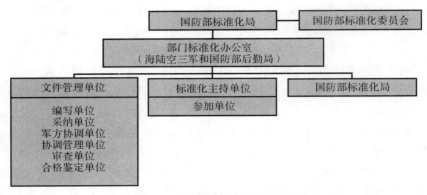

图 3-3　美国军用标准化管理体制

美军国防采办标准化将互操作性、兼容性和集成性作为主要目标,落脚于确定寿命周期内采办、保障和使用国防部系统和装备技术参数,平衡使命任务要求、技术发展和效费,编写标准化文件、项目专用文件、采购说明书等三类产品说明书,根据 SD-15《性能规范指南》通过标准化文件面向性能加强竞争;标准化文件区分为协调文件(要求占大多数)、有限协调文件和临时性文件;分为商品说明书、规范指南、规范、标准、手册等 5 类;包括国际标准化协议(ISA)、联邦信息处理标准(FIPS)、联合标准、事实标准、指导性规范、国防部手册、公司标准以及采办合理化和标准化信息系统(ASSIST)数据库能够检索出的国防部标准化文件(国防部规范、国防部标准)、联邦标准化文件(商品说明书、联邦规范、联邦标准)和非政府标准(NGS)等 13 种;标准用于过程、程序、惯例和方法,分国际标准化协议(ISA)、非政府标准(NGS)、联合标准、事实标准、联邦标准、联邦信息处理标准(FIPS)、国防部标准和公司标准等 8 种(见图 3-4、见表 3-6)。

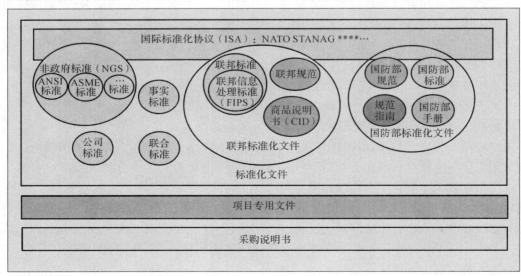

图 3-4　美军标准体系

表 3 - 6　美军标准化文件

产品说明书类型	适用性	说　　明
标准化文件	能在多种场合使用；能促进各军种部、国防部各业务局、美国与盟国之间的通用性和互操作性；能限制军事供应系统内(产品)项目的多样性	1、商品说明书提供性能条款用于采购商品； 2、规范用于规定产品的基本特征并要求尽可能为性能条款； 3、标准用于规定过程、程序、惯例或方法的具体要求，并要求尽可能为性能条款； 4、国防部规范指南用于替代国防部规范以确定分系统/设备/组件功能特性或性能特性； 5、手册用于提供非强制性的有关产品、过程、惯例和方法的指导性信息
项目专用文件	仅仅适用于具体武器系统或采办项目	用于其他系统或采办项目可能性很小，甚至不可能
采购说明书	没有合适的标准化文件可用于购买产品	限制为一次性采购或小额采购产品，或认为编制标准化文件效费不好

(1)美军规定基于性能项目采办中各军种部使用要求文件(ORD)提出兼容性和互操作性标准化要求；项目办公室根据实际使用国防部联合技术体系结构(JTA)；将系统开放原则用于物理与功能接口标准化；确保零件管理，控制零件规格和相关文件增长，促进使用性能、质量和可靠性合格零件；根据项目采办用途通过合同剪裁标准化要求，并确保修改要求符合最起码实际需求，平衡需求和费用。对项目办公室和采购司令部何时、何种情况、何种层次标准化问题提供指导原则。美军认为三种情况不宜实行标准化：技术正迅速发展，希望获得最新技术或产品不久后不再生产；客户偏爱得不到尊重很可能转向其他货源；采办主要目标是为了最大限度发挥研制者设计灵活性和创造性。

(2)围绕性能要求，根据 SD - 15《性能规范指南》和实际制定标准化文件、项目专用文件、采购说明书等 3 种产品说明书。选用的标准化文件分商品说明书、规范指南、规范、标准和手册等 5 类，并分为国际标准化协议(ISA)、联合标准、事实标准、规范指南、公司标准以及采办合理化和标准化信息系统(ASSIST)数据库能够检索出的国防部标准化文件(国防部手册、国防部规范、国防部标准)、联邦标准化文件〔联邦信息处理标准(FIPS)、商品说明书、联邦规范、联邦标准〕、非政府标准(NGS)等 7 种(见图 3 - 4)。商品说明书用于采购商品，商品说明书(同联邦规范、联邦标准)按联邦标准化细则编写；规范用于规定产品基本特征(例如，联邦规范规定商品的基本特征，国防部规范规定军事专用产品要求或为满足军事专用要求对商品规定的实质性改型要求)，国防部规范按 MIL - STD - 961 编写；规范指南用于替代国防部规范以确定分系统、设备或组件的功能特性或性能特性；标准用于规定过程、程序、惯例或方法的要求(国防部标准分为接口标准、设计准则标准、制造过程标准、惯例标准和试验方法标准等 5 类)；国防部标准按 MIL - STD - 962 编写(非政府标准(NGS)各非政府标准化团体按各自规定编写)；手册用于提供非强制性的有关产品、过程、惯例和方法的指导性信息，国防部手册按 MIL - STD - 967 编写(2008 年 4 月 2 日前按 MIL - STD - 962 编写)。

(3)建立面向互操作性标准管理机制。以促进信息系统互操作性为目标,以联合技术体系结构(JTA)、国防部信息技术标准注册系统(DISR)为重点,规范系统技术体制与标准规范制定。其中 JTA 经历两个发展阶段:第一阶段截至 5.x 版本,引用大量商用和军用信息技术标准,用于与商业和国家安全相关、已存在或将采办系统;第二阶段是 6.0 及后续版本,关注国防部现有信息基础设施与系统转型。当前适应网络中心化发展,建立 DISR 等手段,实现技术标准网络化发布与共享,为装备技术体制选择提供支撑。

(4)将标准化文件分为协调文件(一个以上军种部/国防部业务局使用,规定大多数宜采用此类)、有限协调文件(仅供一个军种部/国防部一个业务局使用)和临时性文件(时间不允许正常协调快速地更改)并规定了协调范围,不能促进部门间标准化的有限协调文件是例外而不是规则。使用标准化文件优先顺序为:性能规范优先于详细规范;非政府标准优先于联邦和国防部的规范和标准。系统性能要求部分可纳入征求书、某系统作战使用要求的标准或规范可不受任何使用限制,如采办合理化和标准化信息系统(ASSIST)数据库中商品说明书、惯例标准、接口标准、国防部性能规范、指导性规范(即规范指南)、不作为要求引用的手册,或者法律或条例规定的文件、非政府标准、联邦信息处理标准(FIPS)、国际标准化协议(ISA),共 10 类不受任何限制使用的文件。资料项目说明(DID)专门规定资料的内容、编写说明、格式和预定用途,规定对承包商资料要求的制式表格,只有各类规范和标准才可能作为资料项目说明(DID)源文件,国防部标准资料管理中心要向各认可机构分发采办管理系统控制(AMSC)号和资料项目说明(DID)号,各类规范和标准引入项目征求书或合同必须得到特许,资料项目说明(DID)按照 MIL‐STD‐963 编写。国防部规范(MIL‐PER、MIL‐DTL)、国防部标准、联邦规范、联邦标准、指导性规范、国防部手册(MIL‐HDBK)、资料项目说明、非政府标准或有关的标准化文件查询通过采办合理化好标准化信息系统(ASSIST)数据库查询(替代国防部规范和标准目录(DoDISS)查询)。军用标准化文件按照发放级别分为 A、B、C、D、E、F、G 等 7级。其中只有 A 级标准批准公开发行不受限制,主要是常规军用标准和采购用基本规范。

美军试验鉴定标准,从 MTP 发展为 TOP、JOTP,参与制定 ITOP、盟国出版物 AAP(AP)等北约标准化文件,其标准体系在不断发展和开放,TOP 为层次行业标准,不同于国防部标准化文件其编码方法按装备体系结构分类。1952 年 7 月 1 日美国公法第 436 号《国防编目和标准化法》后美军开始制定装备试验规程 MTP(Materiel Test Procedure),1971 年 7 月 1 日MTP 更名为试验操作规程 TOP(Test Operations Procedure),20 世纪 80 年代初开始美国与德国、英国、法国等联合制定北约国际试验操作规程 ITOP(International Test Operational Procedure),并用 ITOP 试验标准替代部分 TOP 试验标准,但仍还在制定北约不共用的 TOP试验标准。MTD. TDP. 270P 标准保持编码规则一致,编码规则为

$$\text{ITOP}(/\text{TOP}/\text{MTP}) \quad **\quad —\quad *\quad —\quad ***$$

试验标准代号　　　　卷号　　　规程类型　　　规程序号

(1)卷号分背景文件、车辆、轻重武器、弹药爆炸器材、导弹火箭、电子和通信设备、航空与空投设备及机载武器子系统、生化与放射性器材、建筑支援和勤务设备、一般供应品与设备等10 卷。

(2)规程类型分为背景试验操作规程、适用于研制试验的通用试验操作规程、系统和专用试验操作规程、环境试验操作规程四类。

1）背景类规程提供了有效影响试验的有关因素的技术资料，基本内容包括环境注意事项、设施和仪器设备、数学模型和专用工程技术；

2）通用规程以性能专项试验为对象，内容包括概述、设施、仪器设备、试验准备、试验管理、试验实施、数据整理与报告等；

3）系统规程以一种装备或几种装备为对象，并对需要引用的军事标准、通用规程、辅助试验、通用规程的选用和剪裁进行说明；

4）专用规程以多项试验为对象。TOP 和 ITOP 内容包括车辆、轻重武器、弹药、导弹和火箭系统、电子设备和通信设备，航空、空投设备和机载武器，生化和放射性器材，建筑、支援和勤务设备，一半供应品和设备等九大类装备试验操作规程。

（3）规程序号用于区分背景文件、通用试验操作规程、系统试验操作规程，小于 500 为背景文件/系统试验操作规程，不小于 500 为通用试验操作规程。

美军试验鉴定标准体系是开放体系，美军 TOP、JOTP 和北约 ITOP 以及盟军出版物 AAP（车辆试验 AVTP、环境试验 AECTP、实弹试验 AFTP、炮兵 AARTYP、军械 AOP、电子装备 AETP、可靠性与维修性 ARMP 等 48 种）等试验标准和 MIL - STD、STANAG 等有关军用标准以及有关民用标准构成了完整、开放标准体系。比如人因试验鉴定标准方面，美国已经制定了五代试验标准，第 1 代到第 4 代为 HFE 人因工程，第 1 代为多个专用 HFE，第 2 代到第 4 代为通用 HFE，第 5 代为 HSI，主要围绕人因工程 HFE 扩展为人因体系整合 HSI 试验标准。人因工程 HFE 标准包括照明、噪声测量、温湿度和通风测量、可视性测量、语音清晰度试验、工作区和人体测量、力/力矩测量、HFE 设计检查表、面板共性分析、可维修性评估、人员绩效评估、出错可能性分析、乘员组绩效、信息系统、训练评估、工作负荷评估、任务检查表、调查表和访谈、手的灵巧性、寒区服装和装备等 20 个规程；人因体系整合 HSI 标准包括 8 个 MANPRINT 领域（人力、人员、训练、人因工程、系统安全、健康危害、生存性、可居住性等）。设计标准和试验标准相配套，保证武器装备"好用"，能满足装备自然、舒适、高效的"以人为本"要求。4 项设计标准（MIL - STD - 46855、MIL - STD - 1472、MIL - HDBK - 759、DOD - HDBK - 763）和"1—1—20＋3"的试验标准（TOP 1 - 1 - 015《人因体系整合 HSI》；TOP 1 - 2 - 610《人机工程》；20 项 TOP 1 - 2 - 610 引用标准和 3 项 TOP 1 - 2 - 610 未包含的标准 TOP 1 - 1 - 059《士兵计算机界面》、TOP 2 - 2 - 808《车辆野外冲击和振动试验》、TOP 2 - 2 - 614《车辆和其他装备的毒性危害试验》）构成了美军武器装备人因试验标准体系。美军试验标准开放体系反映西方发达国家靶场试验理论和方法，体现其在试验设施、设备及测试仪器技术水平，对我国军用装备试验基地试验、鉴定工作及军用装备研究、设计和生产有重要参考价值。总之，美军是武器装备技术最发达国家，也是试验鉴定技术和标准体系最完善国家。目前，美国国防部建立了主要由 STANAG（北约互操作性标准化协议标准）、STANREC（北约推荐性标准）、APP（北约盟军管理出版物）、MIL - STD、TOP（试验操作规程）、JOTP（联合武器试验规程）和 ITOP（国际试验操作规程）等组成的武器装备试验鉴定标准体系，该体系既有美国国内标准，也有北约等标准；既有美军标准，也有军民通用的国家标准和其国内行业标准（见图 3 - 5）。

总之，美国《国防编目和标准化法》发布后，军用标准化工作经历起步、调整、改革三个阶段，已建立更完备开放的军用标准体系，军事专用特点更鲜明、吸纳先进技术能力更强，标准化管理体制科学合理、工作程序严格高效、管理手段更加现代化，目前转入实施标准化战略支持作战部队保障联合作战效能新阶段，在"紧密围绕未来联合部队建设和联合作战的需求，站在整个国防部的高度,全面推进标准化工作,使之成为连接使用部门、采办部门、保障部门和一切相关军民单位的纽带"思想指导下,确定"将国防部的标准化建成节省费用、提高作战使用效能的'冠军'"总目标,并明确总任务、战略任务和战略重点。美军规定采办过程将互操作性、兼容性和集成性作为主要标准化目标,标准化落脚于确定寿命周期内采办、保障和使用国防部系统和装备技术参数,标准化决策平衡具体的使命任务要求、技术发展和效费,通过围绕性能要求制定标准化文件支持竞争,编写标准化文件、项目专用文件、采购说明书等3种产品说明书,在将标准化文件区分为协调文件、有限协调文件和临时性文件,但规定大多数宜为协调文件。美军标准化文件分为5类13种,而标准用于过程、程序、惯例和方法,分为国际标准化协议(ISA)、非政府标准(NGS)、联合标准、事实标准、联邦标准、联邦信息处理标准(FIPS)、国防部标准、公司标准等8种。在试验鉴定标准化方面,美国从MTP发展为TOP、JOTP,参与制定ITOP和盟国出版物AP、AAP等北约标准化文件,其试验标准体系日益开放并在不断发展。

图 3-5　美军武器装备试验鉴定标准体系

3.4　我国民用标准化、国家军用标准化发展特点

3.4.1　我国民用标准化发展特点

(1)技术标准体系建设不断加强,标准化领域不断拓展,"国家—行业—地方—企业"传统标准体系转向"强制标准—公益标准—团体标准—企业标准"新型标准体系,强制性与自愿性标准更加协调配套,标准制定模式由政府主导向政府主导与市场自主协调发展转变,产品标准向贸易型标准转化,标准从关注产品质量转向关注满足贸易需要,技术标准体系面向经济社会和科技发展需要。

1)制定企业标准和部门标准,为国家技术标准发展奠基。1949年10月,政务院财政经济委员会成立中央技术管理局,下设标准规格处,专门负责工业生产和工程建设标准化工作,建立企业标准和部门标准,1949—1955我国在恢复国民经济和"一五"期间,学习引进苏联标准和总结本国经济实践,建立企业标准和部门标准,累计制定各种类型部门标准2 000多项,为标准化工作发展奠定基础。

2)初步建立国家标准、部标准和企业标准相互协调、门类齐全、衔接配套的技术标准体系。1955年7月27日,时任国家建设委员会主任薄一波在全国人大二次会议上提出"逐步统一制定我国国家标准"。1956 年,国家科学委员会制定《1956－1957 年国家最重要科学技术规划》把"统一的计量系统、计量技术和国家标准的建立"列为国家重点发展项目。1957 年,国家技术委员会"关于建立和开展全国标准化的意见稿"提出了中国国家标准化工作基本方针"结合我国具体情况,以学习苏联国家标准为基础,并吸取世界先进经验,建立为我国社会主义事业体系服务的国家标准制度"。1958 年,机械工业标准化工作规划会议提出一年内制订出基础标准,两年内制订出主要专业产品标准,五年内基本形成机电工业完整的标准体系的标准化奋斗目标。1959 年 3 月,国家科委标准局颁布《关于地方标准化工作的若干暂行规定(草案)》,这是中国地方标准化工作开端。1963 年 4 月,我国第一次全国标准计量工作会议通过中国第一个标准化十年发展规划《1963－1972 年标准化发展规划》,确立国家标准、部标准和企业标准三级标准体系。1979 年,国家标准总局召开第一次全国标准化工作会议,会议提出建立以国家标准为主,国家标准、部标准和企业标准相互协调、门类齐全、衔接配套的技术标准体系。改革开放为标准化工作发展提供新机遇。在标准制定上采用国际标准和国外先进标准是该时期重要方针。1982 年,制定和发布《采用国际标准管理办法》和《技术引进和设备进口标准化审查管理办法》。截至 1989 年底我国国家标准总数已达 16 192 项。

3)标准化工作进入法制轨道后,标准体系不断完善,国际标准化不断推进。1989 年 4 月 1日《中华人民共和国标准化法》和 1990 年《中华人民共和国标准化法实施条例》施行后,标准化转入法制轨道。1990 年,《国家标准管理办法》《行业标准管理办法》《地方标准管理办法》《企业标准化管理办法》《标准化科学技术进步奖励办法》颁布后,国家技术监督局开始对各级标准依法清理整顿。1991 年,国家技术监督局提出适当控制标准数量增长。1993 年,国家技术监督局对 6 400 多个强制性国家标准复审,最后确定 1 666 项为强制性国家标准。1994 年,国家技术监督局召开第三次全国技术监督工作会议提出严格执行强制性标准,加快国家标准制修订速度。1995 年,《企业标准化工作指南》颁发,企业标准化进一步加强。

4)标准化战略成为我国重要国家发展战略,技术标准发展战略和新型国家技术标准体系建设方案确定,逐步酝酿和开始新一轮标准化改革。2000 年后,国际出现标准化战略热,主要发达国家和一些发展中国家相继发布标准化战略,技术标准发展国际化、市场化、一体化和人才战略成为焦点。2001 年,国务院批准成立国家质量监督检验检疫总局、标准化管理委员会。为应对加入 WTO 机遇和挑战,科技部提出实施"人才、专利和技术标准"三大战略,并决定在"十五"实施国家重大科技专项"重要技术标准研究",针对我国长期缺乏技术标准发展战略方向性指导,技术标准体系不完善,贸易技术性措施缺乏有效策略,重点领域重要技术标准缺乏深入研究,标准检测手段方法不配套,社会技术标准意识薄弱等主要问题,重点围绕技术标准战略及体系、重点领域重要技术标准研制、重要技术标准配套检测手段方法和计量基标准、技术标准试点等四个方面研究。该研究被称为"国家发展的奠基工程",包括"中国技术标准发展战略研究"(见表 3－7)、"国家技术标准体系建设研究"、"技术性贸易措施战略与预警工程"三个子课题。2004 年发布《关于开展国家标准清理"评价清理阶段"工作的通知》。2006 年"重要技术标准研究"专项通过验收。由于涉及与法律法规协调配套、与技术法规体系衔接、与自愿性标准体系结合,推行体系内部的管理体制、运行机制、实施体系、保障体系和服务体系的构建及其相互协调配合等重大复杂系统工程问题,国家技术标准体系建设引起重视。2009 年 6 月26 日,国家标准化体系建设工程领导小组会议暨第一次工作组会议正式启动国家标准化体系建设工程,计划三年时间建立新型国家标准化体系,建设总体思路是"整体推进、重点突破、稳步实施、确保实效"。2011 年 8 月 9 日,"十一五"国家科技支撑计划重点专项"关键技术标准推进工程"通过验收。2013 年 3 月下旬,《关于实施〈国务院机构改革和职能转变方案〉任务分工的通知》,要求"加强技术标准体系建设,2013 年 12 月底前提出改革完善强制性标准管理的方案,并组织修订一批急需的强制性标准";2014 年要求"建立健全推荐性标准体系,2014 年12 月底前完成";2015 年要求"基本建成强制性与推荐性标准协调配套、符合经济社会和科技发展需要的技术标准体系"。2015 年 3 月 11 日国务院《深化标准化工作改革方案》,提出标准化改革改革总体目标是"建立政府主导制定标准与市场自主制定的标准协调发展、协调配套的新型标准体系",明确改革分三个阶段实施。第一阶段为 2015 — 2016 年,对现行标准体系进行全面清理和复审;第二阶段为 2017 — 2018 年,向新型标准体系稳妥过渡;第三阶段为 2019 —2020 年基本建成新型标准体系(见图 3 - 6)。

表 3 - 7 我国技术标准发展战略

项 目	内 容
技术标准发展战略思想	提高技术标准适应性和竞争力为核心
技术标准发展战略取向	向注重制定具有自主创新成果的技术标准转变、国际标准化工作向有效采用重点竞争转变、标准体制向以自愿性标准为基础的标准体制转变、发展重点向支持建立和谐社会的标准转变
技术标准发展总体战略目标	2010 年前,基本建成重点突出、结构合理、适应市场经济发展的技术标准体系。我国技术标准的整体水平跟上国际水平;重点领域的国际标准中反映中国自主创新技术的比例明显增加;成为推动亚洲地区标准化活动的主要国家之一。2020 年前,技术标准的市场适应性以及标准中我国自主创新技术的含量显著提高;以我国标准为基础制定国际标准的比例明显上升;标准水平达到国际先进水平,重点领域技术标准的水平达到国际领先水平。中国成为区域乃至国际标准化活动的重要力量。实现技术标准对国民经济和社会发展强有力的支持
技术标准发展重点	农业、制造业、现代服务业和高技术产业等产业中的重要技术标准以及基础公益、安全、健康、环保、资源和能源等社会公益类技术标准
技术标准发展战略措施和建议	创建提升技术标准自主技术含量的机制;建立参与国际标准竞争的机制;建设以自愿性标准为基础的标准化模式;完善标准化法律法规及政策环境;加强基础条件建设;实施技术标准推动工程;加强标准战略实施的组织领导
技术标准发展战略	市场为主导和企业为主体的战略、全面跟踪和重点突破的国际标准化战略、科技研发和技术标准研制的协调发展战略
新型国家技术标准体系的总体目标	到 2020 年建成以法律法规为依据,以自愿性标准体系为主体,管理运行高效。实施手段多样,保障措施有力,服务便捷周到,具有系统性、协调性、先进性、市场适用性和前瞻性的面向国际的新型国家技术标准体系
新型国家技术标准体系的总体架构	包括基本体系和推行体系两大部分。基本体系实现了技术法规和技术标准完全分离,建立由国家标准、行业/协会标准和企业标准构成的完善的自愿性标准体系。推行体系则是基本体系赖以生存、发展的根本基础,是一项制约因素多、影响面广、复杂的制度设计

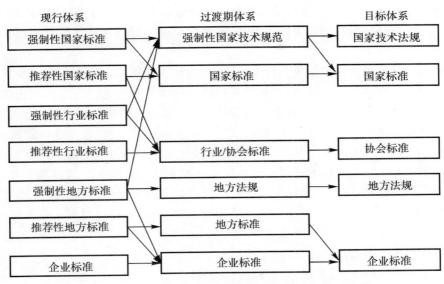

图 3-6 我国现行标准体系到目标标准体系的发展过程

(2)标准实施监督体系不断加强,在促进经济持续健康发展和社会全面进步中,标准化事关国家自主创新体系建设、国家核心竞争力培育及质量"硬约束","对推进国家治理体系和治理能力现代化具有基础性、战略性作用"认识不断深化,标准化地位不断上升,标准化战略成为我国重要国家发展战略之一。

1)由标准制定到标准实施监督,由委员会到管理部门,由经济部门、技术部门、科学部门、技术监督到质量监督检验检疫部门,由传统标准化到综合标准化,标准实施监督管理体制更加合理,标准实施监督力度不断加大。1949 年,财政经济委员会标准规格处专门负责工业生产和工程建设标准化工作,1957 年国家技术委员会(1956 年成立)标准局负责标准化工作。1972 年,中国科学院代管国家标准计量局。1978 年国家经委国家标准总局成立。1982 年,国家标准总局改名为国家标准局。1988 年,撤销国家计量局和国家标准局以及原国家经委质量局,设立国家技术监督局。1991 年,《综合标准化工作导则》推荐性国家标准颁布,目的是以综合标准化促进标准实施工作创新。1992 年,《中华人民共和国产品质量认证管理条例》颁布促进了标准实施监督工作。2000 年合格评定国家认可工作推进。2001 年,国务院批准成立国家质量监督检验检疫总局。

2)标准化的科学性、基础性、综合性、系统性及战略性认识不断深化,标准化工作领域由工业等第二产业向第一产业和第三产业以及社会管理等领域拓展。1966 年,全国棉花检验会议期间举行"标准科学化"问题专题讨论,这是我国最早提出"标准科学"概念。1982 年,《国家标准局关于加强标准化工作的报告》指出"标准化是一项综合性的基础工作,对促进技术进步,实现我国社会主义现代化的宏伟目标具有重要作用",《标准化概论》出版发行。1983 年,为了探索在我国开展综合标准化可行性以及如何根据国情实施具有我国特色的综合标准化,国家标准局组织综合标准化试点。1991 年,《综合标准化工作导则》推荐性国家标准颁布,在我国一度形成综合标准化热。2012 年,国家标准委组织专家研究综合标准化理论与应用,开展综合标准化示范试点,运用综合标准化完善工作机制。20 世纪 90 年代,在争取恢复中国关贸总协定((GATT)缔约国地位和加入世界贸易组织 WTO 过程中,对标准化与技术创新、专利保护、质量管理、国防和军队建设、国际贸易等关系,标准化对国家经济和社会发展支撑作用认识不断深化。

3)国家标准化发展战略发生重大转变,从单纯的标准化技术基础作用到引导经济社会发展和技术基础两个标准化作用转变;从积极采用国际标准和国外先进标准向积极参与国际标准制定和国际标准化活动转变;从标准化为经济建设发展服务向为经济和社会发展服务转变;从重视第二产业标准化向一、二、三产业标准化协调发展转变。2001 年科技部提出实施"人才、专利和技术标准"三大战略,2014 年《国家标准涉及专利的管理规定》颁布,2014 年 9 月 15 日以"质量、创新、发展"为主题的首届中国质量大会在人民大会堂召开,李克强指出,要努力构建全社会质量共治机制,坚持标准引领、法制先行,树立中国质量新标杆。2015 年 2 月 11 日,国务院第 82 次常务会议首次以标准化改革议题为主要内容,审议通过标准化改革方案,要求"推进标准化改革、促进经济提质增效升级"。2015 年 3 月 11 日,国务院印发《深化标准化工作改革方案》,提出改革总体目标是"建立政府主导制定标准与市场自主制定的标准协调发展、协调配套的新型标准体系,健全统一协调、运行高效、政府与市场共治的标准化管理体制,形成政府引导、市场驱动、社会参与、协同推进的标准化工作格局,有效支撑统一市场体系建设,让标准成为对质量的"硬约束",推动中国经济向中高端迈进"。方案提出标准化工作改革总体要求是"紧紧围绕使市场在资源配置中起决定性作用和更好发挥政府作用,着力解决标准体系不完善、管理体制不顺畅、与社会主义市场经济发展不适应问题,改革标准体系和标准化管理体制,改进标准制定工作机制,强化标准的实施与监督,更好发挥标准化在推进国家治理体系和治理能力现代化中的基础性、战略性作用,促进经济持续健康发展和社会全面进步",方案强调改革坚持简政放权、放管结合、国际接轨、统筹推进原则,明确了 6 个方面改革举措:一是建立高效权威标准化统筹协调机制,统筹标准化重大改革,研究标准化重大政策,对跨部门跨领域、存在重大争议标准制定和实施进行协调。二是整合精简强制性标准。逐步将现行强制性国家标准、行业标准、地方标准整合为强制性国家标准。强制性国家标准由国务院批准发布或授权批准发布。三是优化完善推荐性标准。进一步优化推荐性国家标准、行业标准、地方标准体系结构,推动向政府职责范围内公益性标准过渡,逐步减缩现有推荐性标准数量和规模。四是培育发展团体标准。鼓励具备相应能力的学会、协会商会、联合会等社会组织和产业技术联盟,协调相关市场主体共同制定满足市场和创新需要标准,增加标准有效供给。五是放开搞活企业标准。建立企业产品和服务标准自我声明公开和监督制度,逐步取消政府对企业产品标准备案制度,落实企业标准化主体责任。六是提高标准国际化水平。积极参与国际标准化活动,推动与主要贸易国之间标准互认,大力推广中国标准,以中国标准"走出去"带动我国产品、技术、装备、服务"走出去"。

(3)标准化管理逐步规范和强化,工作定位更加准确,标准推行体系建设不断加强。

1)建国以来,我国政府十分重视标准化事业,标准化工作管理体系经过七次机构改革逐步得到加强。1949 年中央人民政府政务院财政经济委员会,下设标准规格处,专门负责工业生产和工程建设标准化工作,建立企业和部门标准。1956 年国家技术委员会成立,1957 年国家技委标准局成立。1963 年确定 32 个研究院所和设计单位作为国家标准化核心机构,1963 年标准化综合研究所和技术标准出版社先后成立,各工业部门均设立标准化管理机构,标准化工作进一步推进。1972 年国家标准计量局成立,由中国科学院代管,原国家科委标准局撤销,这是第二次机构改革。1978 年学术性群众团体中国标准化协会成立,中国以标准化协会名义重新进入 ISO,撤销原国家标准计量局,国家经委国家标准总局成立,这是第三次机构改革。1982 年,国家标准总局改名为国家标准局,这是第四次机构改革。1988 年撤销国家计量局和国家标准局以及原国家经委质量局,设立国家技术监督局,国家标准技术审查部成立,这是第五次机构改革。1995 年中国质量检验协会成立。1998 年国家技术监督局更名为国家质量技术监督局。这是第六次机构改革。1999 年重组成立中国标准研究中心。2000 年中国合格评定国家认可中心成立。2001 年国务院批准成立国家质量监督检验检疫总局,同时批准成立国家标准化管理委员会,加强标准化工作统一管理,这是第七次机构改革。2003 年中国标准化研究院成立。2006 年中国标准化专家委员会成立。2010 年组建国家标准评审委员会,改革国家标准制修订工作程序,建立风险评估机制和听证会制度。目前我国共有 518 个标准化技术委员会,共制定 30 113 项国家标准。从技术委员会主要从事领域来和行业与 ISO 国际标准化组织对比来看(见图 3-7 和表 3-8),我国主要从事产品类标准化的技术委员会比例高于 ISO,ISO 方法类、基础类的技术委员会比例高于我国;我国应用于工农业等第一、第二产业的技术委员会比例高于 ISO,ISO 应用于能源环境、综合领域的技术委员会比例高于我国。比较 2001 年后 ISO 和我国成立的技术委员会类型和行业分布:我国较关注产品类标准制定,ISO 较关注管理、方法有关标准制定;我国比较关注工农业等传统行业,服务业也比较重视,ISO 关注行业是能源环境和社会管理。

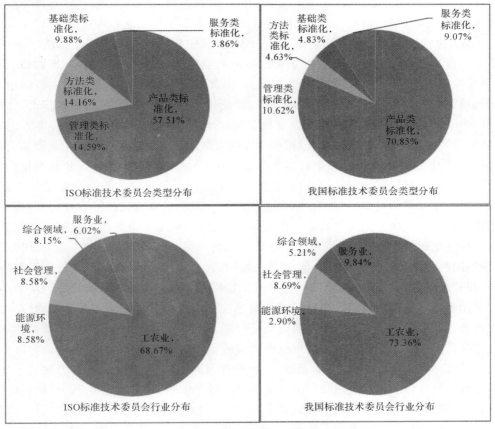

图 3-7　ISO 与我国的标准技术委员会对比

表 3-8 ISO 与我国的标准技术委员会

类型	类型占比		2001 年后成立类型占比		行业	行业占比		2001 年后成立行业占比	
	ISO	我国	ISO	我国		ISO	我国	ISO	我国
产品类	57.51%	70.85%	23.63%	54%	工农业	68.67%	73.36%	32.73%	55%
管理类	14.59%	10.62%	34.54%	14%	能源环境	8.58%	2.90%	14.54%	5%
方法类	14.16%	4.63%	20%	5%	社会管理	8.58%	8.69%	32.73%	14%
基础类	9.88%	4.83%	9.10%	3%	综合领域	8.15%	5.21%	1.82%	3%
服务类	3.86%	9.07%	12.73%	24%	服务业	6.02%	9.84%	18.18%	23%

注:技术委员会数量我国为 518 个,ISO 为 233 个,ISO 至今已经出版 19,709 项国际标准。

2)标准化工作法制建设不断加强,国家标准、行业标准、地方标准、企业标准及采用国际标准有法可依,有章可循。1959 年 3 月,国家科委标准局颁布《关于地方标准化工作的若干暂行规定(草案)》,这是中国地方标准化工作开端。1962 年国务院颁布《工农业产品和工程建设技术标准管理办法》,1978 年,国务院颁布《工业二十三条》对标准化工作提出明确要求,1966 年到 1976 年期间新颁布国家标准只有 400 项,标准化工作几乎完全停顿,1979 年针对标准化工作受严重冲击问题,国务院颁布《中华人民共和国标准化管理条例》,明确规定"标准一经发布,就是技术法规,必须严格执行"(值得指出,受此影响目前不少人仍然存在这种认识)。1988 年12 月,全国人民代表大会常务委员会第五次会议通过《中华人民共和国标准化法》(1989 年 4月 1 日起施行),法律规定我国标准分为国家标准、行业标准、地方标准、企业标准四级,国家标准、行业标准又分为强制性标准和推荐性标准两类,规定标准化技术委员会组成和作用,规定标准的起草、审批、发布和行业、地方标准备案、监督和认证等,使我国标准化工作走上法制轨道。1990 年,《中华人民共和国标准化法实施条例》《国家标准管理办法》《行业标准管理办法》《地方标准管理办法》《中华人民共和国标准化法条文解释》《全国专业标准化技术委员会章程》《企业标准化管理办法》《标准化科学技术进步奖励办法》颁布。1991 年,《综合标准化作导则》推荐性国家标准颁布形成我国综合标准化热。1992 年,《中华人民共和国产品质量认证管理条例》《参加国际标准化组织(ISO)和国际电工委员会(IEC)技术活动的管理办法》颁布。国家技术监督局召开第一次全国质量认证工作会议。1993 年,第七届全国人民代表大会常务委员会第三十次会议通过《中华人民共和国产品质量法》。《采用国际标准产品标志管理办法(试行)》《采用国际标准和国外先进标准管理办法》发布。1995 年,《企业标准化工作指南》颁发。《标准出版管理办法》《关于进一步加强标准出版发行工作的意见》颁布。1998 年,《采用快速程序制定国家标准的管理规定》《国家标准化指导性技术文件管理规定》《关于批准、发布国家标准实行公告制度的通知》《关于加强消灭无标生产工作若干意见的通知》《关于规范使用标准代号的通知》《关于废止专业标准和清理整顿后应转化的国家标准的通知》颁布。中国标准服务网建立。1999 年《关于加强市场商品质量、标准化、计量监督管理工作的公告》《关于规范使用国家标准和行业标准代号的通知》《关于对备案的行业标准、地方标准实行公告制度的通知》颁布。2000 年《关于强制性标准实行条文强制的若干规定》颁布。2001 年《采用国际标准管理办法》颁布。《标准化工作指南第 2 部分:采用国际标准的规则》项目实施。2002 年《关于推进采用国际标准的若干意见》《关于加强强制性标准管理的若干规定》颁布。2004 年《卓越绩效评价准则》、《卓越绩效评价准则实施指南》颁布。2005 年《认证认可科技与标准化工作管理规定(试行)》颁布。2007 年《关于推进服务标准化试点工作的意见》《国家标准制修订经费管理办法》颁布。2010 年修订《全国专业标准化技术委员会管理规定》。《关于进一步加强国家标准化和军用标准化管理、促进军民融合有关事宜的通知》颁布。2012 年建立健全重要领域标准化工作联席会议制度,会同原总装备部开展了军民通用标准转化和标准化技术队伍共建工作。2018 年 1 月 1 日,《中华人民共和国标准化法》修订后实施。

3)标准化工作战略规划不断加强,标准化工作计划性更加科学。1963 年 4 月,我国第一次全国标准计量工作会议通过中国第一个标准化十年发展规划《1963 — 1972 年标准化发展规划》,确立国家标准、部标准和企业标准三级标准体系。1973 年,国家标准计量局发布《关于围绕以提高产品质量为中心,编制(1973 — 1975)三年标准化工作规划》通知。1986 年,国家标准局制定《1986 年全国标准工作要点》。2001 年科技部提出实施"人才、专利和技术标准"三大战略,并将"重要技术标准研究"作为"十五"期间 12 项重大科技专项之一。2003 年,国家标准化管理委员会发布《2003 年标准化工作要点》。"中国技术标准发展战略暨国家技术标准体系建设高层论坛"在北京举行。2005 年,国家标准化管理委员会提出标准化推行"两化两提高"战略,《国家标准化发展纲要》明确国家标准化发展指导思想、基本原则和发展目标。2006 年,第一部关于中国标准化发展的《2006 中国标准化发展研究报告》正式出版。2007 年,深圳制定首个国内地方政府制定的标准化发展纲领性文件《深圳市标准化战略实施纲要》。2008 年制定《全国服务业标准 2009 — 2013 年发展规划》。2010 年,制定《高新技术标准化发展规划》《标准化事业发展"十二五"规划》(2011 — 2015 年)。2012 年,国家标准委发布《2012 年国家标准项目立项指南》。2015 年 12 月 17 日,国务院印发《国家标准化体系建设发展规划(2016 — 2020)》,提出要基本建成支撑国家治理体系和治理能力现代化的具有中国特色的标准体系,基本形成市场规范有标可循、公共利益有标可保、创新驱动有标引领、转型升级有标支撑的新局面,"中国标准"国际影响力和贡献力大幅提升,我国迈入世界标准强国行列。

4)标准化人才培养体系不断健全。1985 年,国家标准局与安徽机电学院合办设立中国标准化管理干部学院,开设《机械工程标准化》和《微机应用标准化》专业,合肥联合大学等极少数高等院校设立类似标准化专业。2008 年,"国家标准化人才培养与培训基地"建设在浙江中国计量学院启动。2014 年 4 月中国计量学院推出"企业标准化师"培训项目,现列入人力资源部和社会保障部"国家专业技术人才知识更新工程"。

5)标准化研究力量不断加强。1976 年,第一机械部成立标准化研究所。1979 年,由国家标准总局领导各省、市、自治区筹建成立标准情报资料中心,国家标准总局召开第一次全国标准化工作会议,提出建立健全标准化科学研究、标准情报和学术交流等工作系统。1987 年,中国标准情报中心成立。中国标准化综合研究所和信息分类编码研究所合并,成立中国标准化与信息分类编码研究所。1999 年,原中国标准化与信息分类编码研究所、中国技术监督情报研究所和国家质量技术监督局质量管理研究所合并成立中国标准研究中心。

6)标准化技术组织体系不断完善。1993 年,中国术语工作网在京成立。1998 年,中国标准服务网建立。2006 年中国标准化专家委员会成立。2010 年,组建国家标准评审委员会,改革国家标准制修订工作程序,建立风险评估机制和听证会制度。

7)标准化学术研究与交流不断加强。1958 年《标准化通讯》杂志创办。1964 年《标准化译丛》创刊。1966年,全国棉花检验会议期间举行了"标准科学化'问题专题讨论。1979年《中国标准化三十年》出版发行。1982年《标准化概论》出版发行。1983年国家标准局组织了综合标准化试点。1984年,中法进行"价值分析与标准化"技术交流。1987年我国召开首次综合标准学术研讨会。1989年中文信息处理标准化国际研讨会召开。中国承办ISO第22届大会,这是我国首次承办ISO大会。2001年,中国名牌战略推进委员会成立。2002年中国企业标准化工作论坛召开。首届中国企业质量经营战略高层论坛举行。2003年"中国技术标准发展战略暨国家技术标准体系建设高层论坛"在北京举行。2005年首届全国信用标准化论坛举行。2006年开始发行年度《中国标准化发展研究报告》。2007年全国标准化科技创新工作会议在京举行。

　　8)国际标准化工作不断推进,标准水平不断提高。1957年1月,中国成为国际电工委员会(IEC)成员。1972年,正式恢复我国在国际电信联盟合法权利和席位。改革开放使中国及时跟踪国际标准化发展。1978年8月中国标准化协会被接纳为国际标准化组织(ISO)正式成员。1982年,在ISO第12届全体会议上中国被选为ISO理事会成员国,《采用国际标准管理办法》发布,第一次全国采标会议召开。20世纪80年代后期,参照采用ISO9000系列标准基础上发布GB/T10300(ISO9000)《质量管理和质量保证》系列标准,1992年决定将其修订为等同采用ISO9000的GB/T19000－TSO9000系列标准。90年代初,为争取恢复中国关贸总协定(GATT)缔约国地位,1995年1月世界贸易组织(WTO)成立取代GATT后,中国标准化界学习理解WTO贸易技术壁垒协议((TBT,通称"标准守则"),为今后国际贸易中知识产权、投资措施和服务贸易等国际合作奠定基础。为解决90年代经济高速发展中生态和环境严重破坏,我国采用ISO14000系列标准作为解决生态和环境问题重要指导文件。截至2000年底,共8 387项国标采用国际标准和国外标准,占国家标准总数43.5%。2001年中国加入世界贸易组织(WTO),2001年科技部将技术标准作为三大战略之一,《采用国际标准管理办法》发布。《标准化工作指南第2部分:采用国际标准的规则》项目实施。2004年提出加快修订《参与国际标准化活动管理办法》《国际标准文件版权保护管理办法》和《国际标准化销售管理办法》。2008年中国正式成为ISO常任理事国。闪联标准成为中国第一个ISO/IEC国际标准,填补我国信息产业在ISO/IEC领域空白。2011年10月28日第75届国际电工委员会(IEC)理事大会中国成功当选正式常任理事国。2013年9月20日第三十六届ISO大会上中国鞍钢集团总经理张晓刚当选新一届ISO主席,这是1947年ISO成立以来,中国人首次担任世界最大最权威综合性国际标准化组织ISO最高领导职务,是中国标准化事业发展有里程碑意义重要突破。2013年3月28日第93届ISO理事会通过决议,批准修改《ISO议事规则》,ISO贡献率第六位中国成为ISO负责标准制修订核心部门ISOISO/TMB(技术管理局)常任成员,标志中国国际标准话语权取得更实质进展。截至2014年,ISO技术委员会秘书处承担数量最多的ISO技术委员会秘书处中,承担数量最多的是德国37个,占15.88%;第二是美国34个,占14.59%;第三是中国和法国22个,占9.44%(见图3－8)。

　　目前,我国已形成国家标准化管理委员会统一协调管理,相关部委、地方标准化行政管理部门分工管理的标准管理体系;中国标准化研究院、有关部委、地方标准化研究机构等标准研究系统;全国专业标准化技术委员会、分技术委员会构成的标准化工作体制,目前我国共有

518 个标准化技术委员会,大批专家从事产品、管理、方法、基础、服务等标准化工作,仅技术委员会就有 27 000 多名专家参与。几十年来,我国标准从无到有,产品标准向贸易型标准转化,标准从关注产品质量转向关注满足贸易需要,从工业生产领域拓展到涉及工业、农业、服务业、安全、卫生、环境保护和管理等各个领域,标准从关注产品质量转移到关注满足贸易需要。截至 2014 年底国家标准达到 30 113 项,形成国家标准、行业标准、地方标准和企业标准四层次标准体系。我国标准对经济和社会发展技术支撑作用越来越明显,为指导生产、提高产品质量、促进国民经济持续快速发展做出越来越大贡献。研究表明,技术标准对我国科技力贡献率为 2.987%,对经济力贡献率为 1.16%,技术标准对我国综合国力贡献率为 1.5%。

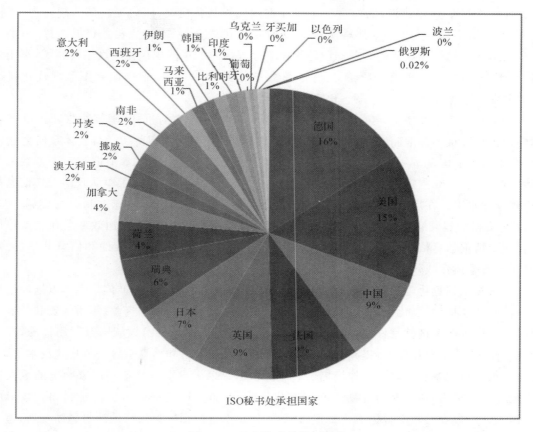

图 3 - 8　ISO 秘书处承担国家

总之,我国标准化事业与经济、政治和社会发展紧密相连,经历 1949 — 1976 年计划经济模式下引进和采用苏联标准、1977 — 1988 年拨乱反正后加速发展、1989 — 2001 年适应社会主义有计划商品经济模式向社会主义市场经济模式过渡法治化四级管理标准体系化建设、2001 年以来经济和贸易融入全球经济标准化改革创新阶段等四个发展阶段,标准化领域不断拓展,技术标准体系建设不断加强,产品标准向贸易标准转化,标准从关注产品质量转向满足贸易需要,"国家-行业-地方-企业"传统标准体系向"强制标准-公益标准-团体标准-企业标准"新型标准体系转变,强制性与自愿性标准更加协调配套,标准制定模式由政府主导向政府主导与市场自主协调发展转变,技术标准体系更符合科技发展和经济社会需要;标准化管理逐步规范、强化,工作定位更加准确,标准推行体系建设不断加强;标准实施监督体系不断加强,在促进经济持续健康发展和社会全面进步中,标准化工作事关国家自主创新体系建设和国家核心竞争力培育以及对质量"硬约束","在推进国家治理体系和治理能力现代化中标准化的基础性、战略性作用"认识不断深化,标准化地位不断上升,标准化战略成为重要国家发展战略。

3.4.2 国家军用标准发展特点

我国军用标准化工作起步于 20 世纪 80 年代初。40 年来,军用标准化工作面向军事斗争准备、面向军队信息化建设、面向重大工程和重点武器装备建设、面向提高部队战斗力,坚持"有所为,有所不为",大力加强战略谋划,积极推进军民融合,基本建成覆盖作战指挥、军事训练、政治工作、后勤保障、武器装备和国防科技工业等国防和军队现代化建设主要领域,军用标准体系水平先进、科学实用,国家军用标准总数量达到 12 000 项,在国防和军队现代化建设中,充分发挥了引领规范、支撑服务和监督保障作用

(1)为军事斗争准备提供了有力支撑。以提高部队战斗力为目标,围绕军事斗争准备急需,完成了一批重要标准制定,狠抓标准贯彻实施和应用。在军事训练方面,成体系研究制定了复杂电磁环境国家军用标准,为复杂电磁环境的建、训、评提供了技术依据和解决方案。在政治工作方面,研究制定一批政治工作信息化国家军用标准,有效提高了军队政治工作信息化建设规范化水平。在后勤保障方面,组织开展战储物资系列国家军用标准制定与实施,将 1 000 多种规格的包装容器统型为 3 个系列 64 种规格,提高了战储物资储运效率。在装备建设方面,制定情报信息格式系列国家军用标准,实现了预警情报体系互连互通和信息共享,大幅提升了装备整体作战效能。

(2)为军队信息化建设筑牢了坚实基础。制定颁发《全军信息化标准体系表》,以连通信息孤岛、消除各类烟囱、强化互操作性为重点,制定军事基础数据和信息资源、军用物资和装备分类代码、军用国产关键软硬件、军用射频识别系统等一大批信息技术领域国家军用标准,有力指导和规范军队信息化建设,提高了陆海空装备互连互通能力和信息系统一体化建设水平。

(3)为重点装备和重点工程建设提供了重要依据。以满足重点装备和国家确定的重大专项工程建设需求为目标,大力开展配套标准化工作,有力支撑新型武器装备研制和新技术应用。深入开展重点型号综合标准化工作,针对工程建设进行标准化顶层设计与总体规划,建立标准体系,制定缺项标准,加强实施监督,缩短装备研制周期,节省研制费用,提升装备质量水平,促进装备体系集成优化和技术改造。

(4)为提高部队和装备保障能力作出了重要贡献针对我军装备品种规格繁杂,通用化、系列化程度不高,战场保障困难情况,突出抓装备通用化、系列化、组合化工作,开展飞机挂架通用化、火炮口径系列化、雷达和电子对抗装备模块化等工作,实现"一机多用"和"一机多型",产生可观军事和经济效益。

在我国军用标准体系发展史上,编写过 1986 年版、1995 年版、2002 年版和 2011 版共四版《军用标准体系表》,目前仍在优化完善制定新一代标准体系表。经过多年标准体系建设,标准基本满足装备建设需求,标准体系建设由满足军队武器装备建设需求向满足国防和军队全面

建设需求转变,由满足军队专用需求向满足军民融合发展需求转变。

(1)标准体系不断优化。从军用标准分类来看,1986 年版、1995 年版军用标准体系采用 GJB 832 — 1990《军用标准文献分类法》,规定军用标准文献分类编号为 FL * * * *,FL 为文献分类代号标识,四位数字前两位为类目号大类编号,后两位为类目号小类编号,并规定分类原则为"类目的设置以专业划分为主;兼顾各专业的标准文献量,使各类所容纳的标准文献量保持相对平衡;并适当留有发展余地。军用标准文献分类归为两大部分:一部分为综合类(01 大类),另一部分为产品类(10~99 各大类)。凡不属于具体产品型号的管理性、通用性、试验方法等标准归入综合类;凡属于具体产品标准或涉及具体产品的标准文献归入产品类",并规定了 62 个大类,586 个小类,综合类划分了 31 个小类。

2002 年版军用标准体系采用 GJB 832A – 2005《军用标准文件分类法》,标准名称中"文献"改为"文件",修改四项分类原则为"系统性原则:以系统工程思想为指导,使标准的分类充分反映军用标准文件的内在联系,使同类军事装备(或平台)和技术的标准相对集中。同时,标准类目的设置尽可能与军事装备和技术的管理实际相符合;科学性原则:标准分类充分体现标准化的原则,不同平台的同类装备或标准化对象存在不同程度的共性,在以装备为主线展开分类的同时,横向上充分考虑这种共性,在小类设置上尽量使不同平台的同一标准化对象小类号一致,使分类从标准化角度反映出这种内在联系;实用性原则:简化大类和小类类目的设置,便于标准的分类;可扩展性原则:标准类目设置充分考虑未来的发展,在类目号安排上留有充分的扩展空间。"并将大类由 62 个减少至 25 个,小类由 586 个减少至 233 个。25 个大类分别为通用基础、飞机系统、电子系统、导弹系统、武器系统、舰船系统、航天系统、车辆系统、直升机系统、核武器系统、工程装备系统、防化装备系统、光学系统、气象、测绘、机要、后勤装备、军用物资器材、军用卫生、军队工程建设、军队环境保护、电子元器件、材料、螺纹和零部件、其他等标准。

2011 年版军用标准体系颁布后,GJB 832A — 2005《军用标准文件分类法》暂时还没有修订,但该标准体系改变了以服务装备系统建设和由装备系统标准和基础标准两部分的产品生产型标准体系构建的思路,不再按装备平台的类别和工作分解结构展开而分为飞机、电子、导弹、武器、舰船、航天、车辆、后勤系统、特种装备等 9 大装备系统标准和电子元器件、零部件、材料与制品、通用基础等 4 大基础标准,从而避免容易造成在顶层上易于归纳且简单明了,但在底层却容易造成标准重复和混乱问题,第四代标准体系分为两部分,一是多军兵种、多种装备共用的需要在全军层面统一通用产品和共性技术标准,二是军队建设各领域所需标准,为最大限度提取同类装备共性技术,便于将今后几年大量新装备集中涌现期新增加装备及时吸收进来,对武器装备标准不再分 9 大装备系统,而是分为陆基装备、海上装备、空中装备、空间和导弹装备、电磁装备(见表 3 - 9),目前正在构建第五版军用标准体系。

(2)标准体系军民融合不断加强。从军民融合角度,军用标准化建设分为三个阶段:

一是国防工业系统内军民结合阶段。原国防科工委编写 1986 年版、1995 年版《军用标准体系表》,体系表基本上没有明确针对民用产品的标准项目,但是很多标准具有军民两用属性;

二是国防工业和民用工业结合阶段。新国防科工委编制 2000 年版《国防科技工业标准体系表》首次明确提出标准体系建设军民结合原则要求。

三是军民融合阶段,原总装备部编制了 2002 年版和 2011 版《军用标准体系表》,2002 年版 4 大基础标准较充分体现了军民两用属性,而 2011 年版通过增加信息技术和共性技术进一步体现了军民两用属性,充分继承和借鉴民用标准建设成果,特别是在芯片制造技术、计算机操作系统、数据库、无线传感器网络、通信和射频识别等高新技术领域,积极采用具有我国自主知识产权民用标准,将部分能够满足或基本满足军用要求的国家标准和行业标准等非军用标准,直接纳入军用标准体系。一些具有军民通用性但以军用为主的技术和产品标准,也充分考虑未来民用领域潜在需求,尽可能扩大标准适用范围适用于行业和军用需求。

(3)标准体系基本满足武器装备建设需求。GJB 0.1 — 1984《国家军用标准出版印刷的规定》标志着我国军用标准体系建设正式启动,2001 年修订发布 GJB 0.1A — 2001《军用标准文件编制工作导则》,GJB 1 — 1980《机载悬挂物和悬挂装置接合部位的通用设计准则》是我国军用技术标准体系建设取得的第一项标准化成果。1990 年 2 月,原国防科工委颁发《武器装备研制的标准化工作规定》,明确指出型号标准化工作是型号研制工作组成部分,贯穿于型号研制全过程,应纳入研制全过程技术状态管理,统筹安排。该规定颁布实施发挥了标准化在武器装备研制过程指导和保障作用,加强型号研制中系统工程管理,提高武器装备通用化、系列化、组合化水平,取得良好费用效益。1998 年总装备部成立,中央军委赋予其归口管理军用标准化工作职责,标志军用标准化工作管理实现集中统一管理,对于保证装备质量,提高装备互连、互通、互操作水平,增强部队战斗力和保障力,确保"打赢"具有十分重要意义。我国军用标准制定工作坚持以系统工程思想为指导,以满足装备发展和军队建设需求为宗旨,共制定涉及飞机、电子、导弹、武器、舰船、航天、车辆、后勤和特种装备等九大装备系统以及与装备配套的元器件、零部件、材料和制品的国家军用标准 10 000 余项,行业(部门)军用标准近 30 000 项,包含军用标准、军用规范和指导性技术文件等,我国、我军自主的军用标准体系框架初步形成,基本上满足武器装备建设需求。

(4)标准体系建设向满足国防和军队全面建设需求转型。2009 年,为了加快我军信息化建设、适应我军武器装备跨越式发展、促进我军装备采购管理体制改革、加强军用标准化统一管理,我国开始编制新一代军用标准体系,2011 年 5 月总装备部颁布了第四代《军用标准体系表》(见图 3 - 9),新标准体系建设原则是"与我军新军事使命、战略目标相适应;与当前武器装备技术水平、研制生产能力及其管理和采购体制相协调;统一全国全军军用标准,包括国家军用标准、部门军用标准和行业军用标准;横向覆盖作战训练、政治工作、后勤保障、装备建设等国防和军队现代化建设的各个领域,纵向贯穿武器装备全寿命周期以及其他军事科学技术应用的各个阶段"。建设目标是"科学实用、精干高效、重点突出、结构合理"。新体系具有四个特点:覆盖全领域全要素,全面满足国防和军队现代化建设需求;强化信息化标准,积极推进军用标准体系整体转型;加大"统"的力度,重点突出各军种通用和共性技术标准,构建了以各军种通用标准为主体的标准体系,将过去主要支持单一平台或单一装备系统的标准逐步调整、扩展,提升为主要面向体系建设和综合集成的标准,在体系结构设计上,突出各军种共性技术问题,将各个部门的个性需求置于国防和军队建设全局的大背景下综合考虑和统筹处理;坚持军民融合,构建开放协调、军地一体标准体系。强调军民结合标准体系建设,强调军工与军队标准融合。

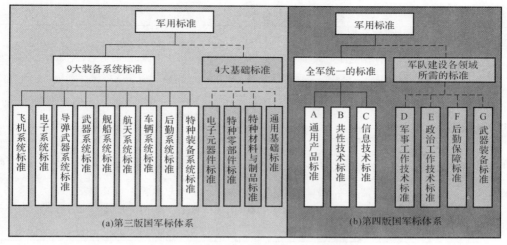

图 3-9 第三版与第四版标准体系

表 3-9 第四代标准体系结构图

标准大类		标准小类	
全军统一标准	通用产品	电子元器件	通用接口与总线标准*
		通用零部件	通用终端设备标准*
		通用材料及制品标准	通用软件产品标准*
		通用保障装备标准*	通用测试仪器标准*
		通用车辆、底盘及方舱标准*	通用弹药、引信、火工品标准*
		通用平台标准*	通用光学设备标准*
	共性技术	军用标准化管理标准	电气安全标准*
		术语、符号标准*	人机工程标准
		军事需求工程标准*	环境工程标准
		项目管理标准	软件工程标准
		装备管理标准*	包装贮存运输标准
		质量管理标准	建模仿真技术标准*
		可靠性标准	自动识别技术标准*
		维修性标准	惯性技术标准
		保障性标准	测控技术标准*
		测试性标准	目标与环境特性标准
		安全性标准	空气动力试验标准
		电磁环境标准	国防和军事工程建设标准*
		军事计量标准	文献管理标准
	信息技术标准	信息处理标准(信息处理基础、军事共性应用标准)	
		信息传输标准(端系、交换与路由、子网互联、网络与系统管理标准)	
		基础数据标准(数据模型、数据字典、分类与代码标准)	
		信息交换标准	
		信息安全标准(信息安全基础、信息安全技术与机制、信息安全管理、信息安全应用标准)	

续 表

标准大类		标准小类
军队建设各领域所需的标准	军事工作技术	作战保障标准(作战数据、指挥保障、机要保障、侦察情报、气象水文保障、测绘保障、通信保障、电磁频谱管理标准)
		军事训练标准(训练信息系统与网络建设、训练模拟器材、训练场地建设、训练效果评估标准)
	政治工作技术	政治工作作战指挥标准、政治工作信息化建设标准、政治工作专用装备器材标准
	后勤保障	后勤装备标准、军用物资器材标准、军队医药卫生标准和军队环境保护标准
	武器装备	陆基装备、海上装备、空中装备、空间和导弹装备、电磁装备等五类装备的规范指南和产品规范、接口和品种控制标准、设计制造标准、试验与验证标准、装备保障标准

注:＊为第四代标准体系新增标准。

军用标准化法规建设稳步推进。1984 年 1 月发布实施第一部军用标准化行政法规《军用标准化管理办法》;1990 年 2 月《武器装备研制的标准化工作规定》,明确指出型号标准化工作是型号研制工作组成部分,贯穿于型号研制全过程,应纳入研制全过程技术状态管理,统筹安排。各军兵种、总部有关部(局)根据国家和军队法律法规精神,先后颁布《军用标准化管理办法》等十余项配套法规规章规范军用标准化工作。成立总装备部后研究提出军用标准化法规体系,稳步推进军用标准化法规建设,颁布实施《国家军用标准制定工作暂行管理办法》《军用专业标准化技术委员会管理办法》(2001 年)《装备全寿命标准化工作规定》(2006 年)《中国人民解放军装备管理条例》(2013)《全国测控军用标准化技术委员会章程》《全国军用人机环系统工程标准化技术委员会章程》GJB 0.1 — 2001《军用标准文件编制工作导则》等军队武器装备标准化工作法规规章和标准,为标准化建设走上科学化、规范化轨道提供了制度保证,军用标准化建设水平不断推进。目前《军用标准化管理条例》基于《军用标准化管理办法》正在立法之中。

军用标准化管理运行机制日趋完善。1998 年总装备部成立后,为适应装备管理体制调整改革的需要,加强军用标准化管理和研究力度,成立总装备部技术基础管理中心,在原军标中心基础上建立总装备部电子信息基础部标准化研究中心,并陆续批准组建了全国测控军用标准化技术委员会、全国军用人机环系统工程标准化技术委员会等军用专业标准化技术委员会,2011 年中央军委正式批准设立全军军用标准化办公室作为全军标准化管理机构行使职能,2012 年总装备部成立总装质量和标准化办公室。这些军用标准化管理和技术工作机构,促进了我国军用标准化事业进步。2013 年 12 月 9 日,总装备部在北京组织召开了全国军用标准化工作会议。此次会议是总装备部成立后召开的第一次全国范围的军用标准化工作会议。2015 年 6 月 1 日国务院标准化协调推进部际联席会议制度建立,为全面推进基础领域、重点技术领域和主要行业标准军用通用,完善军民通用标准体系提供了机制保障。

重点装备型号标准化作用明显。结合重点装备研制开展型号标准化,是型号标准化工作主体阶段。此阶段型号标准化操作性、实践性最强,关系到整个型号标准化工作成败。我国重点装备研制对型号标准化提出更迫切需求,较系统地组织开展重点装备型号标准化工作,验证型号标准化方案正确性和可行性,通过工程实践,发现问题、积累经验,充分发挥标准化对重点装备建设质量技术水平保障作用,促进标准贯彻实施和监督检查,发挥标准化综合效益,有效地保证了装备研制质量,对加速成立我国标准化工作系统,纳入型号设计师系统,为重点装备发展打下坚实技术基础。

当前,我国安全和发展面临新挑战,我军在筹划指导战争、建设作战体系、抢占新战略制高点等方面,与"能打仗、打胜仗"要求相比,还有不少差距。解决这些问题,需要进一步加强军用标准化工作,更好发挥标准化规范、引领和保障作用。

(1)提升标准"统"的层次,为提高联合作战能力服务。按照三军一体、体系融合的要求,加大跨部门、跨领域信息化标准制定力度,进一步统一信息传输和分发标准,规范数据结构和格式,打通信息链路,实现信息共享,提高各类各层次信息系统互操作性和应用效能,全面优化信息化标准体系。

(2)加大作战训练、政治工作和后勤保障标准化建设力度,提升全领域服务支撑能力。围绕信息化训练条件建设、政治工作信息化、一体化保障和精确化保障等重点,不断提高标准化工作水平。

(3)积极推进重点装备标准化建设,深化装备体系融合。在继续完善高新技术装备配套标准基础上,对主要支持单一武器平台、单一装备系统和军兵种专用标准整合重组,加快向三军通用标准升级换代,支撑一体化装备体系构建。

(4)及早做好标准布局,为新型作战力量建设服务。围绕新战略制定高点,加强标准同步研制、同步实施,引领前沿技术推广应用,为打造明天的强军之器和强大装备提供支撑服务。

(5)坚持标准自主创新,为推动国防科技和武器装备自主发展服务。以标准自主创新为突破口,将标准化与关键技术攻关、装备预研和科研紧密结合,加大关键技术和核心领域标准自主研制力度,引领和推动新技术在装备建设中推广应用。

(6)实现军民标准通用,为统筹经济建设和国防建设服务。架设"军转民"桥梁,将具有现实和潜在推广价值国军标转化为国家标准;打通"民参军"路径,将先进民用技术应用到军事领域,提升军地联合后勤保障和国家国防动员能力;形成融合式发展机制,打破军民界限、消除技术门槛,进一步提升标准化工作对国家经济建设和国防建设整体支撑能力。

总之,我国军用标准化工作起步于 20 世纪 80 年代初。30 年来军用标准化经历从无到有,由弱到强,从分散管理到集中统一管理过程,军用标准体系基本建成,标准贯彻实施逐步加强,武器装备通用化、系列化、组合化取得丰硕成果,全军标准化意识明显提高,人才队伍不断壮大,基础建设稳步推进,军用标准化综合效益得到较好发挥,为国防和军队现代化建设做出了重要贡献。面对新机遇和挑战,军用标准化任务艰巨,使命光荣。

第4章　常规武器装备试验标准化现状与发展

4.1　常规武器装备试验标准化发展特点

常规武器装备试验标准与我国军工产品鉴定定型制度相联系。以往我国实行一级军工产品一级定型、二级军工产品二级定型和鉴定产品鉴定,定型分为设计定型和生产定型,武器装备试验分为产品研制单位鉴定试验、试验基地设计定型试验、试验基地生产定型试验、设计定型部队试验、生产定型部队试用等,常规武器装备试验标准相应分为研制单位鉴定试验标准、试验基地试验标准、部队试验试用标准等三部分,其中试验基地试验标准是定型试验主要依据,是装备试验标准主体部分,其他试验也可参照使用。

在试验基地试验标准方面,常规兵器试验基地建立60余年来,常规武器装备试验军用标准化工作从无到有,从简单引进到创新突破,从单项标准编制到标准体系建设,常规武器装备试验军用标准化大体经历了以下三个时期。

(1)新中国成立后到20世纪80年代初,在国家计划经济管理模式下,受"标准即技术法规"认识影响,从苏联引进和等同采用试验法,之后根据我国实际情况,在苏联试验法基础上编制国内武器装备定型试验方法,常规武器装备试验标准化还处于萌芽阶段。20世纪50年代初,由于我国武器装备主要是引进仿制,常规兵器试验事业刚刚起步,采用苏联试验法(相当于试验标准,但受限于当时认识,将标准看作"技术法规",称为"试验法"),陆续引进苏联《火炮和迫击炮用火药和装药之弹道试验法》《枪弹弹道试验法》以及《野战火箭炮射表射击与编拟守则》等试验法。20世纪60年代引进《火炮靶场试验法》《弹药靶场试验法》。随着试验实践,很快发现由于与苏联地理环境、气象条件等存在明显差异,苏联试验法并不完全适合我国国情。1964年,我国参照苏联试验法编写完成第一个常规武器试验法《地面炮射表射击与编拟方法》,标志着我国试验法转入自行编制阶段。到80年代初,我国陆续编了枪械、枪弹、手榴弹、榴弹、甲弹、火箭弹、炮用发射药、各类引信、迫击炮、坦克炮、高海炮、火箭炮、航空炮、光学火控及军用气象仪器等各类武器装备定型试验法及射表编拟方法共46项试验法,我国第一套常规武器定型试验法和技术规程(试行稿)基本完成。这些试验法基本覆盖当时大多种常规武器装备,为确立标准体系初步框架和以性能试验为主的试验基地常规兵器定型试验方法标准研制奠定基础,在常规武器装备试验中发挥了重要作用。

(2)20世纪80年代初到1988年底,常规兵器试验标准化工作正式起步,第一代常规兵器试验方法国家军用标准体系建设基本建成。80年代初,根据时任国务院副总理张爱萍加强军用标准化工作指示,1983年国防科工委正式将试验法和测试规程列入国家军用标准体系,

1983 年 12 月完成第一代常规兵器试验军用标准体系《常规兵器靶场试验标准体系表》,分定型试验法和试验技术规程两个系列共 18 类 66 个标准。到 1988 年底,基于该标准体系的标准制定任务基本结束,试验工作开始按国军标实施。

(3)1989 年以后,常规兵器试验靶场编制了 3 版常规兵器试验标准体系表,试验标准由苏联试验法法规模式向美军 TOP 装备试验操作规程的标准化模式转变,以 GJB 349 系列标准为主体的常规兵器定型试验方法系列标准逐步被定型试验规程和试验方法代替。体系基本覆盖常规兵器装备各试验专业,在常规武器装备试验中发挥了重要作用。1989 年完成第二代标准体系《常规武器定型试验国家军用标准体系表》,标志着常规武器装备试验标准化进入系统、完善、配套建设时期。之后在借鉴美军 TOP、北约 ITOP 标准和开展试验理论方法研究基础上,全面修订军标,完成三次标准体系表修订,发布 1999 年、2002 年、2008 年 4 月、2012 年 7月 4 版标准体系表(见图 4-1)。2012 年版《军用标准体系表(常规武器试验部分)》共 14 类689 项标准,增加了无人机、直升机载武器装备等新型号武器装备试验标准。目前常规武器装备试验标准体系正在优化完善中。

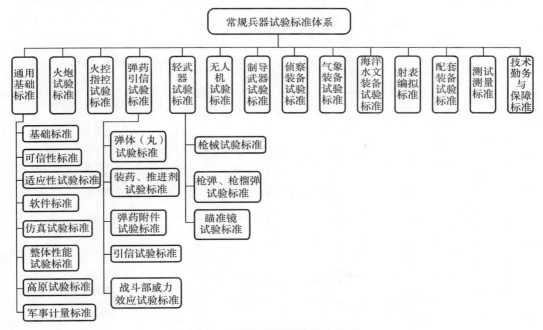

图 4-1　常规兵器试验标准体系

在研制单位鉴定试验标准方面,主要是研制单位制定的军用规范(包含检验/试验方法)和专门试验方法两类标准。军用规范 2001 年前后分别按《国家军用标准编写的暂行规定》中“第二篇　规范的编写”、GJB 0.2—2001《军用标准文件编制工作导则第 2 部分:军用规范编写规定》编写,其中 GJB 0.2—2001 第 4 章“质量保证规范”规定检验分类和检验方法等试验方法;而专门试验方法标准包括产品通用质量特性试验方法标准[GJB 150《军用装备实验室环境试验方法》GJB 899《可靠性鉴定和验收试验》GJB 151《军用设备和分系统电磁发射和敏感度要求》等],电子元器件、特种零部件和特种材料与制品试验方法标准,产品专用试验方法(国防科工委制定的常规兵器试验标准国军标 30 个系列共 582 项,见表 4-1)等三类。需要指出,1998

年总装备部成立后一段时间（2003 — 2008 年），由于国家军用标准管理协调机制问题，总装备部（按照 GJB 0.1 — 2001《军用标准文件编制工作导则 第 1 部分：军用标准和指导性技术文件编写规定》编写）和国防科工委（按照 GJB 6000 — 2001《标准编写规定》编写）各自独立制定国家军用标准，其中部分标准存在重复。原总装要求，和总装备部并存期间由国防科工委颁布的 552 项国军标（包括表 4 — 1 部分标准，截至 2020 年 3 月，552 项已全部替换，其余与原总装部制定标准冲突者废止）需整体废除，并由重新颁布后的标准编号取代。

表 4 — 1 国防科工委发布的常规兵器试验标准

序号	标准号	标准名称	系列标准中部分标准数量	重新颁布情况
1	GJB 2241.1 — 2006～ GJB 2241.5 — 2006	脉冲激光测距仪性能试验方法	5	*
2	GJB 5186.1 — 2003～ GJB 5186.7 — 2003	数字式时分制指令/响应型多路传输数据总线测试方法	7	GJB 8595.0 — 2015～ GJB 8595.7 — 2015
3	GJB 3196.1A — 2005～ GJB 3196.50A — 2005	枪弹试验方法	50	*
4	GJB 5214.1 — 2003～ GJB 5214.21 — 2003	特种弹效应试验方法	21	GJB 8670.1 — 2015～ GJB 8670.21 — 2015
5	GJB 5215.1 — 2003～ GJB 5215.17 — 2003	金属药筒试验方法	17	GJB 8671.1 — 2003～ GJB 8671.17 — 2003
6	GJB 5232.1 — 2003～ GJB 5232.7 — 2004	战术导弹战斗部靶场试验方法	7	*
7	GJB 5389.1 — 2005～ GJB 5389.51 — 2005	炮射导弹试验方法	51	GJB 8685.1 — 2015～ GJB 8685.51 — 2015
8	GJB 5472.1 — 2005～ GJB 5472.15 — 2005	半可燃药筒试验方法	15	GJB 8690.1 — 2015～ GJB 8690.15 — 2015
9	GJB 5488.1 — 2005～ GJB 5488.7 — 2005	水下枪弹性能试验方法	7	GJB 8695.1 — 2015～ GJB 8695.7 — 2015
10	GJB 5494.1 — 2005～ GJB 5494.28 — 2005	枪榴弹试验方法	28	GJB 8697.1 — 2015～ GJB 8697.28 — 2015
11	GJB 5486.1 — 2005～ GJB 5486.9 — 2005	迫击炮试验方法	9	GJB 8693.1 — 2015～ GJB 8693.9 — 2015
12	GJB 5487.1 — 2005～ GJB 5487.10 — 2005	水下枪械性能试验方法	10	GJB 8694.1 — 2015～ GJB 8694.10 — 2015
13	GJB 5489.1 — 2005～ GJB 5489.13 — 2005	航空机枪试验方法	13	*
14	GJB 5491.1 — 2005～ GJB 5491.35 — 2005	末制导炮弹试验方法	35	GJB 8696.1 — 2015～ GJB 8696.35 — 2015

续 表

序号	标准号	标准名称	系列标准中部分标准数量	重新颁布情况
15	GJB 5495.1 — 2005~ GJB 5495.9 — 2005	榴弹发射器试验方法	9	GJB 8698.1 — 2015~ GJB 8698.9 — 2015
16	GJB 5496.1 — 2005~ GJB 5496.22 — 2005	航空炸弹试验方法	22	GJB 8699.1 — 2005~ GJB 8699.22 — 2005
17	GJB 5895.1 — 2006~ GJB 5895.30 — 2006	反坦克导弹试验方法	30	GJB 8701.1 — 2015~ GJB 8701.30 — 2015
18	GJB 5902.1 — 2006~ GJB 5902.9 — 2006	微声手枪试验方法	9	*
19	GJB 6238.1 — 2008~ GJB 6238.22 — 2008	特种航空炸弹效应试验方法	22	GJB 8706.1 — 2015~ GJB 8706.22 — 2015
20	GJB 6390.1 — 2008~ GJB 6390.4 — 2008	面杀伤导弹战斗部 静爆威力试验方法	4	*
21	GJB6458.1 — 2008~ GJB 6458.37 — 2008	火箭炮试验方法	37	GJB 8709.1 — 2015~ GJB 8709.37 — 2015
22	GJB 1047.1A — 2004~ GJB 1047.11A — 2004	黑火药试验方法	11	*
23	GJB 5381.1 — 2005~ GJB 5381.30 — 2005	烟火药化学分析方法	30	GJB 8682.1 — 2015~ GJB 8682.30 — 2015
24	GJB 5382.1 — 2005~ GJB 5382.14 — 2005	烟火药物理参数试验方法	14	GJB 8683.1 — 2015~ GJB 8683.14 — 2015
25	GJB 5383.1 — 2005~ GJB 5383.16 — 2005	烟火药感度和安定性试验方法	16	*
26	GJB 5384.1 — 2005~ GJB 5384.24 — 2005	烟火药性能试验方法	24	GJB 8684.1 — 2015~ GJB 8684.24 — 2015
27	GJB 2178.1A — 2005~ GJB 2178.9A — 2005	传爆药安全性试验方法	9	*
28	GJB 5309.1 — 2004~ GJB 5309.38 — 2004	火工品试验方法	38	*
29	GJB 5403.1 — 2005~ GJB 5403.2 — 2005	炸药装药发射安全 模拟试验方法	2	*
30	GJB 5891.1 — 2006~ GJB 5891.30 — 2006	火工品药剂试验方法	30	*

注:表中列出的30个系列582项标准并非国防科工委发布的与常规兵器试验基地有关的全部标准,但都与总装备部发布且由常规兵器试验基地使用的标准相重复,序号 1~21 为常规兵器试验基地使用较多的系统级产品试验标准,序号 22~30 为常规兵器试验基地使用较少的 2 级和 3 级产品试验标准。* 为已重新颁布,但暂未查到标准号。

在部队试验/试用标准方面,常规武器装备列装定型作战试验可以剪裁选用。从1994年开始陆续制定70余项(见表4-2)部队试验试用标准,包括试验试用大纲和报告的通用要求、作战指挥系统和指挥自动化系统、火炮火控系统、侦察装备、通信装备、军用小型无人机、战术导弹、防空武器、步兵近战武器、地面火炮武器、弹药输送车、炮兵侦察校射雷达、个人防护装备和干扰弹等。这些标准在常规武器装备部队试验/试用中发挥了服务保障、工作指导、技术监督和决策支持等作用。

表 4-2 现有国家军用标准中的部队试验标准

标准号	标准名称	标龄(年)	标准号	标准名称	标龄(年)
GJB 6177 — 2007	军工产品定型部队试验试用大纲通用要求	12	GJB 4532 — 2002	炮兵防空兵引信部队试验规程	17
GJB 6178 — 2007	军工产品定型部队试验试用报告通用要求	12	GJB 6599 — 2008	末敏弹部队试验规程	11
GJB 5317 — 2004	集团军(师)炮兵作战指挥系统部队试验规程	15	GJB 4956 — 2003	末制导炮弹部队试验规程	16
GJB 5699 — 2006	集团军(师)防空作战指挥系统部队试验规程	13	GJB 5181 — 2004	炮用子母弹部队试验规程	15
GJB 3650 — 1999	野战防空指挥自动化系统部队试验规程	20	GJB 4218 — 2001	反装甲弹药部队试验规程	18
GJB 4375 — 2002	炮兵指挥自动化系统部队试验规程	17	GJB 6105 — 2007	单兵多用途攻坚弹部队试验规程	12
GJB 9319 — 2018	防空兵连指挥车部队试验规程	1	GJB 6908 — 2009	枪挂榴弹发射器武器系统部队试验规程	10
GJB 4726 — 1996 (GJB z20322 — 1996)	高炮火控系统部队试验规程	23	GJB 4565 — 1989 (GJB z20003.1 — 1989)	步兵近战武器部队试验规程总则	30
GJB 5180 — 2004	自行高炮火控系统部队试验规程	15	GJB 4566 — 1989 (GJB z20003.2 — 1989)	步兵近战武器部队试验规程手榴弹试验	30
GJB 6334 — 2008	地面火炮火控系统部队试验规程	11	GJB 4567 — 1989 (GJB z20003.3 — 1989)	步兵近战武器部队试验规程枪榴弹试验	30
GJB 6602 — 2008	炮兵防空兵气象雷达部队试验规程	11	GJB 4568 — 1989 (GJB z20003.4 — 1989)	步兵近战武器部队试验规程火箭发射器试验	30
GJB 7325 — 2011	炮兵侦察车部队试验规程	8	GJB 20003.5 — 2000	步兵近战武器部队试验规程自动榴弹发射器	19
GJB 4106 — 2000	热像仪系统部队试验规程	19	GJB 20003.6 — 2000	步兵近战武器部队试验规程单兵燃烧弹	19
GJB 4684 — 1995 (GJB z20261 — 1995)	炮兵微光夜视仪部队试验规程	24	GJB 6622 — 2008	步兵近战武器特种弹药部队试验规程	11
GJB 4517 — 2002	火炮声探测系统部队试验规程	17	GJB 8096 — 2013	单兵携行装具部队试验规程	6
GJB 5012 — 2003	光电瞄具部队试验规程	16	GJB 6880 — 2009	迫击炮弹部队试验规程	10

续 表

标准号	标准名称	标龄（年）	标准号	标准名称	标龄（年）
GJB 5810 — 2006	陆军防空兵雷达地面询问机部队试验规程	13	GJB 6621 — 2008	防暴弹部队试验规程	11
GJB 4285 — 2001	目标指示雷达部队试验规程	18	GJB 4718 — 1995 (GJB z20312 — 1995)	刺激剂防暴弹药部队试验规程	24
GJB 4798 — 1997 (GJB z20429 — 1997)	炮兵侦察校射雷达部队试验规程	22	GJB 4559A — 2008	枪械和枪弹部队试验规程	11
GJB 3656 — 1999	高炮雷达部队试验规程	20	GJB 6104 — 2007	水下枪械及枪弹部队试验规程	12
GJB 186A — 2017	对空情报雷达部队试验规程	2	GJB 4665 — 1994 (GJB z20230 — 1994)	微声枪械及微声枪弹部队试验规程	25
GJB 4261 — 2001	激光测距侦察设备部队试验规程	18	GJB 7187 — 2011	火箭弹部队试验规程	8
GJB 4666 — 1994 (GJB z20231 — 1994)	枪用微光瞄准镜部队试验规程	25	GJB 4492 — 2002	特种弹部队试验规程	17
GJB 4791 — 1997 (GJB z20420.4 — 1997)	光学侦察装备通用规范部队试验规程	22	GJB 7328 — 2011	炮射干扰弹部队试验规程	8
GJB 4065 — 2000	通信装备部队试验规程	19	GJB 7329 — 2011	云爆弹部队试验规程	8
GJB 4519 — 2002	隔绝式个人防护装具部队试验规程	17	GJB 5698 — 2006	发烟车部队试验规程	13
GJB 4783 — 1997 (GJB z20415 — 1997)	透气式防毒服部队试验规程	22	GJB 7326 — 2011	自行弹炮结合防空武器系统战车部队试验规程	8
GJB 4095 — 2000	过滤式防毒面具部队试验规程	19	GJB 3998 — 2000	高炮部队试验规程	19
GJB 4101 — 2000	野战工事滤毒通风装置部队试验规程	19	GJB 8927 — 2017	主战坦克部队试验规程	2
GJB 4108 — 2000	军用小型无人机系统部队试验规程	19	GJB 4719 — 1995 (GJB z20313 — 1995)	反坦克炮武器系统部队试验规程	24
GJB 4658 — 1994 (GJB z20212 — 1994)	车载式野战防空导弹武器系统部队试验规程	25	GJB 4002 — 2000	压制火炮部队试验规程	19
GJB 3671 — 1999	地地战术导弹武器系统部队试验规程	20	GJB 5179 — 2004	火箭炮部队试验规程	15
GJB 4833 — 1998 (GJB z20498 — 1998)	便携式防空导弹武器系统部队试验规程	21	GJB 8301 — 2015	远程火箭炮武器系统部队试验规程	4
GJB 3975 — 2000	地空导弹武器装备部队试验规程	19	GJB 7180 — 2011	榴弹炮部队试验规程	8
GJB 4099 — 2000	自行火炮弹药输送车部队试验规程	19	GJB 4217 — 2001	地面火炮寿命部队试验规程	18
GJB 4376 — 2002	喷火器部队试验规程	17	GJB 9317 — 2018	防空兵弹药车部队试验规程	1
GJB 5694 — 2006	杀伤爆破纵火弹部队试验规程	13	GJB 9318 — 2018	防空兵检测车部队试验规程	1

　　注:截至 2019 年,74 项标准中平均标龄为 15.72 年,标龄最长的为 30 年,标龄超过 10 年的占 82.43%,标龄超过 5 年的占 91.89%。

总之,常规武器装备试验标准与我国军工产品试验鉴定定型制度联系,现有标准包括研制单位鉴定试验标准、试验基地试验标准和部队试验/试用标准三部分,其中试验基地试验标准是定型试验主要依据,是装备试验标准主体,其他两种试验也可参照使用。而研制单位鉴定试验标准包括军用规范(包含试验/检验方法)和专用试验方法(产品通用质量特性试验方法,电子元器件、特种零部件和特种材料与制品试验方法,产品专用试验方法等3种)2类共4种标准,其中产品专用试验方法标准与试验基地试验标准有较大重复,而部队试验试用标准主要是各类型号装备"＊＊＊部队试验规程",其与试验基地试验标准也有一定重复。目前,我国试验鉴定模式正由研制单位鉴定试验、试验基地定型试验、部队试验使用传统模式向由性能试验、作战试验、在役考核新型模式转变,应充分继承部队试验试用标准,并借鉴研制单位鉴定试验和试验基地定型试验,构建与性能试验、在役考核标准相互协调、满足一体化试验鉴定的作战试验鉴定标准体系。

4.2 我国作战试验标准化现状

4.2.1 我国作战试验标准现状

目前,我军正在探索作战试验与性能试验、在役考核相结合的新型试验鉴定体系,常规武器装备作战试验评价工作只有部分部队试验试用规程标准(包括试验试用大纲和报告的通用要求)可以参考,其在服务保障、工作指导、技术监督和决策支持等常规武器装备部队试验方面发挥了积极作用,但还存在装备、作战、试验、评估和标准化等问题。

(1)装备方面,标准未对装备实体对象、概念对象区分。装备概念有装备家族、装备体制、装备实力、装备体系、装备集团、装备型号和装备个体等七重内涵,分实体对象、方案对象及概念对象,不考虑方案对象和装备家族、装备体制、装备实力三种发展战略/管理层次概念对象,试验评估涉及装备个体、装备型号、装备集团、装备体系等实体、方案两类共四种对象。试验以单体式和组合式装备个体、装备集团等实体为对象,现有标准对装备大多是按技术分类(如榴弹炮)而不是按任务装备分类,对装备集团考核不足,无法支持对数量、编配、与作战兵力结合等装备体系适应性评估,因此装备体系不仅应考虑成建制的装备编成因素,也应考虑完成配属和支援作战任务临时编组和配置部署因素;评估以装备型号、装备系统(组合式装备个体或装备集团)、装备体系等方案为对象,现有试验评估集成标准无法满足装备成系统成建制、兵种合成、军种联合作战评估要求,试验标准与评估标准不分离,因此应增加装备系统/装备集团试验标准、装备体系评估标准,补齐试验标准,适度分离试验标准和评估标准。

(2)作战方面,标准对联合作战考虑不足,对战术背景、战场环境、使用方案、作战流程和作战想定等作战活动和要素标准化不全面。

1)联合作战方面,原有标准按军种、兵种装备各自建标,未考虑联合作战需求。以往我军规定联合作战是"两个以上军种或两个国家或政治集团的军队,按照总的企图和统一计划,在联合指挥机构的统一指挥下共同进行的作战",但这不能适应现代战争发展和战区主战领导指挥体制军队改革要求,实际上发达国家已把单兵或作战单元参与的作战纳入联合作战范畴,联合作战内涵已变为作战单元联合,外延包括所有军兵种部队。由于我军保卫安全职责和维护和平使命,要求基本作战单元作战要素齐全、战斗编组模块化、作战能力多种化、适应性广泛,部队编成向充实、合成、多能、灵活方向发展,在完成某一任务作战中联合多军兵种作战力量,装备集团、基本作战单元装备、装备体系作战效能也应包括多军兵种装备作战效能,按军种、兵种装备各自建立标准显然已经无法满足需求。

2)原有标准对作战面向系统考虑多,而面向任务考虑少。由于效能是装备完成某任务的效能,原有标准中效能评估标准较少,只有 GJB 3904.1～3904.5《地地导弹武器作战系统作战效能评估方法》、GJB 4113—2000《装甲车辆效能分析方法》、GJB 6704—2009《无人侦察机效能分析方法》、GJB 4505—2002《发烟装备红外干扰效能野外评价方法》、GJB 6918—2009《发烟装备毫米波干扰效能野外评价方法》等四类装备标准和通用标准 GJB 1364—1992《装备费用-效能分析》。

3)对战术背景、战场环境、使用方案、作战流程和作战想定等作战活动和要素标准化不全面。装备作战试验目标是验证装备生成的潜在作战能力是否提高,目的是考核作战适应性、生存性和作战效能,基本要求是像作战一样试验,试验中涉及服务于作战能力提高的装备解决方案和非装备解决方案因素。排除谋略性、艺术性指挥因素,非装备因素要考虑战术要求、体制编制、人员素质、装备训练、后勤保障等装备运用时间、空间;装备因素要考虑作战对象、作战任务(典型作战任务剖面等)、战场环境、作战兵力、编成编组、配置部署、作战行动等装备运用的人-机-环系统目标要求,现有标准对作战对象设置、战场环境构建、装备编配、兵力保障、兵力部署等作战要素和活动标准化不足,对任务适应性、保障适应性、战场环境适应性、人机适应性等考核不足,例如人机适配性,从人机结合层次看,包括人机工程操作性、编组成员人人协作互操作性、兵种合成与军种联合协调性;从人-机-环系统看,包括作战体系中与人有关的所有因素,目前我军与美军有差距,美军从人机工程 HFE 到人因体系整合 HSI,人因试验标准已发展5代,其人因体系整合 HSI 涉及作战体系中人力、人员、训练、人因工程、系统安全、健康危害、可居住性及生存性等8个方面因素,美军始终很重视试验中的人员训练、主观试验技术,并从第一代标准起就进行了规范,而我国现行由"要求、指南"组成的"2+2"个顶层人机工程标准操作性不足,没有吸收软件人机界面测评技术和工业心理学最新的技术成果,而专用试验规程中人因试验方法与顶层标准不相关/弱相关、不协调,且不适用、操作性差问题突出,试验参与人员仅考虑训练考核合格代表性使用人员(最终用户),未考虑在训使用人员、专家用户,因此必须与作战条令、军事训练、考核大纲等法规相协调,对装备试验中作战任务、作战想定、作战条件(人机环目标等)规范统一。

(3)试验方面,标准化对象为试验基本过程和保障要素的通用性标准缺少,不满足一体化试验管理需求。

缺少调查表和访谈设计等主观试验技术标准,试验中部队使用人员满意度测评和用户行为观察不规范。从作战使用要求评价维度看,部队试验是基于用户行为观察和用户满意度测评确认作战使用需求(兴奋型和基本型),而试验基地试验是基于标准规范检查和标杆技术比较(专家经验评审)验证作战使用需求(期望型和基本型),主观试验技术标准必不可少。对于使用、测试等试验关键过程,计量保障、场务保障、安全保障、试验技术保障等试验基本活动,现有部队试验/试用标准和研制单位试验标准都是选择装备(硬件/软件产品)为标准化对象,而不是以试验单位的产品/服务为标准化对象,从而造成在不同装备试验标准中装备使用、装备测试、人员选拔、人员训练、试验保障等试验共同性产品/服务试验方法重复甚至不一致,这种标准化模式可适用于性能试验,但对于考核作战适应性、作战生存性、作战效能等作战试验,就必然造成试验基本过程和要素在不同试验标准中不统一、难共用;现有部队试验/试用标准与试验基地定型试验标准重复/交叉、不协调甚至不一致,缺少解决研制试验、部队试验中作战试验信息共享、一体化试验设计等问题顶层协调性标准,导致试验项目重复;与建模与仿真标准不协调,不满足分布式交互仿真与实装试验相互补充支持的虚实结合需求。因此应以试验通用性的基本过程和保障要素为标准化对象,解决计量保障、场务保障、安全保障、试验技术保障、人员选拔、人员训练、装备使用、装备测试等不统一问题,为实施性能试验、作战试验与在役考核一体化试验设计提供支撑,减少冗余试验项目,改进试验方法,降低试验消耗,提高试验周期,不必作为强制性、国军标顶层标准,而适宜作为推荐性标准、行业标准。

(4)评估方面,缺少标准化对象为装备系统/装备体系方案的装备评估标准。

装备作战试验以验证装备潜在作战能力有提高为目标,目的是考核作战适应性、生存性和作战效能。作战适应性包括作战任务适应性、保障(作战保障、后勤保障、装备技术保障)适应性、战场环境适应性、人机适应性、装备体系(数量、编配、编成)适应性,现行标准为试验和评估一体化集成标准,评定准则为研制总要求和技术规范,评估内容针对装备型号。作战评估标准缺少对兵种合成与军种联合作战任务环境条件、比较鉴定准则、成系统成建制装备系统/装备体系综合评估考虑,因此应增加作战任务能力评估方法、作战要素能力评估方法、作战信息网络支撑能力等分层次能力评估方法、基于比较评估方法、装备系统评估方法、装备体系评估方法等标准。

(5)标准化方面,现有标准价值定位不准确,分类不科学,分级不合理,模块化不强,标准协调性、开放性和体系性不够,标准标龄长。

1)支撑认证认可管理方面。现有管理有关标准与国际管理体系标准重复,在试验法规建设滞后情况下与技术法规制度纠缠不清、约束力低、使用很少、作用很小。因此作为非最高层次的装备作战试验评估标准体系建设定位应以技术标准为宜,与技术法规相协调并为其提供支撑。

2)技术标准定位方面。原有国家军用标准体系为装备建设用标准,未考虑作战、保障领域等部队全面建设需求,缺少作战试验和部队作战共性通用的作战保障标准(作战数据、侦察情报、电磁频谱管理、指挥保障、机要保障、气象水文保障、通信保障、测绘保障等标准)和军事训练标准(训练场地建设、训练信息系统与网络建设、训练模拟器、训练效果评估等标准),因此作战试验标准应增加相关缺失标准并与研制试验标准相协调。

3)技术标准分类方面,标准化对象基于试验任务而不是试验方法,是集成化的装备型号全部试验项目试验方法,而不是模块化的装备试验项目的试验方法。由于装备法技术革新特点,试验设计工作无法直接选用试验技术方法标准,标准制/修订中的技术集成难以代替试验设计中的技术集成,还需要进行所谓的标准剪裁从而造成标准实施监督长期存在老大难题,与"共同使用、重复使用的规范性文件"的标准化"统一"目的发生偏离,标准没有按"守底线、保基本、强质量、提技术、引发展"不同作用科学分类。

4）技术标准适用性方面。原有设计定型部队试验和生产定型部队试用完成了"作战试验列装定型"部分工作,部队试验/试用通常采用单机或分系统、多件装备或全系统、组成战斗结构试验的模式,新模式作战试验鉴定只能参考现行各种部队试验/试用标准,这些标准从 1994 年开始发布约有 70 余项,包含试验试用大纲和报告的通用要求、单体式装备或装备分系统的部队试验使用规程(作战指挥系统和指挥自动化系统、火炮火控系统、侦察装备、通信装备、军用小型无人机、战术导弹、防空武器、步兵近战武器、地面火炮武器、弹药输送车、炮兵侦察校射雷达、个人防护装备和干扰弹等),其主要为试验规程标准,不同标准中相同试验项目试验方法不统一,难以共用,如可用性、可靠性、维修性、保障性、兼容性、安全性、人机结合性、生存性、装备编配方案、作战和训练要求等部队适用性试验方法标准,通用质量特性试验标准通用性不强,没有操作性、适用性好的试验方法标准。

5）标准分级方面。只有国军标顶层标准而缺失发挥标准运用单位主体作用的基层级标准,很难发挥标准"强质量、提技术、引发展"作用。

6）标准协调方面。技术标准内容与国家标准、国家军用标准中的技术基础标准、其他行业试验标准不一致、不融合、难协调;与试验基地定型试验标准、建模与仿真标准不协调,不满足分布式交互仿真与实装试验相互补充、相互支持的虚实结合鉴定需求,影响装备研制工作的质量、成本和进度。

7）标准体系全面性方面。缺少独立软件产品作战试验标准。独立软件产品部队试验主要包括软件的功能、使用性能、安全性、易用性、适用性等,而目前这类标准还未看到;部队试验标准数量少,不少武器装备都没有适用的作战试验方法标准,不能满足联合任务背景下武器装备部队试验需要。

8）国外标准研究跟踪不够,标准制定很少参照 NATO STANAG 标准、美军 TOP 标准、北约 ITOP 标准或其他国家试验标准,无法与国外武器装备试验技术水平横向比较。

9）标准水平方面。截至 2019 年,74 项标准中平均标龄为 15.72 年,标龄最长的为 30 年,标龄超过 10 年的占 82.43％,标龄超过 5 年的占 91.89％,标准大多数超过了 5 年最长复审和修订期限。

总之,现行标准价值定位不准确,分类不科学,分级不合理,标准通用性不强,标准协调性、开放性和体系性不够,装备分类不合理,对战术背景、战场环境、使用方案、作战流程和作战想定等作战活动和要素标准化不全面,减少以试验基本过程和保障要素为标准化对象的通用性标准,不完全满足一体化试验管理需求,缺少主观试验技术标准,减少以装备系统、装备体系等方案为标准化对象的装备评估标准,在基于战场环境作战适应性考核、基于潜在对手的作战效能评估、基于联合作战的体系贡献率评估等方面存在严重不足,还缺少软件考核、极限边界考核等装备信息化能力、实战能力等标准,标准标龄长,技术先进性、有效性和适用性不足,装备定型后装配部队暴露出无法满足"体系对抗、网络聚能、联合制胜、精确作战、快速机动、立体打击、多能多样"作战要求等问题。

4.2.2　试验标准问题原因分析

1. 立法中推荐性和强制性标准区分、综合标准化和基层组织标准化地位方面

新修订的《中华人民共和国标准化法》(2018 年 1 月 1 日起施行)实施时间短,《军用标准

化管理条例》(将替代 1984 年 1 月 7 日起实施的《军用标准化管理办法》)的立法工作还未完成,装备试验标准化工作受原有法律法规影响,综合标准化无军事法规依托,试验标准未纳入工程项目管理范围;军队行政管理部门绝对主导标准化工作,没有基层组织标准公示制度促进试验鉴定责任单位充分发挥主体作用,试验鉴定单位未能充分发挥主体作用,基层组织标准(对试验基地/靶场称为试验基地标准或靶场标准,相当于企业标准)体系建设只有少数单位(海军试验基地)开展;推荐性标准和强制性标准(也没有民用标准的单位标准备案制度)未区分并严格监督实施;试验标准(不属于强制性标准的绝大多数)均按最高级别国军标建设,不满足推荐性标准建设管理和基层组织标准提升强制性质量标准和专利技术创新需求。在立项审批上虽对重大问题和急需、关键项目的需求能基本保证,但这并不符合现代标准化思想,最近几年虽然在重大工程项目上进行了"工程标准"的综合标准化实践探索,但基层单位综合标准化(试验任务质量管理中试验标准文件管理,或者试验标准使用剪裁)还未开展。

2. 标准化工作体制和管理方面

标准化工作模式有两种:一是以苏联政府标准为代表的计划经济体制下"自上而下""行政驱动,政府主导"模式,经费为政府拨款,可细分为传统标准化模式和现代标准化模式(见表 4-3);二是以美国民用标准为代表的市场经济体制下"自下而上""市场驱动,民间主导"模式,经费为会员费和服务收入,这种模式有些方面与综合标准化相同,但在"大市场、小政府"市场经济发展理念下,与综合标准化有本质区别,在标准自愿采用、会员平等协商、市场需求驱动标准体制下,行业协会和专业学会能在标准化中充分发挥主导作用,标准草案提出者由各企业和专业人士本着自身利益参与和协商一致,充分体现行业发展需求。美国国防部武器装备试验验证标准 TOP(Test Operations Procedure)以各试验单位为主体制定,后来与盟国协商制定试验标准 ITOP(International Test Operational Procedure),制定标准中强调广泛参与,在 1994 年开始国防标准化改革("抓两头,放中间")后,优先广泛采用民用标准甚至北约标准 STANAG 和英国国防部标准 STAN,美国民用标准采用第一种模式,而美国国防部标准化从形式上似乎属于后一种模式,但实质上还是第一种模式,从而及时修订反映技术发展水平。

表 4-3　传统标准化模式和现代标准化模式比较

模 式	目 的	目 标	主要特征	标准制定	需求满足
传统标准化	制定标准	数量增长	标准积累多,实施关注少,计划方法为项目汇总	孤立、分散,缺少整体考虑	不满足急需,重大问题和关键项目上成效不大
综合标准化	解决具体问题	解决综合性问题成效	计划方法以重大和关键项目为出发点	围绕特定目标,成套应用协调	满足急需,重大问题和关键项目上成效大

我国军用标准化采用传统标准化模式,军队行政管理部门主导,标准化管理偏软,构建的标准体系作用发挥不明显,标准立项管理主要是项目由下而上汇总形成编制计划,标准化发展

战略与规划水平有待提高。

（1）标准建设者和使用者很大程度上建用一体，标准体系规划作用发挥不足，立项管理偏软。由于以质量技术为主的试验标准建设者基本是标准使用者，可谓是"职能合一，建用一体"，由于利益所在和专业沟壑，标准编写中有意或无意未考虑标准体系协调性问题，从而影响到标准效能和建设效益；项目立项中，由于标准体系规划作用发挥不足，采用"自上而下"计划管理，经费来源于行政拨款，存在"划摊子、分盘子"利益平衡甚至人为干预，使得急需制/修订标准化项目很难立项或者及时立项，打击了人员积极性，也造成试验中标准缺失，难以保证标准按 3～5 年修订，总体上使得标准落后于最新技术创新成果和实践经验，标准水平不高，相比较市场模式国军标标龄要长（由于经费来源于会员费和服务收入，美国民用标准化模式不存在这种现象）；而且"由零散课题汇总年度计划"的工作方法，不仅易于造成轻重不分、主次混淆、没有主攻方向弊病，而且会助长片面追求数量而忽视标准质量倾向。

（2）行业协会科学研究机构和学术团体、标准化技术委员会的作用发挥不足。原《中华人民共和国标准化法》（1989 年 4 月 1 日起施行）第十二条规定"制定标准应当发挥行业协会、科学研究机构和学术团体的作用。制定标准的部门应当组织由专家组成的标准化技术委员会，负责标准的草拟，参加标准草案的审查工作"；修订后的《中华人民共和国标准化法》（2018 年 1月 1 日起施行）第十六条规定"制定推荐性标准，应当组织由相关方组成的标准化技术委员会，承担标准的起草、技术审查工作。制定强制性标准，可以委托相关标准化技术委员会承担标准的起草、技术审查工作。未组成标准化技术委员会的，应当成立专家组承担相关标准的起草、技术审查工作。标准化技术委员会和专家组的组成应当具有广泛代表性"。目前，标准化建设中常规兵器试验的科学研究机构和学术团体发挥作用机制还没有建立，没有常规武器装备试验领域的标准化技术委员会，试验单位缺乏专门标准化技术机构，军队标准化技术委员会行政化色彩浓厚、人员组成不合理（例如，原总装备部全国军用人-机-环系统工程标准化技术委员会成员中，没有常规兵器试验基地人员，这就很难反映试验基地人因试验标准建设需求，关于常规兵器人因试验标准项目很难立项）、技术支撑作用发挥不足，这些都影响到标准效能和建设效益。

（3）标准评审和绩效管理偏软。由于标准立项审查专家很难做到独立性而不考虑所在单位利益，对评审专家的管理（审查立项论证报告、初稿/征求意见稿/送审稿）、第三方标准立项查询的管理还未建立科学、规范评价机制，很难保证评审质量；基于标准化价值激励不足，不利于促进标准质量提高。

（4）标准分块管理不能满足一体化试验鉴定需求，综合标准化开展不足。常规武器装备试验包括以前工业部门的工程研制试验、试验基地试验、部队试验，也就是试验鉴定新模式下的性能验证试验、性能鉴定试验、作战试验和在役考核。这些试验之间既相互区别，也相互联系。但先前国军标管理中，部队有关试验标准化管理由论证部门和作战部门各自分口管理一部分，并且以论证部门为主；试验基地试验标准由试验鉴定单位的主管部门分口管理；工程研制试验由工业部门分口管理。标准体系不完善和这种分口管理，使得作战试验标准体系与其他两种标准体系之间存在重复、不一致等标准协调问题，难以满足一体化试验鉴定需求。

3. 人力资源评价激励、标准化工作地位、标准化工作动力方面

由于对科学、技术和工程关系认识不清或因为科技评价激励制度问题而故意混淆,没有认识到工程产生工程标准和工程产品(科学产生科学发现、技术产生技术发明);没有认识到"开放的复杂巨系统理论视角下,将标准化作为面向创新 2.0 的科技创新体系的重要支撑以及知识社会环境下技术 2.0 重要轴心""要最大限度地普及和应用技术开发成果的观点,把标准化作为通向新技术与市场的工具,深刻认识以标准化为目的的研究开发重要性""制定标准草案的标准化过程是技术创新的最后一个过程""标准是技术创新的成果的形式之一""标准是方法类技术成熟度的度量衡""项目成果内容包括硬件、软件、资料、培训服务、标准"……,从而导致助工、工程师和高工等工程师职称系列编配的试验鉴定单位,在激励机制和评价机制上价值导向偏离,使得工程技术人员对工程技术创新(即所谓科研)、试验、标准的重要性认识价值偏离,造成对标准化项目动力不足,重视不够,宁愿投入精力进行工程技术创新项目(或美其名曰所谓科研)也不愿申报立项标准化项目。标准化工作很难产生吸引力,标准化工作人才队伍不稳定,标准体系建设和标准化研究工作难以开展和持久深入。

4. 主体参与多元性和充分性方面

相比美国民用标准"市场驱动,民间主导"标准化模式,我国军用标准化为"行政驱动,政府主导"模式,目前国家民用标准逐渐由"行政驱动,政府主导"模式向"政府主导、企业主体、市场导向"模式过渡,我国国家军用标准目前正在推进标准化建设的军民融合,但对常规武器装备试验标准影响不大,标准化工作模式还未发生改变。由于利益关系、标准化文件库元数据和查询工具等原因,在标准立项查询中对相关标准查询不全、国外相关标准基本没有查询,造成标准质量技术来源局限,不能很好把好立项关和保证标准质量技术水平紧跟技术发展;项目立项申报基本都是"自下而上"的计划汇总模式,未能建立科学合理全面成套标准体系难以在立项论证中充分发挥其规划指导作用,造成标准间协调性问题;GJB 标准制/修订基本由一家单位制定,同行业单位共同参与编写或标准应用单位的横向交流协作不够,专家代表性不足,造成标准征求意见稿/送审稿质量不高,甚至造成标准项目重复现象;由于标准化项目立项论证报告/标准征求意见稿/送审稿意见征求、评审专家选择实际上由标准申报、编写单位确定,标准应用单位代表性和充分参与不够,造成一些标准未能把好立项关、协商评审关,使得一些标准水平不高和操作性不强;同类标准制定单位不同、修订标准和制定标准单位不同造成少数标准不一致和不完整。装备试验单位标准体系建设缺失,标准化"源头活水"不足;部队试验/试用标准均由装备需求论证单位或装备研制管理部门提出,部队和试验单位在作战试验标准制定中参与不足,标准中作战适用性试验与评价方法操作性不强,难以满足试验需求。

5. 综合标准化工作和基层单位标准化工作基础方面

长期以来,军用标准化主导思想是质量把关而非可持续全面发展,工作评价是单一标准制定数量而非成套标准制定解决综合性问题效果,工作模式是标准制定单线模式而非综合标准化和标准制定双线模式,主要任务是制定国家军用标准而非解决单位重大关键问题,分类管理方法是单位标准备案、推荐性标准和强制性标准同等管理而非单位标准公示、推荐性标准和强制性标准严格区分,工作重点是重制定、重修订而非重实施、重效益,工作开展是少数部门和少

数人员而非多部门和多数人参与。国防科工委时期虽然制定了少量用于试验基地/试验靶场定型试验的部门(行业)试验标准(简称科标 KB),但总装备部时期未开展部门标准制定。部队试验/试用的作战试验标准主要由论证单位制定,但数量很少,并且对于作战试验存在适用性问题。由于受试验一体化项目管理、试验手段、试验能力水平、信息管理等多种因素制约,部队试验和试验基地试验在复杂环境、极限边界、体系对抗条件下试验考核不充分,装备的软件和信息化能力考核不足,实战能力考核严重不足,对抗条件下的作战效能考核基本属于空白。

6. 标准体系方面

根据国家标准化法和国家军用标准管理规定,按制定标准宗旨标准可分为公标准、私标准两类。公标准(公共标准)是动用公共资源制定,宗旨是维护公共秩序,保护公共利益,为全社会服务。私标准动用非公共资源制定,具有独有性质,宗旨是为本组织利益服务,如提高本组织竞争力,获取最大利益。("层次适当"是建立标准体系重要原则,我军常规武器装备作战试验标准均在"公标准"所在顶层建设,缺少试验单位底层"私标准",由于试验装备、试验技术、管理模式、试验流程和试验惯例等不同,很多顶层"公标准"很难适用于各试验单位,很难满足具体试验工程需求。)另外,作战试验标准与国家标准、相关行业标准存在协调性问题,造成标准质量技术水平和标准化效益不高。

7. 标准实施信息反馈、项目立项信息查询方面

首先,我国国军标开放性不及美国,美国军用标准从标准成果服务范围、会员制甚至部分机构命名都面向全球。美国国防部试验除使用国防部标准、TOP 试验行业标准外,也使用北约 ITOP 试验行业标准。由于国内外标准缺少有效的信息查询工具、原有标准交错和重复等使得查询不全,装备试验标准立项论证中对相关行业标准、国家标准、国外国防部标准信息重视不够、标准查询不够,加之标准化与质量管理、技术创新脱节,使得先进质量技术信息难以服务标准化工作,造成标准质量技术水平不能紧跟技术发展。其次,美国标准化文件信息定期发布周期短,每半个月发布一次,可互联网查询;而我国一般半年发布一次,而且互联网难以搜索。另外,试验单位未建立质量管理体系前,受标准适用性和管理机制等因素制约,存在标准"实施难、无反馈"的贯彻实施难题。试验鉴定单位建设运行质量管理体系后,提供了解决这一问题的机制保证,但标准化、质量管理、试验管理仍然存在"两张皮"甚至"三张皮"结合不紧的问题,而且由于质量管理体系建立时间短、对试验任务中综合标准化和基层试验单位标准体系建设认识不高和存在畏难情绪、经费来源问题,也造成试验中大纲评审、试验实施、定型审查出现的标准不适用、标准缺少等信息反馈不畅问题,无法反馈服务于标准体系完善和标准立项决策。

8. 标准化工作与其他管理工作协调方面

标准化与知识管理、技术创新管理、质量管理和知识产权管理等对接不够。与技术创新管理未建立协调机制,技术创新成果向标准转化难、不及时,不能及时全面掌握国际先进标准信息并及时消化吸收再创新;与质量管理未建立协调机制,强制性标准贯彻和推荐性标准选用剪裁管理经常缺位,出现"标准实施难,信息无反馈"现象(见图 4-2)。

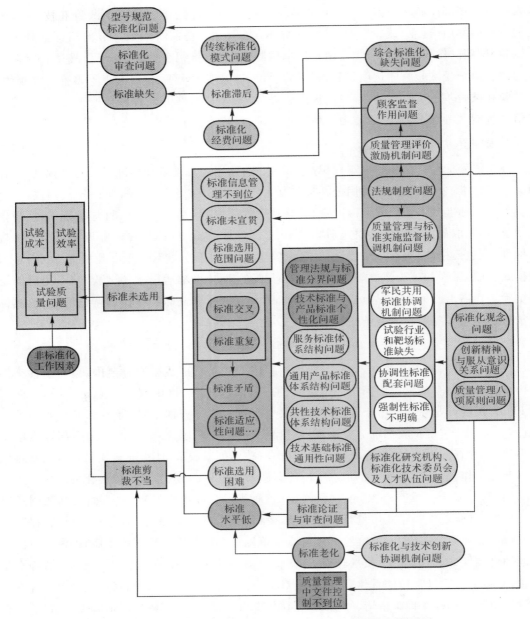

图 4-2 常规武器装备作战试验质量管理中的标准化问题原因

4.3 武器装备试验标准体系建设的两个问题

4.3.1 技术标准和管理标准分类合理性分析

目前,在《关于改进加强装备试验鉴定工作的意见》中,要求"加快构建具有我军特色的装备试验鉴定体系",提出标准建设"分管理和技术两大类,按国家军用标准、军兵种标准和型号技术规范三个层面统一构建",按此新型标准化建设意见将标准分为"管理标准和技术标准"两大类。那么将标准分为管理标准和技术标准两类是否适宜、足够完备吗？标准如何分类？标准体系构建中标准分类是重大理论和工程实践问题,涉及"科学-技术-工程"关系、工程活动、管理活动、标准目的、标准作用、标准内容、标准中适宜协调和统一的管理事项具体内容、有关管理的标准用途、标准化法对标准的定位等,因此在武器装备试验工程活动中,将标准划分为技术标准和管理标准两种,既不适宜也不完备。

1. 从标准划分上分析

从公认定义分析标准的目的、产生和作用,将标准划分为管理标准和技术标准不是完全合适。

(1)管理标准目前没有统一定义,说明没有共识,而且这也并不符合一般的管理标准、技术标准、工作标准三类标准分类方法(且不论其合理性)。

(2)科学-技术-工程关系上,将标准仅仅分为管理标准和技术标准不完备,也不适宜。应用于科技创新工程、装备工程、装备试验工程、社会治理工程等复杂系统工程活动中,标准准确地可以称之为工程标准,作为在"一定范围""获得最佳秩序"和"促进最佳共同效益"解决不一致、不规范问题的方法,基于管理需要,服务管理工作;"标"代表最佳与引领趋势,"准"代表准绳与准则,合二为一就是标准,标准将最佳工程实践经验转化为共的遵循准则,这需要靠技术创新来获得,标准具有显见的技术性。面向工程的标准通过规范技术要求而服务管理工作,同时具有管理性与技术性,包括标准化管理技术标准、技术协调标准、技术指导标准等技术标准以及技术基础标准(科学知识即技术基础)和工程质量评价标准(产品和服务质量评价),因此将标准仅仅划分为管理标准和技术标准是不完备的,也是不适宜的。面向工程的标准可以分为标准化管理技术标准、技术基础标准、技术协调标准、技术指导标准、工程质量评价标准、工程管理技术标准等内容。

(3)从事项的过程分析,标准中有关管理的事项是一种技术事项。《标准化概论》定义"管理标准是指对标准化领域中需要协调统一的管理事项所制定的标准""技术标准是指对标准化领域中需要协调统一的技术事项所制定的标准",可见技术标准和管理标准是按标准化领域中事项划分为管理事项和技术事项进行划分的。事项必然涉及过程及其输入和输出,过程解决的是"做什么,怎么做"问题,而从科学与技术关系分析,技术也是解决"做什么,怎么做"问题,那么标准化领域中的管理事项就是技术事项,管理标准和技术标准划分就不合理。

(4)标准的作用是为了支持治理/管理以获得最佳秩序,从根本上标准服务于管理。不论管理事项或技术事项,都是针对一定范围内需要协调和统一事项制定标准,这就需要分析其上位概念——标准。首先,一定范围内事项的协调和统一是管理活动,因此,所谓"技术标准"和"管理标准"都是为了管理,即标准用途为管理。其次,从标准定义分析,ISO/IEC 指南 2(我国 GB/T 20000.1 - 2002 等同转化该标准)定义标准为"为了在一定范围内获得最佳秩序,经协商一致制定并由公认机构批准,共同使用和重复使用的一种规范性文件(注:标准宜以科学、技术的综合成果为基础,以促进最佳的共同效益为目的)"。由于一定范围内所有相关方的利益不同,所以只能将"共同效益"的"最佳"作为努力方向和奋斗目标,可见标准的目的就是为了治理和管理。标准需要在一定范围内利益主体间协商,这是标准化管理活动,当然也包括技术协调活动,例如,强制性标准是行政管理活动的产物,推荐性标准是行政管理活动的产物,但主要是相关方利益权衡后技术协商结果,因此,标准是协商这一管理活动的产物。标准是"为了在一定范围内获得最佳秩序",标准的作用限于"促进""最佳的共同效益"这一目的。例如,

ISO9000质量管理体系标准用于获得全球经济贸易秩序,ISO14000环境管理体系标准用于获得社会绿色环境秩序,OHSAS18000职业健康安全管理体系标准用于获得公共安全秩序,"最佳秩序"是"局部服从整体,整体最佳",可见标准作用就是为了支持治理和管理以获得最佳秩序,不宜以标准用途进行标准分类,从"法规、政策、标准"三位一体治理体系来看标准就能充分理解这一点。

总之,从全球公认的标准定义来分析标准的目的、产生和作用,"一定范围"的"最佳秩序"和"最佳效益"都需要管理手段实现,标准是为了管理,用于支持管理,也是管理产物。因此可以说,标准就是管理标准,将标准划分为管理标准和技术标准既不完备,也不合适。更适宜的观点是,面向工程的标准可以分为标准化管理技术标准、技术基础标准、技术协调标准、技术指导标准、工程质量评价标准和工程管理技术标准六类。

2.从"管理标准"上分析

标准最适宜规范的管理内容是技术内容,为了有效发挥作用,管理有关标准应定位为管理技术标准,所谓"管理标准"应理解和调整为"管理技术标准"。

(1)内容上,所谓"管理标准"实质上应理解和调整为"管理技术标准"。标准在"一定范围内""获得最佳秩序"和"促进最佳共同效益"是通过对事项"协调和统一"实现的,而管理活动包括对各种资源进行决策、计划、组织和控制,因此对管理事项协调最适于借助管理人员实际管理活动,管理事项统一最适于借助法规制度;而标准最适于作为"质量评价、技术指导、技术协调"工具,对于"需要协调和统一的管理事项"来说,"质量评价"关乎管理绩效,这是人力资源管理内容,事实上组织人力资源管理是通过管理法规制度统一和规范的,由于管理权力运用的人文性和艺术性特点,标准不适宜包含管理工作中的质量评价,即使包含也不会得到使用;管理的"协调"显然不适宜作为所谓"管理标准"的内容,管理协调和统一应该通过管理人员活动实现,并借力管理制度,因此标准不适宜包含管理工作的协调内容;管理工作中"技术性指导"可以通过人员帮带方式完成,也可以借力标准,而技术工作中技术指导显然不适宜作为所谓"管理标准"的内容,因此,对于"需要协调和统一的管理事项"来说,标准"质量评价、技术协调、技术指导"三部分内容只有管理工作的技术性指导内容是适宜的,也就是说所谓"管理标准"应该准确地称之为"管理技术标准"。

(2)分析管理有关的成功标准,"管理标准"实质上是"管理技术标准",管理有关标准应该定位为管理技术标准。目前,服务于合格评定的法规性"安全认证"和自愿性"合格认证",国际三大标准化组织制定的"管理体系标准"是全球公认最成功的管理标准,比如,ISO9000质量管理体系标准、ISO14000环境管理体系标准、OHSAS18000职业健康安全管理体系标准等等,这些标准强调满足"全球市场对标准的需求,贸易和服务对标准的需求,以及社会可持续发展、安全健康保障对标准的需求",以实现"一个标准、一次检测、全球有效"为战略远景目标,由于强调"全球有效"而得到广泛认可,如果按照《标准化概论》指出的"管理标准是管理机构为行使其管理职能而制定的具有特定管理功能的标准,它是关于某项管理工作的业务内容、职责范围、程序和方法的统一规定",那么这些成功标准的内容必须与具体组织的业务内容、职责范围、程序无关,只与管理方法有关,也就是只与管理技术有关,可见这些管理标准能成功在于其实质上是"管理技术标准"。

(3)从不能称之为成功的管理有关标准(制定失败的标准,有人称为"垃圾标准")来分析,这些标准都是在统一"管理方法、管理技术"之外,规范了业务内容、职责范围、程序等不适合的管理内容。中国标准化研究院原院长王忠敏在 2011 年 10 月 14 日国际标准化日"新视野下的标准和标准化"主题演讲中指出"首先必须明确,标准写出来只有一个目的,为了应用,否则就是浪费资源(人力、物力、财力)、污染环境(纸张、笔墨、二氧化碳),所以我把它叫'垃圾标准'"。对于没有用的管理标准都可以称之为垃圾标准。就"管理标准"目前现状来说,国军标中有些适用性好,比如标准化管理技术的 GJB 0.1 — 2001《军用标准文件编制工作导则　第 1 部分:军用标准和指导性技术文件编写规定》。但相当数量的适用性不好,这些"管理标准"存在两个问题:一是包含了业务内容、职责范围、程序等管理方法或者说管理技术以外内容,不符合《中华人民共和国标准化法》(2018 年 1 月 1 日起施行)第二条"农业、工业、服务业以及社会事业等领域需要统一的技术要求"的"技术标准定位",与法规制度重复矛盾,标准容易随着组织流程再造,适应性差,生命周期短。例如,GJB 1362A — 2007《军工产品定型程序和要求》是修订的第二版"管理标准",因包含非管理技术的定型程序,随着试验鉴定体系转型该标准已无法使用,而且定型程序内容本应该由《装备试验鉴定条例》来规定。二是与各组织的管理目标、体制、机制以及文化等相差较远,因而无法适应组织管理实际需求。例如,GJB 1452A — 2004《大型试验质量管理要求》是经过修订的"管理标准",但对于常规武器装备试验基地来说该标准基本无法选用。因此,这种与管理标准内容存在问题的虽不能完全称为垃圾标准,但在实际工作中几乎没有发挥作用,事实上法规制度文件才真正起作用。试验基地调查过,对于不到100 项国军标管理标准,除了 GJB 9001《质量管理体系要求》外,没有人能说出工作中使用什么相关的管理标准。所以,所谓"管理标准"实质上应是"管理技术标准",管理标准应该定位为管理技术标准,而不是所谓"管理标准",将标准划分为管理标准和技术标准两类不合适。可以将管理技术标准分为管理技术基础标准、管理技术指导标准(简称管理指南),标准建设重点是管理技术指导标准,并用于法规性"安全认证"、自愿性"产品认证"、机构认可等认证认可以及职业培训等。比如国军标中包括标准化管理、项目管理、质量管理、文献管理等管理技术标准。需要注意,不少管理技术方法大多等同采用国际标准化组织制定的管理有关标准内容,而且组织建立质量管理体系时,可将质量管理体系文件中第二层次程序文件作为管理技术方法平台,可完全替代这种"管理标准",并能更加适合组织实际。例如 GJB 9001C — 2017《质量管理体系要求》就是 ISO9001 标准的等同采用,并增加了一些军用要求,但正是这些增加的内容不少不适用,特别是对于提供试验评价服务的试验鉴定单位来说适用性不好。

　　3. 从标准来源上分析

　　所谓"管理标准"应该准确地表述为"管理技术标准",相应地所谓技术标准可以称之为"工程技术标准"(用于产品生产与服务的技术协调),而技术标准由"管理技术标准""工程技术标准"等组成,标准体系由技术标准、技术基础标准、工程质量标准组成。

　　ISO/IEC 指南 2、GB/T 20000.1 — 2002 将标准注为"宜以科学、技术的综合成果为基础,以促进最佳的共同效益为目的",可见标准来源于科学和技术综合成果,因此标准应该是来源于科学成果并用于工程技术的技术基础标准、来源于技术成果的技术协调性标准(如规范)、来源于工程最佳实践的技术指导性标准(如指南),所谓"管理标准"涉及管理技术基础和管理技术;而且标准以"促进最佳的共同效益为目的",只有涉及"三化、简化"等技术内容"管理标准"才有这种促进作用,因此所谓"管理标准"准确地说应该是"管理技术标准"。例如,第四代国家军用标准体系新增加三部分全军统一的共性技术标准中,包括军用标准化管理、项目管理标准、质量管理标准和文献管理标准等四部分"管理标准",将这些"管理标准"列入共性"技术标准"显然犯了逻辑矛盾,只有将"管理标准"解释为"管理技术标准"才可自圆其说。又如,GJB 0.1—2001《军用标准文件编制工作导则 第1部分:军用标准和指导性技术文件编写规定》中将军用标准文件定义为"军用标准、军用规范和指导性技术文件的统称",即将军用标准文件分为军用标准、军用规范和指导性技术文件共三类,并定义军用标准为"为满足军事需求,对军事技术和技术管理中的过程、概念、程序和方法等内容规定统一要求的一类标准"文件、军用规范为"为支持装备订购,规定订购对象应符合的要求及其符合性判据等内容的一类标准"文件、指导性技术文件为"为军事技术和技术管理等活动提供有关资料或指南的一类标准"文件。那么,指导性技术文件自然是技术标准;军用规范是产品质量评价标准;军用标准包括技术标准(军事技术)、管理技术标准(技术管理中的方法)、管理技术基础(技术管理中的过程、概念、程序)标准,军用标准所涉及管理标准主要属管理技术标准,也就是说 GJB 0.1 对国军标体系中管理标准定位是"管理技术标准"和"技术基础标准",即国军标体系采用"军用标准、军用规范和指导性技术文件"三种文件分类方法,包括"产品/服务质量标准""技术基础标准""军事技术标准""军事管理技术标准"等,但并未采用所谓"管理标准"和"技术标准"分类方法。

　　4. 从"管理标准"与技术法规、技术法规与标准关系分析

　　所谓"管理标准"应该准确地称之为"管理技术标准"。在 ISO/IEC 指南2、GB/T 20000.1—2002《标准化工作指南 第1部分:标准化和相关活动的通用词汇》中,定义技术法规为"规定技术要求的法规,它或者直接规定技术要求,或者通过引用标准、技术规范或规程来规定技术要求,或者将标准、技术规范或规程的内容纳入法规中",定义标准为"为了在一定范围内获得最佳秩序,经协商一致制定并由公认机构批准,共同使用和重复使用的一种规范性文件(注:标准宜以科学、技术的综合成果为基础,以促进最佳的共同效益为目的)"。因此,技术法规主要以标准为基础,技术法规与标准在法律效力、制定/发布主体、制定目的、内容、市场贸易影响、国际贸易透明度要求、统一性等七方面不同(见表4-4)。而 WTO/TBT 协定将技术法规定义为"强制执行的规定产品特性或其相应加工和生产方法,包括适用的管理规定的文件。技术法规也可以包括或专门规定用于产品、加工或生产方法的术语、符号、包装、标志或标签要求",因此,技术法规具有强制执行性特点,规范对象是产品有关的技术性指标、技术要求和适用的管理规定两部分,虽然也可以包括或专门规定产品生产方法的术语、符号、包装、标志或标签等要求,但这是为了工作交流所需。其技术法规管理规定内容包括三个基本要素:假定条件、行为模式和法律后果,即根据具体情况设定技术法规适用的假定条件,规定使用者应当/可以/禁止的行为模式,以及规定行为的肯定性/否定性法律后果,即对产品生产方进行行为约束与鼓励。技术法规在内涵上包括法规性(管理规定)和技术性(技术性指标、技术要求)两个属性,也就是具有管理性和技术限定性五个"正当目标"(WTO/TBT 协定)。由于法规用于管理,法规涉及管理内容,标准涉及技术基础、技术指导、技术协调、技术产品/服务质量评价,标准与技术有关,因此,技术犯规和所谓"管理标准"都具有管理性和技术性,从"概念统一"的泛化标准意义上说,技术法规就是一种"管理标准",所谓"管理标准"应按立法程序进行技术法规建设;而标准化领域中的所谓"管理标准"应准确理解为"管理技术标准",标准(化文件)可分为标准化管理技术标准、工程产品和服务质量标准、技术基础标准、技术规范标准/技术协调标准、技术指南标准/技术指导标准、工程管理技术标准等六类。

表 4 - 4　技术法规与标准的区别

区别点	类别	
	技术法规	标　准
法律效力	强制执行	自愿执行
制定/发布主体	国家立法机构、政府部门或其授权的其他机构制定	相关方制定/公认机构批准
制定目的	WTO/TBT 协定的五个"正当目标":保护国家安全,防止欺诈行为,保护人身健康或安全,保护动植物的生命或健康,保护环境	在一定范围内,促进最佳共同效益,获得最佳秩序:质量评价、技术协调、技术指导
内容	守底线、保基本的产品技术要求;适用的管理规定	具体的技术细节;不包括管理规定
市场贸易影响	市场准入门槛,认可	不符合标准影响产品销量和品牌,认证
国际贸易透明度要求	严格	不严格
协调性	文化差异,不可协调性	可协调性,相对统一

总之,从标准目的、作用、内容、"科学-技术-工程"生态链、法规与标准、技术法规与管理标准相关性,工程、管理活动,标准中适宜协调和统一的管理事项具体内容、管理有关的标准用途、管理有关的成功标准和"垃圾标准"等分析,管理有关标准应在技术法规和标准化领域相协调,在立法中制定管理标准,在标准化中制定管理技术标准,标准化领域中"管理标准"实质上可理解为"管理技术标准",管理标准只有满足"大市场、贸易和服务、社会可持续发展、安全健康保障"标准化需求,并围绕实现"一个标准、一次检测、广泛认可"的合格评定、认证认可目标,才能避免成为"垃圾标准"而行之有效,在标准化领域将标准划分为管理标准和技术标准不完备,也不适宜,标准应面向工程,可以分为标准化管理技术标准(规范标准化文件的标准,可称为元标准)、工程(产品和服务)质量标准、技术基础标准、技术协调标准(规范)、技术指导标准(指南)和工程管理技术标准(指南)等六类。

4.3.2　试验基地标准化与试验基地标准体系管理

试验基地标准对应《中华人民共和国标准化法》中的企业标准,目前企业普遍建立了企业标准。随着国家标准化改革,新标准化法关于企业产品质量标准自我声明制度的实施,企业标准体系建设重视程度不断提高,然而在武器装备试验行业,武器装备试验基地虽已基本建立质量管理体系,但试验基地建立标准体系比较少,只有海军试验基地建立并三次换版更新试验基地标准体系,试验基地标准化普遍实践惯例是没有试验基地标准体系管理,仅以试验基地质量管理体系中程序文件/作业指导书的形式建立了部分试验基地管理标准/试验技术标准,同时以有了国军标就没有必要建立试验基地标准的理由,或者以不作为实际行动来反对试验基地标准建设。那么武器装备试验标准体系是否只能有国家军用标准一种标准? 是否不需要建立试验基地标准? 是否需要建立试验基地标准体系? 试验基地标准功能是什么? 试验基地标准的定位应该是什么? 试验基地标准形式是什么? 这些是不容回避的重大现实问题!

(1)从标准化和标准的定义来分析,制定试验基地标准很有必要。标准是标准化的结果,目前比较公认的标准化定义由 ISO 研究和逐步改进,定义是"为在一定范围内获得最佳秩序,对实际或潜在的问题制定共同的和重复使用的规则的活动。(注1:上述活动主要包括制定、发布和实施标准的过程。注2:标准化的主要作用在于为其预期目的改进产品、过程或服务的适用性,防止技术贸易壁垒,并促进技术合作。)1962 年以来,ISO 共发布八版 ISO 指南 2,从 1986 年的第五版开始标准化的定义就再没有发生变化。而比较公认的标准定义是 ISO/IEC 指南 2(我国 GB/T 20000.1—2002 等同转化该标准)"为了在一定范围内获得最佳秩序,经协商一致制定并由公认机构批准,共同使用和重复使用的一种规范性文件"。(注:标准宜以科学、技术的综合成果为基础,以促进最佳的共同效益为目的。)以上标准化和标准概念均体现了"一定范围内获得最佳秩序""共同使用和重复使用",由于不同试验基地试验职能不同,试验标准所适用的"一定范围"对所有试验基地就不能"共同使用",而且由于现有标准之间重复、复杂引用、不一致问题,原则性要求较多,因此对于国军标/试验行业标准,将试验质量水平提升,原则要求具体化,可选标准/标准条款唯一化,标准方法步骤程序化,固化试验专利技术创新成果。这是试验基地试验设计需解决问题,因此试验基地标准建设很必要。

(2)标准是解决问题规则/解决方案,制定试验基地标准很必要(试验基地标准与企业标准相对应,以下将试验基地标准视为与企业标准同义)。从 ISO/IEC 指南 2 标准化定义看,标准是为了解决实际或潜在的问题制定的规则。Henk de Vries 更是把标准看成是对于实际的或潜在的匹配问题(matching problems)建立并记录的一套有限解决方案(Henk de Vries,1999);Nils Brunsson 基本同意 ISO/IEC 的定义,但是不同意标准一定由公认机构批准发布,他强调标准是规则的一种,不同于组织机构(包括政府)发布强制性指令,任何组织机构和个人都有权发布标准,标准是自愿性,标准自愿性还体现在任何一个企业执行标准都不会受到强制,这与自愿购买商品一致,这也是市场经济最根本原则(Nils Brunsson,2000)。由于标准主要作用之一是促进技术合作,因此标准化组织推荐性标准在企业中实施时,固化在标准中技术就转化为企业为针对某一具体技术问题的解决方案。企业标准是为了在产品技术流程中得以实施,本质是解决从产品设计到最终生产出合格产品以及售后技术服务过程中具体技术问题而确立的解决方案。企业标准可定义成"为了解决产品设计、生产以及服务过程中出现的某一具体问题而确立的解决方案。试验基地标准是为了解决武器装备试验评价中出现的某一具体问题而确立的解决方案。从科学-技术-工程生态链可知,试验基地标准是面向试验工程的质量技术标准,面向工程的质量技术标准可分为标准化管理技术标准(元标准)、技术基础标准、工程(产品和服务)质量标准、技术协调标准(规范)、技术指导标准(指南)和工程管理技术标准(指南)等六类。标准是为了应用以解决问题,试验基地标准应是为了解决武器装备试验中出现的某一具体问题而确立的解决方案,因此,可以说试验基地标准有两项基本功能:第一是通过技术标准作为试验基地技术积累和存档方式之一,如技术基础标准、技术指导标准(指南)、标准化管理技术标准、工程管理技术标准(指南)。需要指出,对于企业/试验基地,这些技术标准有的甚至是技术机密,不同于产品质量标准,它们不能成为企业标准自我声明公开的对象。第二,由于企业质量标准从社会学的角度看,其本质就是企业内的强制性技术指令,因此产品质量标准就成为试验基地技术指令强制执行,如工程产品/服务质量标准、技术协调标准(规范)。比如,波音公司运用企业关键特征(Key Characteristic,KC)方法优化产品设计和控制产品质量,制定先进质量系统(Advanced Quality System,AQS)标准(波音公司,2000)。因此,试验基地标准具有技术保护、质量强制要求两项功能,对人员培训和试验质量管理有重要意义,制定试验基地标准很必要。

(3)试验基地标准不必单独成体系制定,但应体系化管理。标准是规范性文件,工程质量技术标准中技术标准是技术载体,是技术文件管理对象,由于试验基地信息管理系统(如ERP,PDM系统等)发展,技术文档保存和再利用越来越容易。试验基地内部并不一定必须大张旗鼓成体系制定试验基地标准,只要能确立产品全套解决方案就好。标准是为了解决问题,而制定标准并不是目的,由于武器装备/试验对象的技术创新性,这种少量个性化定制产品明显不同于规模化生产工业化产品,因此试验基地标准形式不必局限于标准领域的标准形式,可以试验基地质量管理体系中程序文件/作业指导书的形式建立试验基地管理标准/试验质量技术标准,而且随着试验基地信息管理系统应用发展,试验基地标准固化积累自主技术创新成果功能已可以很好实现。试验基地标准集中于质量提升和专利保护而不必求全,对标准可以分类管理,但总体上却必须形成试验基地标准体系化管理,试验基地标准体系必须包括标准化组织/标准化部门(国家/军队/军兵种或试验行业)制定的强制性标准、推荐性/公益性标准(技术协调标准)、技术基础标准等相关标准体系中标准。

需强调,试验基地试验设计中试验大纲、试验方案、测试方案等技术文件由试验基地试验工程共同体充分协商产生,包括技术集成和技术创新,这相当于企业型号标准化工作产生的型号规范,其作用完全可以视同为试验基地标准。试验基地标准体系应包含试验基地外部制定的国军标等相关标准,但并非均由试验基地制定,也就是说一定要以标准化组织方法成体系制定试验基地标准。试验基地主要制定两种标准:一是追求比国军标质量要求更高的产品/服务质量标准,如较国军标 GJB/Z 170 更具体详细的试验大纲/试验报告编写规范,这正如试验基地制定和不断修订的质量管理体系文件作业指导书《试验大纲编写指南》《试验报告编写指南》;二是用于技术培训、技术要求的更为详细的试验技术指导标准,比如计量保障、测试保障、安全保障、场务保障和回收保障等保障要求标准等。

总之,试验基地标准是为解决武器装备试验中出现的某一具体问题而确立的解决方案与规则以及产品和服务验收准则,为了提升质量水平、保护专利技术,将国军标/试验行业等外部推荐性标准原则技术要求具体化、可选内容唯一化、方法步骤程序化,将更适宜作为试验基地范围内协调和统一的计量保障、测试保障、安全保障、场务保障、回收保障等试验保障标准规范化,适应国家标准化改革企业质量标准自我声明公开制度要求,因此制定试验基地上演工程质量技术标准很有必要。试验基地标准可以将技术知识显性化,实现自主创新技术成果固化积累,也可以将产品质量标准转换为强制性技术指令,试验基地标准制/修订的重点是实现自主创新技术成果固化积累、产品和服务质量的协调性标准升级为更高质量水平的强制性技术指令。由于试验基地信息管理系统的应用发展,试验基地标准的自主技术创新成果固化积累功能已经可以很好实现,而且技术创新性明显的武器装备试验具有不同于规模化工业产品的特点,因此试验基地标准化形式不必局限于标准,可以试验基地质量管理体系程序文件/作业指导书为平台建立试验基地管理标准/试验质量技术标准,实现试验基地标准与质量管理体系文件整合融合。试验基地标准关注质量提升和专利保护不必求全,对标准可以分类管理,但总体上应体系化管理,试验基地标准体系应包括标准化组织/标准化部门制定的强制性标准、协调性标准、技术基础标准等相关标准体系中标准。

第5章 常规武器装备作战试验标准体系建设目标与原则

5.1 作战试验标准体系建设目标

确定常规武器装备作战试验标准体系建设目标,取决于如何看待装备作战试验基本属性,如何界定作战试验工作内涵,以及如何认识作战试验技术标准调节规范范畴。关键是解决标准体系控制什么、怎么控制问题。为此,应切实解决试验鉴定技术标准体系协调性,工程质量技术标准应覆盖试验要求确定、试验策划、试验设计、试验准备、装备使用和测试与保障、试验评价与试验报告编报、试后服务等全部试验评价工作,而且对关键问题应强有力控制。显然不断扩充体系并非可行思路,其只会带来标准体系越来越庞杂和不协调。应实现两个突破:一是突出强制性标准制定,以能支撑法规强制性作用发挥的综合标准方式规范健康、安全底线质量技术要求,作为指导制定通用标准和专用标准的标准化引用文件;二是要明晰地界定技术基础标准、共性技术标准、专用技术标准、通用产品质量标准界限,使得标准较少重复/交错引用。应解决好继承和改革创新关系:①现行有效部队试验/试用标准发挥了作用;另一方面,总体作用发挥不够,未构建起标准体系;②现行有效的各个标准是部队试验试用领域实践经验,对提高作战试验科学性十分重要;另一方面,各标准协调配套性不够、共性技术未形成通用标准、同类标准重复内容多,标准体系建设面临总体架构合理、具体结构明确问题;③一方面,构建常规武器装备作战试验技术标准体系,不能将现行有效标准搁置不用,恰恰相反,应充分继承、吸纳技术成果,保留适用标准,修订不适用标准;另一方面,不能完全抛弃部队试验/试用标准自然构成的标准体系总体框架,应在总体框架内调整不适应的、交错引用重复内容。总之,应在现行有效部队试验/试用标准基础上,借鉴"技术基础标准-共性技术标准-综合技术标准"框架,寻求一条更加切实有效地从质量技术角度规范作战试验工作的路子。

常规武器装备作战试验标准体系建设目标是总结试验工程技术成果、部队试验/试用和定型试验标准体系建设经验教训,加强标准化基础性研究,建立目标明确、全面成套、层次适当、划分清楚的标准体系:以常规武器装备作战试验评价服务为标准化对象,建立适应信息化和体系化常规武器装备一体化试验、实战化能力评价(适用性和效能评估)要求,与我国作战试验技术发展相适应,覆盖试验评价全过程(试验要求确定、试验策划、试验设计、试验准备、装备使用和测试与保障、试验评价、试验报告编报和试后服务等)、与性能试验标准体系相协调、与相关国家军用标准相协调、强制性与推荐性(公益性标准)界限清晰且层级适宜、基础性与共用性推荐标准军民融合开放协调、产品质量技术推荐标准分类科学(技术协调和技术指导)的常规武器装备作战试验评价标准体系,提高常规武器装备作战试验评价质量和效益。

5.2　作战试验标准体系建设原则

1. 目标中心原则——信息化武器装备体系联合任务实战能力评价

解决问题、达到目的是标准体系建设出发点和归宿点和首要关键方向问题。目标不明确影响体系框架设计,从而可能产生收效甚微或束之高阁"垃圾标准",制定哪些标准? 标准之间什么关系? 起什么作用? 什么是核心标准? 机械化战争向"体系对抗、网络聚能、联合制胜、精确作战、快速机动、立体打击、多能多样"信息化战争演变,要求从任务能力、能力要素、信息基础支撑能力三个层面解决"基于信息系统的体系作战能力"检验评估问题,和非装备解决方案的作战实验、兵棋推演等区分,武器装备作战试验应在作战系统非装备因素(即作战条令、部队编制、人员训练、作战指挥控制等条件)已知实战化条件下,对装备解决方案对作战能力提升、体系作战能力贡献试验评估,应全面考虑杀伤力、机动力、防护力、信息力、指挥控制力和保障力等能力要素对任务能力贡献、作战效能评估根本问题,这是标准体系建设原则。

2. 贯彻法规政策原则——以守护公众利益强制性要求支撑法规

军用标准化技术复杂、政策性很强,直接关系生命安危、国防安全发展。应贯彻国家和军队法律/法规/规章/军事规范性文件,安全环境要求、"互联、互通、互操作性"等质量技术标准中公众利益守护要求不得违背法律法规。目前涉及试验标准化工作规定的法律法规规章主要有《中华人民共和国标准化法》(2018 年)法律;《武器装备质量管理条例》(2010 年)、《中国人民解放军装备管理条例》(2013 年)等法规;《装备全寿命标准化工作规定》(2006 年)、《装备通用质量特性管理工作规定》(2014 年)、《陆军装备作战试验鉴定工作指南(V1.0)》等规章和军事规范性文件。试验顶层标准 GJB 1362A — 2007《军工产品定型程序和要求》、GJB 9001C — 2017《质量管理体系要求》、GJB /Z69 — 94《军用标准的选用和剪裁导则》应符合法规规定,随着试验鉴定模式转变,GJB 1362A — 2007《军工产品定型程序和要求》及试验行业标准/试验基地标准需要修订。

3. 对外开放原则——借鉴国外军用标准体系建设经验教训

美军是当今世界武器装备技术和信息化、体系化建设水平最先进国家,其面向北约联盟的标准开放性、面向性能标准化文件改革、与国家军用标准配套的试验鉴定行业标准、人因体系整合试验和主观性试验标准都需要借鉴。

(1)面向北约联盟多国部队联合作战标准开放性。北约标准化是保证多国部队联合作战成功重要因素,其"以信息技术标准化为主攻方向和主战场、STANAG 标准化协议聚焦于联合作战互操作性、STANREC 最大限度采用民标推行推荐性标准、APP 管理出版物与STANAG 和 STANREC 构成标准化文件体系"做法,代表着国际军用标准化发展趋势,对常规武器装备作战试验标准体系有借鉴价值。

(2)围绕未来联合部队建设和联合作战需求,以互操作性、兼容性和集成性为目标,标准化文件面向性能改革。1952 年《国防编目和标准化法》发布后,军用标准化工作经历起步、调整和改革三个阶段,建立更完备开放军标体系,军事专用特点更鲜明、吸纳先进技术能力更强、标准化管理体制更科学合理、工作程序更严格高效、管理手段更现代化,目前进入实施标准化战略新阶段支持作战部队以保障联合作战效能,标准化指导思想是"紧密围绕未来联合部队建设和联合作战的需求,站在国防部高度,全面推进标准化工作,使之成为连接使用部门、采办部门、保障部门和一切相关军民单位的纽带",总目标是"将国防部的标准化建成节省费用、提高作战使用效能的'冠军'"。要求采办中标准化工作应将互操作性、兼容性和集成性作为主要标准化目标,标准化落脚点是确定寿命周期内采办、保障和使用国防部系统和装备技术参数,标准化决策应与具体使命任务要求、技术发展和效费相平衡,围绕性能要求通过制定并使用面向性能的标准化文件来加强并支持竞争,要求编写标准化文件、项目专用文件和采购说明书等三种产品说明书,将标准化文件区分为协调文件、有限协调文件和临时性文件,要求大多数标准化文件宜制定为协调文件。美军标准化文件分 5 类 13 种,在标准化文件中用于过程、程序、惯例和方法的标准分为国际标准化协议(ISA)、非政府标准(NGS)、联合标准、事实标准、联邦标准、联邦信息处理标准(FIPS)、国防部标准、公司标准等 8 种。在试验鉴定标准化文件方面,美国从 MTP 发展为 TOP、JOTP,参与制定北约 ITOP 和盟国出版物 AP、AAP 等,其试验标准体系日益开放。美军试验标准按照 9 类装备专业范围、规程类型、规程序号编码为 MTP(/ITOP/TOP)＊＊－＊－＊＊,规程类型分为背景试验操作规程、适用于研制试验的通用和系统试验操作规程、适用于作战试验的专用试验操作规程、环境试验操作规程四类,美军试验标准按装备专业类别和试验类型划分对我们建设装备试验标准体系有参考价值。

(3)重视人因试验标准、主观试验技术标准建设。国外武器装备发展关注人的因素,经历人适应机、机适应人、人机匹配和人因系统整合等阶段,即训练、人因工程(HFE)、人机交互、与人有关因素的人因体系整合(HSI)等阶段。人因试验是在作战体系中考核与人有关多种因素的体系化综合性试验。人因试验涉及作战体系涉及的人力、人员、训练、人因工程、系统安全、健康危害、可居住性及生存性等 8 个领域,包括照明测量、噪声测量、振动和冲击测试、温湿度和通风测量、可视性测量、语音清晰度试验、工作区和人体测量、力/力矩测量、HFE 设计检查表、面板共性分析、可维修性评估、人员绩效评估、出错可能性分析、乘员组绩效、信息系统、训练评估、工作负荷评估、任务检查表、调查表和访谈、手的灵巧性、寒区服装和装备、健康危害测评、软件界面等试验。美军现行装备人因试验标准分两部分,一是美国防部制定国家军用级别人因试验评价的设计准则标准,如 HFE 顶层标准 MIL - STD - 46855、MIL - STD - 1472、MIL - HDBK - 759 和 DOD - HDBK - 763;二是武器装备试验行业人因试验规程标准。如 TOP1 - 1 - 015《人因系统整合》、TOP1 - 2 - 610《人机工程》等装备试验鉴定领域通用、系统、专用等不同种类人机结合性试验方法标准,包括专用调查问卷和访谈表设计等主观试验技术标准,从而构成较完善装备人因试验标准体系。从 HFE 到 HSI、分散到整合,美国已制定五代人因试验标准,第 1 代为多个专用 HFE 试验,第 2 代到第 4 代为通用 HFE 试验,第 5 代由前 4 代的 HFE 人因工程试验发展为 HSI 试验。设计标准和试验标准配套,保证美国武器装备能以人为本,满足自然、舒适、高效"好用"要求。

4. 军民融合原则——标准协调互补,促进技术的紧密结合和相互转换

武器装备试验鉴定是由决策、管理、使用、论证、设计、制造、试验和评价等军民双方工程共同体完成的一体化试验,作战试验与研制单位试验需要信息交流、资源共享,标准是传输技术信息的保障资源,也是协调技术工作的管理工具,标准体系建设对于军民融合管理体系、创新体系、保障体系和信息体系建设都有重要作用,因此作战试验标准体系构建也应坚持军民融合原则,促进军民装备科研技术紧密结合和相互转换,打破军用标准和民用标准壁垒,要扩大民用标准选用范围,建立完善军民融合协调互补的质量技术标准体系。需要说明,军用标准是以

武器装备或军用技术为对象;军队用标准用于军事目的,包括了对军品的要求和对军队体制、装备命名、列装系列和军事管理等要求;因此军用标准并非军队用标准;民用标准是以主导产业或民用技术为对象。标准体系军民融合就要使标准既适用于武器装备或军用技术,又可适用于主导产业和民用技术"军民通用""军民两用"。贯彻军民融合原则有利于改变现有军民标准各成体系、内容重复、标准剪裁使用操作性差问题(例如作战试验中装备单元级试验方法标准,就可以作为军民融合的相关标准,贯彻军民融合原则有利于改变国军标不能尽快吸收民用先进技术问题);现行国军标中由工业部门和试验基地分别制定不少适用于同类武器装备的试验方法类通用标准,而且不少民用标准体现国内试验技术先进水平(如兵器行业制定的火箭滑橇和平衡炮等引信、战斗部等模拟试验标准)。军民融合标准,也包括适当采用国际通用标准,随着武器装备信息化、网络化、智能化水平不断提高,不少电子信息、通信、自动化、软件工程等领域可通用国际标准,在不影响军事安全、符合武器装备保障要求时可适当采用,例如北斗导航、机器人、智能仪器仪表、在线检测、精密检测、信息服务、知识管理、数字内容服务、火灾防控和灭火救援等标准。在军民融合发展战略推进中,标准体系建设需要标准化管理制度的紧密衔接,也要适应国家民用标准体系由"国家-行业-地方-企业"传统标准体系向"强制标准-公益标准-团体标准-企业标准"新型标准体系转变趋势。

5. 结构功能适应原则——标准的主从、制约、保证关系围绕作战试验评价核心过程

标准体系结构是标准关系决定的组织形式。明确体系结构就是根据标准体系功能,确定标准体系由哪些标准构成,标准关系(主从/制约/保证)是什么。通常先明确并制定核心标准(以保证产品质量为目的的标准体系中产品质量标准是核心标准)。核心标准体现标准化、标准体系构建目的,确定起支持和保证作用的其他标准(外围标准)以保证核心标准实现为目的。由于试验鉴定包括试验设计开发、项目管理、试验保障和测试评价等主要过程,但试验通信、装备技术保障、后勤保障和试验设计开发等过程与研制试验相同,项目管理可直接使用通用认证认可国际管理体系标准,因此作战试验核心标准应围绕具有作战试验特色的兵力保障、威胁设定、目标保障、作战场域设定、气象和水文保障、作战环境保障、作战效能评估、作战适用性评估等测试评价过程制定。最终根据核心标准对外围标准要求,明确核心标准与外围标准主从/制约/保证关系及各外围标准相互关系,确定标准体系表。

6. 协调统一原则——作战试验标准与其他试验标准相协调

标准体系应协调统一:以标准为体系构成基本要素、标准之间具有有机分工协作联系、体系具有系统性和综合性目标、根据标准实施结果修订标准体系。工程共同体为主体实施一体化试验鉴定的复杂分工体系需要标准体系支撑,作战试验应与研制试验、性能试验(性能验证试验、性能鉴定试验)、部队在役考核科学统筹,因此作战试验标准应与其他试验标准体系相协调,不应出现过多的重复/交叉引用,技术基础标准、通用产品/服务标准、共性技术协调标准应最大限度地满足通用性/共用性。由于试验基地性能鉴定(定型试验)标准综合体用于单系统装备在各种环境下设计缺陷、技术成熟度、基本可靠性、测试性、人机工程的试验评价,而作战试验标准综合体用于成系统成建制装备系统在复杂对抗环境下能力缺陷、作战效能、作战适用性、任务可靠性、维修性、保障性、人因体系整合的试验评价,因此在标准体系构建应充分体现作战试验特点,与定型试验标准协调。

7. 标准化与创新性统筹协调原则——标准统一性和技术创新性的协调配套

由于管理分级,因此标准体系构建应与分级管理的强制性要求协调配套,并充分发挥标准转化技术创新成果作用,标准统一规范了科学知识、技术方法、工程质量三方面,从技术角度可以分为技术基础标准(即技术知识标准)、共性技术标准(即基本技术要求标准)、综合技术标准、通用产品/服务质量标准(工程质量标准),从共性技术/通用产品标准到综合技术/专用技术标准,其强制性应是逐渐减弱,自愿性逐渐增强,而技术创新性与技术水平和质量水平逐步提高。标准和法律法规都具有统一作用,但标准统一作用实质上必须通过法律法规、合同、协议等手段发挥,而国际通行的做法是将强制实施要求由技术法规规定下来,技术法规可引用技术标准,而不需要强制实施的要求由市场主体在交易中协商确定。以往我国根据计划经济模式下行政管理思维构建"国家-行业-地方-企业"四级传统标准体系,将标准划分为强制性标准与推荐性标准,但从实践上看,强制性标准不能有效地对法律法规起到技术支撑作用、推荐性技术标准内容重复交叉,高层次(国家、行业、地方)推荐性技术标准并未能有效地转化为企业标准(包括质量管理体系第三层次文件的作业指导书、合同、协议等形式),基层组织标准体系建设积极性自觉性不高,标准化效果不理想。目前我国"国家-行业-地方-企业"传统标准体系正向"强制标准-公益标准-团体标准-企业标准"新型标准体系转变,标准化模式由政府主导向政府主导与市场自主协调发展转变,强制性与自愿性标准更加协调配套。常规武器装备作战试验标准体系建设应将标准定位于面向工程的质量技术标准,支撑和补充管理法律/法规/规章/规范性文件等制度,以往所谓管理标准(实际上应为管理技术标准)中非技术内容不应再作为常规武器装备作战试验国家军用标准体系内容,通过国家通用甚至国际通用的相关性强制性最低要求管理技术标准、企业质量管理体系程序文件对国家法律/政府法规/部门规章转化解决管理标准要解决的管理问题。标准分为"强制标准-公益标准-团体标准-企业标准"四类,强制性标准可以与现行部分综合标准对应,应起到"法定性标准"作用,规定作战试验评价工作中强制性的核心技术要求,如安全性、目标与环境特性等,并应有利于法律法规引用(或者转化为技术法规);技术基础标准应作为通用产品质量标准、共性技术标准和专用技术标准基础,如术语、符号、计量单位、基本分类、基本原则等内容,并与行政法规/部门规章的定义性条款相配套;通用产品质量标准、共性技术标准是针对某一类标准化对象的覆盖面较大标准,可作为专用技术标准的引用,主要涉及武器装备作战试验鉴定各过程及基本方法,是标准体系主体,具体贯彻落实有关法律法规规定,与部门规章的实体性内容相配套;专用产品标准/综合技术标准针对某一具体标准化对象或作为通用产品质量标准的补充、延伸制订的标准,覆盖面一般不大,主要规定各层次、各类武器装备作战试验服务质量技术要求,应随着试验技术创新而发展,实现标准化与技术创新相结合。

8. 标准模块化分类与分级管理适应原则——标准剪裁使用与统一管理相适应

标准实施中组合化可操作性专用要求与制定标准时模块化重复性通用要求相矛盾,只有按标准作用机理、产品/技术、适用范围和约束力分类并实行相应标准分级管理,才可能解决矛盾问题。军用标准化文件按与技术或产品关系分为军用标准、军用规范和军用指导性技术文件三类(可称为技术标准、技术指南、产品/服务规范)(见表5-1)。其中军用标准是"为满足军事需求,对军事技术和技术管理中的过程、概念、程序和方法等内容规定统一要求"(GJB 0.1-2001),军用指导性技术文件是"为军事技术和技术管理等活动提供有关资料或指南",军用规范是"为支持装备订购,规定订购对象应符合的要求及其符合性判据等内容"(GJB 0.1 - 2001),是"与活动有关或与产品有关"的"阐明要求(共性要求/个性要求/全部要求以及符合性判据、验证方法)的文件"(GJB 9001C - 2017),但军用规范的内容不应仅限于订购对象的要求,而应是产品/服务要求,所以也应有"试验服务规范"这一类标准文件,以统一规范试验保障及其符合性判据。以往试验单位编制的军用标准文件是以专业技术、装备性能试验分类的装备"＊＊定型试验规程"和"＊＊试验方法",而且"＊＊定型试验规程"和"＊＊试验方法"标准协调(不少专业领域缺少"＊＊试验方法"标准而制定"＊＊定型试验规程"类标准过多,只有获得国家标准创新奖的装甲车辆试验领域标准体系建设很好,其唯一的综合技术指导标准 GJB 848.1990《装甲车辆设计定型试验规程》与多个部分标准组成的系列共性技术标准 GJB 59.＊＊ — ＊＊《装甲车辆试验规程 第＊＊部分:＊＊＊》引用关系科学、标准体系结构协调),缺少装备试验中作战保障、后勤保障、装备技术保障和试验保障等试验服务质量规范,更缺少战场环境构建、作战对象模拟、作战力量使用、作战任务编成、作战试验想定等试验基本共性要求的相关指导性技术文件。军用规范按产品/服务要求适用范围可分为共性要求标准、个性要求标准和全部要求标准,并分别称之为通用规范、相关详细规范、详细规范。以往试验单位编制的标准文件几乎全部是某一类或多类装备试验通用规范,但其内容往往是某一种装备试验的经验总结,因此具有详细规范特征,因求全而造成相关性标准内容不一致、不统一,这种详细规范类标准("＊＊定型试验规程"类标准制定过多)的模块化水平较低而通用性/共用性较差,虽然满足了标准使用可操作性专用要求,但降低了标准的使用寿命,不满足标准重复性和共用性要求(适宜制定模块化"＊＊试验方法"类标准)。现行有效的装备试验军用标准文件缺少指导性技术文件和试验服务性产品规范(即试验服务规范)。

　　总之,军用标准文件按产品质量技术分为军用标准、军用规范和军用指导性技术文件三类(或者简单称为技术标准、技术指南、产品/服务规范),标准和指导性技术文件适用于技术及其管理,而且指导性技术文件是单独的或者和标准配套,规范是以产品要求的适用范围划分。标准及其配套指导性技术文件、阐明产品通用要求和共性技术要求的规范适宜作为高级别管理部门管理,标准化文件应考虑技术要求、基本要求、部分要求、共性要求等按强制性和推荐性标准文件进行标准化管理;属于个性要求的产品相关规范、产品详细规范、产品服务规范应发挥市场主体或标准使用方能动性,由试验基地/企业管理,应主要考虑产品要求、期望性要求、全部要求、个性化要求等对自愿性标准进行标准化管理。

表 5 - 1　标准文件类别及其特征

标准文件类别		特　征							管理分类
		内容	技术/产品/服务	统一程度	范围	要求水平	变化性	约束力	
技术标准	强制性技术标准	要求	技术要求	共性要求	部分要求	基本要求	很少变化	强制性	国家标准
	推荐性技术标准	要求	技术要求	共性要求	部分要求	期望性要求	随技术发展而更新	推荐性	行业/部门标准
技术指南	指导性技术文件	要求,提供资料或指南,单独或与技术标准配套	技术要求	共性要求	部分要求	期望性要求	随技术发展而更新	推荐性	行业/部门标准

续 表

标准文件类别		特　征							管理分类
		内容	技术/产品/服务	统一程度	范围	要求水平	变化性	约束力	
产品与服务规范	产品通用规范	一类或几类产品要求和验证方法	产品要求	共性要求	部分要求	期望性要求	随技术发展而更新	强制性	行业/部门标准
	产品相关规范	与产品相关（材料、元器件零部件、设备等）的要求与验证方法	产品要求	个性要求	部分要求	期望性要求	随技术发展而更新	强制性	行业/部门标准
	产品详细规范	要求和验证方法	产品要求	个性要求	全部要求	期望性要求	随技术发展而更新	自愿性	企业标准
	产品服务规范	要求和验证方法	服务要求	个性要求	全部要求	期望性要求	随技术发展而更新	自愿性	企业标准

注:属于个性要求的产品相关规范、产品详细规范、产品服务规范也可以是企业/试验单位的标准。

5.3　作战标准体系建设依据与思路

作战试验标准体系建设依据为《国家标准化法》(2018年1月1日实施)、《装备试验鉴定条例》《中国人民解放军装备条例》《武器装备质量管理条例》《装备通用质量特性管理工作规定》等法律法规;装备建设要求;试验鉴定政策;《国家标准化体系建设发展规划(2016—2020)》、军民标准通用化工程军民通用标准体系建设要求、标准体系建设标准、国家军用标准体系总体结构等。

标准体系建设应适应国家标准化改革"政府单一供给转变为由政府主导制定和市场自主制定"要求,实现国军标单一标准化模式向国军标为主、试验行业标准/军兵种军用标准和试验基地标准为辅三结合标准化模式转变;适应国家"强制性标准守住底线、推荐性标准保证基本、团体标准促技术树标杆、企业标准强质量增效益"新型标准体系建设要求,明确区分支撑技术法规的强制性标准和支撑合同协议的协调性标准,实现技术法规和质量技术标准分离、强制性标准和协调性标准明确区分;适应"公标准"重在社会和市场治理、"私标准"重在提升质量技术的标准分化发展趋势,建立试验单位标准以自我声明方式发布并接受顾客对试验服务质量监督的制度和机制,设立专项经费鼓励引导试验单位建立自愿自律自用"私标准"提升试验质量技术水平,试验单位在"公标准"建设中准确把握试验标准需求和标准适用性信息、自觉运用"私标准"充分发挥市场主体作用提高试验质量效益,建立"行政部门法规强制性标准、行业/兵种推荐协调公益性标准、试验单位声明自愿性标准"三位一体标准体系;标准研制中,实现由需求牵引、年度计划传统标准化管理模式向试验能力驱动、体系规划指导综合标准化模式拓展,实现试验标准化方式以强调标准操作性、面向装备型号综合标准为主向以强调标准共用性、基于试验能力的试验产品/服务质量技术标准为主方式转变,完善标准立项和评审机制、标准化与技术创新融合管理机制、军民共用标准军民融合管理机制,健全标准生成体系;建立编制装备试验规范"工程标准"/"型号标准化"工作机制,健全型号规范生成体系。

第6章 常规武器装备作战试验标准体系总体结构

6.1 常规武器装备作战试验标准化对象分析

传统常规兵器部队试验试用标准的标准化对象存在问题。由于"标准化"是'对实际和潜在问题作出统一规定,供共同使用和重复使用,以在预定的领域内获得最佳秩序的活动"(ISO/IEC 指南 2),标准化对象是"需要标准化的主题"(GB/T20000.1 — 2002《标准化工作指南第 1 部分:标准化和相关活动的通用词汇》),"主题"通常针对实体"能被单独描述和考虑的事物",可以是某一产品,即活动或过程结果;可以是某一过程,即对输入转化为输出的一组彼此相关的资源(包括设施、设备、技术、方法、定额、规划、要求、概念等)和活动;可以是服务,即为满足客户需求,提供产品方与接受产品方之间接口处的活动以及供方内部的活动所产生的结果。标准化对象一般分为总体对象、具体对象两大类,标准化总体对象应反映各种标准化具体对象共同属性、本质和普遍规律。传统常规兵器部队试验试用标准的标准化对象是按照装备型号类别与装备分系统区分,如地地战术导弹、压制火炮、步兵近战武器、高炮、热像仪、目标指示雷达、高炮雷达、自行火炮弹药输送车、野战防空指挥自动化系统、炮兵指挥自动化系统、通信装备等等,局限于装备型号试验的范畴和技术性能验证的藩篱,缺乏对保障体系和作战体系考虑,不满足作战能力、人机结合性、体系贡献度等基于信息系统的联合任务能力考核需求,而且与常规兵器试验基地定型试验的装备体系标准化对象基本重合;保障、抽样、试用等通用试验过程未通过标准规范统一。因此应确定合适标准化对象,这是构建标准体系首先面对的问题。

标准化对象与制定标准、实施标准、合格评定和对标准的实施监督等标准化基本任务紧密联系。按《中华人民共和国标准化法》规定和合格评定要求,标准化工作主要任务是制定标准、实施标准、合格评定和对标准实施进行监督。

(1)制定与实施方面,标准化工作对象包括非物质对象和物质对象两部分。非物质对象主要指术语与词汇、符号与代码、互换配合、技术管理、质量管理等技术基础;物质对象主要指硬件与软件(含流程性材料或他们的组合)产品(技术产品)、技术过程(研制与生产、检验与试验、包装、运输与维修)、服务(技术服务)等通用和专用质量技术。

(2)合格评定方面,标准化对象包括认证与认可两部分,涉及产品安全认证、质量认证、质量管理体系认证、电磁兼容认证、有关机构和人员认可等。

(3)标准监督方面,标准化对象主要包括市场监督对象(如技术产品)、社会监督对象(如产品)、企业自我监督对象(如技术过程)。而按服务工作领域,标准化对象分为技术工作标准、管理工作标准、工作标准(实际上属于管理有关标准)和服务标准四类,以上合格评定和标准监督都涉及管理有关标准/管理技术标准,由于工作标准与人力资源管理相联系,管理有关标准与认证认可联系,而且管理与单位特点紧密联系,管理有关标准只有通过法规引用才能发挥其作用,而且有通用国际惯例体系标准可以选用剪裁,因此本标准体系不考虑管理有关标准和工作质量标准,将标准化对象确定为产品/服务的质量技术事项。建立作战试验标准体系就是建立包括产品、过程、服务的质量技术标准综合体,确定标准化对象需要解决以下问题:一是装备作战试验中装备内涵;二是决定产品标准种类的试验单位产品与服务范围;三是标准化目的和标准化依存主体(装备与试验)选择;四是运用标准中可操作性专用要求与制定标准中重复性通用要求矛盾:

1.我军装备建设由引进改进向体系化发展转变,装备内涵变化影响标准化对象选择和标准体系结构

(1)装备具有概念型、方案型、实体型三种类型,具体内涵包括装备家族、装备体制、装备实力、装备体系、装备集团、装备型号、装备个体等七个方面(见表6-1),但装备实力、装备体制、装备家族与装备试验评价无关,因此试验针对装备个体、装备集团,而评价针对装备体制、装备体系和装备型号。

(2)对于装备性能鉴定试验(即原试验鉴定体系中的基地定型试验),评价的是装备型号(技术方案对象),但测试的却是装备个体(实体对象),即通过对一定样本的装备个体典型试用测试结果来对装备型号评价。

(3)对于装备作战试验,评价针对装备体系中的装备型号(技术方案对象),测试针对装备集团中装备个体(实体对象),其中需要考虑作战任务、目标属性、战场环境、装备体系和装备训练等装备运用影响因素,也就是对装备集团中的装备个体实战化运用测试结果以对装备型号评价。由于评价中涉及装备体系,所以应制定单独装备体系评价标准来统一通用的装备体系评价内容,以避免传统部队试验试用标准以装备为标准化对象,包含试验与评价两方面内容,从而引起标准中评价内容重复和难以避免的不一致问题。

总之,常规武器装备作战试验针对装备个体、装备集团,试验工作和评价工作应相对分离,试验标准和评价标准应适度分开,评价必须针对装备型号、装备体系,作战试验标准体系应基于原有装备型号部队试验试用标准,增加装备体系评价标准。

表6-1 装备的概念内涵

性质	装备对象	工作层次/工作指向/典型属性	定 义	装备作战试验评价相关
实体型	装备个体	战术层/装备运用与装备管理/面向应用、独立单件	以实体形式存在的单件具体装备	试验相关
	装备集团	战术层和战役层/装备运用/面向应用、有序集合	由若干装备个体(属于一种或多种装备型号)按照一定的组织原则和编配关系形成的有机整体(是某种装备体系方案在现实中的实体存在形式)	试验相关
	装备实力	战略、战役和战术层/装备发展与装备管理/非应用性、关注种类、数量、状态	在某一时间点上、某一层次级别范围内所拥有的所有装备个体的简单集合	不相关

续 表

性质	装备对象	工作层次/工作指向/典型属性	定　义	装备作战试验评价相关
方案型	装备体制	战略层/装备发展/非应用性、全面性、高层次性、没有数量编排因素	由一定层次范围内的所有"装备型号"按照功能聚类和替代关系排列形成的结构关系	不相关
方案型	装备体系	战役和战术层/装备发展/面向应用、体现数量和编配、型号选择性与军事力量结合	由若干种类、若干数量的由装备型号表征的装备对象按照功能属性的不同以一定的组织形式分类聚合形成的一种功能上相互补充、规模上区分层次、应用上任务明确的组织结构设计方案	评价相关
方案型	装备型号	战术层/装备发展/设计方案/特征集合	某一类装备个体的概念模型,或称设计方案,它具体描述了一类装备个体的全部特征,明确定义了该类装备个体的所有属性	评价相关
概念型	装备家族	理论研究/体现装备发展历程/有序有界集合	一定历史进程范畴内连续演进的装备体制所组织的装备型号的总体构成关系和发展变化关系	不相关

注:试验是对属于一类装备型号的若干装备个体而进行,评价是对该类装备型号而进行,所以试验评价都是都"装备型号"的"定型"工作内容。

2. 试验单位产品/服务范围决定标准种类,影响标准化对象选择和常规武器装备作战试验标准体系结构

(1)试验单位试验产品是装备的质量缺陷和装备性能水平数据以及训法和战法,评价产品是采办决策的风险管理建议、装备适用性和效能评估信息,服务是对于部队作战的服务。由于产品有软件、硬件和流程性材料四种通用类别,试验单位的产品基本不包括硬件和流程性材料,而包括了试验产品和评价产品两种。试验单位的试验产品是装备的质量缺陷和装备性能水平数据以及训法和战法,评价产品是采办决策风险管理建议、装备适用性和效能评估信息,这些数据和信息产品可用于采办决策、工程研制以及部队使用并产生风险决策价值、研制改进价值、战斗使用价值,风险决策价值通过验证改进得到体现,研制改进价值通过战斗使用得到体现,战斗使用价值是最根本和最终价值,其表现为部队得到了在作战能力和保障能力有所提高且"好用、管用、顶用"的武器装备。

(2)是否为满足一次性"短暂需求"是软件和服务的根本区别。从软件和服务定义与特征看,软件是"由信息组成,通常是无形产品,并可以方法、报告或程序的形式存在"(GJB 9001C—2017),服务是"服务提供者与顾客接触过程中所产生的一系列活动的过程及结果,其结果通常是无形的"(ISO/IECGuide76:2008《服务保障制定考虑消费者需求的建议》),两者都是无形的,而服务包括过程与结果,软件的信息也是过程的结果,可见服务不仅包括了过程的结果也包括过程本身。由于服务活动可在顾客提供的有形产品(如研制单位提供试验基地试验的武器装备、饭店的饮食)或无形产品上完成活动(如研制单位提供的试验验证信息、鉴定试验报告等)上完成活动(指挥保障、计量与测试保障、装备保障、后勤保障、安全保障、场务与回收保障、

通信保障、气象水文保障、技术保障等试验保障);服务可以提供专家意见或建议(试验报告中的建议)、教育和培训、交通服务,为顾客创造氛围。因此,顾客不会长期使用服务,服务是被顾客一次性利用的,满足了顾客"短暂性"的"一次需求",而软件(和硬件一样,要么重复使用,要么多个使用)产品提交给顾客后就可以由顾客拥有,产品是能被顾客多次或多个使用以满足顾客的"长期需求",也就是说"服务"与"软件"区别是顾客的需求是否为一次性"短暂需求";在顾客提供的有形产品或无形产品上完成活动。

(3)试验单位提供的服务是常规武器试验鉴定技术服务。从过程结果看,由试验与评价信息组成的无形产品是试验单位的核心产品,并以试验报告为存在形式和载体提交于提任务单位,试验单位"武器评价信息"试验报告软件和"程序"软件根本区别在于试验基地产品满足顾客需求的短暂性,即试验基地产品是被顾客一次性利用的(只可被定委、验证方和部队一次利用)。即便是"射表"软件中的"信息"是可以被作战使用部队多次使用的,但在实际中"射表"软件中的"报告"是一次性被使用的,即或者用于编写作战使用部队使用的射表,或者由火控系统研制单位使用,从过程或者工序角度可以说试验基地"射表"软件产品具有"一次利用"特性),试验单位提供常规武器试验鉴定技术服务。

(4)传统装备试验评价标准化只有软件而缺少服务。从标准化角度看,由于"共同使用、重复使用"是标准化的根本要求,而常规武器装备作战试验具有"装备种类多、作战任务与作战运用影响因素多、试验过程活动多"特点,传统装备试验评价标准体系在对试验大纲、试验报告等软件产品为标准化对象进行标准化外,以装备为标准化对象分类建标,但没有以试验与评价服务为标准化对象,这就造成标准缺项,在多个标准中出现装备作战运用影响因素重复、不统一问题(如兵力使用、目标设置、威胁设置、环境构建等装备试用过程未得到统一规范);而且传统定型试验和部队试验标准中,均未将保障、抽样、试用等通用试验过程作为标准化对象统一规范,导致通用服务事项在不同标准中重复、不一致,例如计量保障、安全保障、场务与回收保障、指挥保障、装备保障、后勤保障、通信保障、气象水文保障、技术保障等保障,兵力使用、目标设置、威胁设置、环境构建等装备试用过程未统一规范。

(5)作战试验标准体系建设应不同于研制方以装备分类建立标准的传统思路。从作战试验单位工作看,由于不同于研制方性能试验与使用方在役考核的作战试验(最适宜由独立于研制方与使用方的第三方进行,试验工程共同体协作完成),不能忽略试验标准分析与剪裁、试验样本量设计、试验项目顺序编排、故障失效模式分类和失效机理分析、试验综合评价等关键过程的标准化,不能忽略试验要求确定、试验策划、试验设计、试验准备、装备使用和测试与保障、试验评价与试验报告编报、试后服务等过程的通用特性分析和标准化。

总之,作战试验标准体系建设应增加服务标准,将指挥保障、计量与测试保障、装备保障、后勤保障、安全保障、场务与回收保障、通信保障、气象水文保障和技术保障等试验服务事项作为标准化对象制定标准,应实现从"围绕硬件产品建立试验技术标准"向"以围绕试验服务建立试验服务标准"转变,以服务过程标准化保证试验服务有形产品(试验大纲、试验报告)质量为标准化理念,建立作战试验标准体系应以作战试验服务为标准化对象,使试验行业的软件产品标准和服务产品标准全面成套。

3. 对于第三个问题,标准化目的是装备能力还是部队战斗力?标准化依存主体是装备还是试验?建立标准体系和制定标准是按装备(硬件软件产品)分类为主,还是以试验服务为主?是建立装备研制标准体系还是试验服务标准体系?沿袭和军工行业一样的习惯做法还是按照

"重复性事物和概念"标准化根本要求？标准化目的性、标准化依存主体选择问题,会影响标准体系的整体性、开放性、稳定性,与军事工作技术标准、科研试验标准等相关标准体系的协调性,以及标准的引领协调和统一规范效果。

(1)应区分提高部队战斗力的非装备解决方案和装备解决方案,以装备效能(不是部队战斗力)试验与评价为常规武器装备作战试验的标准化目的。装备能力是影响部队战斗力(作战、保障能力)因素之一,是部队战斗力的子集,提升装备能力是提高部队战斗力解决方案之一(即装备解决方案),装备试验评价针对部队战斗力的装备解决方案或者说是装备及其能力是否提高,但仍然需要明确提高部队战斗力的非装备解决方案其他因素,这是装备试验的条件,应由研制任务书和有关作战标准综合体(或者作战训练条例)明确,并作为试验输入,但由于战斗力非装备解决方案影响因素的复杂性(比如部队指挥更多带有艺术性、部队训练水平与部队士气对部队战斗力有很大影响),装备与作战的相互作用和相互影响,因此装备作战试验标准化不可能以部队战斗力试验与评价为标准化目的,必须考虑与作战训练标准、作战保障标准等军事工作技术标准的协调性,必须以装备效能(不是部队战斗力)试验与评价为标准化目的。

(2)装备作战试验应聚焦装备而不是部队,但装备作战试验标准化应依存于能力试验评价而不是依存于装备。标准化是对工作中重复性事物和概念做出规定并将其贯彻实施,这些重复性事物和概念就是标准的依存主体。对军工行业来说,以有形产品(即装备)为标准化对象建立标准体系是适宜的,这样能保证军工行业标准整体性,而传统部队试验试用标准(包括试验基地定型试验标准)采用军工行业做法,以装备型号类别区分标准化对象,如 GJB 4375 — 2002《炮兵指挥自动化系统部队试验规程》,以装备为标准依存主体,这样就难以避免按装备分类制定标准产生的重复和不一致问题,无法满足对试验工作重复性事物标准化的需求;对于常规武器作战试验来说,试验与评价活动是重复性事物,装备型号、装备个体总是具有改进或创新的事物,也就是说装备型号、装备个体相比于测试、保障等试验评价工作变化较大,也就是说能力试验评价比装备更适宜作为标准化对象,装备作战试验标准化必须聚焦装备而不是部队,标准化依存于试验而不是依存于装备,因此,选择标准化对象的依据不能以研制单位的"装备"产品为中心,而应以试验单位的"能力试验"服务为中心,还需要增加试验保障标准(以下称之为新方案),将其作为装备、装备体系作战试验标准的模块化支持性标准,即应建立基于能力"试验"的标准体系而不是基于"装备"试验需求的标准体系,不能按照以前定型试验标准和部队试验标准思路和传统做法(即增加装备体系级别并按装备类别划分,也就是按照装备体系级别和装备类别划分,以下称之为传统方案)。

(3)装备作战试验标准应与军事工作技术标准、科研试验标准等相关标准体系相互协调。常规武器作战试验要对装备测试与能力评价进行标准化,又要对作战运用条件(战斗力非装备解决方案影响条件)进行控制,但不能试图对与部队战斗力所有复杂因素(作战目的、作战力量、作战任务、作战样式等)标准化,更不能试图对作战体系对抗中作战指挥等艺术性活动标准化,不能完全按照部队作战实验、部队演习思路去建立标准,必须与作战训练标准、作战保障标准等军事工作技术标准协调,只建立试验所需的作战运用条件的通用性标准,这就需要建立作战运用条件的通用性标准,以满足装备作战试验对性能、适用性和效能测度和评估需求。

总之,装备体系效能和适用性是作战体系任务能力重要因素,装备作战试验要以部队的战斗力为目标,但要落脚于装备能力试验评价,与科研试验相衔接并以其性能测度为基础,重点围绕适用性和效能的测度和关键作战问题评估,装备作战试验标准化应聚焦装备而不是部队,以装备效能试验与评价为标准化目的，以能力试验而不是装备为标准化依存对象，遵循对重复性事物标准化根本要求，按照目标明确、全面成套、层次适当、划分清楚的标准体系建设原则，与军事工作技术标准、装备科研试验标准（试验基地定型试验标准）中的作战运用条件、性能试验方法相协调，考虑建立适用性和效能的试验标准与评价标准以及作战运用条件的通用性标准，制定作战试验的技术基础、通用产品/服务、共性技术、工程管理技术等标准，建立起面向能力（而非装备试验需求）的试验评估技术服务标准体系。

4. 装备试验中标准运用可操作性专用要求与标准选用剪裁对标准的重复性使用通用要求相矛盾，解决这个问题的方案影响标准化对象选择和标准体系结构

局限于标准制定范围无法解决这种矛盾，但从包括标准实施与监督的标准全寿命周期与标准化体系全局范围看，可采取以下措施：

(1)避免/消减技术集成类专用标准（或者称为组合化标准，如试验规程）数量。由于试验设计中总要根据装备改进与创新内容，进行试验技术集成创新，因此以技术集成内容为主的专用性标准，其操作性始终无法满足与时俱进的试验适用性需求，所以应尽量避免制定这类标准，应在试验任务中，通过模块化共用性标准的适用性分析、标准选用与剪裁等技术开发与集成，并制定试验方案等专用试验规范/工程标准以满足试验技术集成需求。即不宜制定技术集成的专用性标准，如常规兵器定型试验所用的试验规程类标准，即使制定也应在标准条文中尽可能引用通用性标准（如装甲车辆试验 GJB 59 系列标准，该标准综合体 2015 年获国家标准化创新贡献奖）。

(2)以模块化通用性标准（或者称为模块化标准）满足试验设计中技术集成的专用需求。只有以单个测试项目/试验项目为标准化对象才具有很好操作性，从而共同使用和重复使用性，与避免制定技术集成的专用性标准相配套，制定技术基础标准、共性技术标准、通用产品质量标准等模块化标准，如以上所提的 GJB 59 系列各部分装甲车辆试验标准，满足试验设计中技术集成和标准实施选用和剪裁易操作需求。

(3)对不同类别标准化对象分别在"国家军用-试验行业-试验单位"试验标准体系中适当确定级别。国家军用标准以守底线的强制性产品质量标准（试验产品标准/物化技术标准）、促交流的技术基础标准为中心，行业试验标准以保基本的推荐性（公益性）共性技术标准为中心，试验单位以提高自身竞争力、运用自主创新专利的专用技术标准和高水平产品质量标准为中心。

总之，作战试验标准体系建设应以装备试验与效能评价为目的，聚焦装备而非部队，以能力试验而非装备为标准化依存对象，遵循目标明确、全面成套、层次适当、划分清楚标准体系建设原则，按照"共同使用、重复使用一"事物统标准化根本要求，将产品/服务质量技术标准作为标准化对象，与军事工作技术标准、装备科研试验标准（试验基地定型试验标准）中作战运用条件、性能试验方法相协调，试验与评价标准尽可能分开，试验对象标准化应针对装备个体、装备集团，评价标准应针对装备型号、装备体系，应在原有装备型号部队试验/试用标准基础上，增加指挥、计量与测试、装备、后勤、安全、场务与回收、通信、气象水文、技术等试验服务保障标准，制定适用性和效能试验、评价、作战运用条件通用性标准，增加装备体系评价标准，形成作战试验的技术基础、通用产品/服务、共性技术、工程管理技术等标准体系，实现标准体系建设由"以硬件产品为中心"转向"以试验评估技术服务为中心"、由"基于装备试验需求"转向"基于能力试验评价"（见表 6-2）。对不同标准化对象在试验标准体系中分别确定适当级别"国家

军用/试验行业/试验单位"。国家军用标准以守底线的强制性产品质量标准(试验产品标准/物化技术标准)、促交流的技术基础标准和技术协调标准为中心,行业试验标准以保基本的推荐性(公益性)共性技术标准为中心,试验单位以提高自身竞争力、运用自主创新专利的专用技术标准和高水平产品质量标准为中心。

表 6－2　标准化对象选择方案

方案	方案内容	标准化效果
传统方案	标准体系以装备集成度划分为一维结构	按装备集成度分为 4 级,第一层至第 3 层为专用技术标准,第 4 层为技术基础标准;第 1 层:装备体系级试验标准;第 2 层:作战单元级别试验标准;第 3 层:装备单元级试验标准;第 4 层:技术基础标准	标准之间存在部分技术内容重复与不统一的问题,标准使用时多个标准选用困难:战场环境、目标属性、作战任务、装备体制、装备训练等装备运用要素标准化重复、不一致;试验抽样、通信保障、测试保障等试验过程技术要求标准重复、不一致
新方案	标准体系依标准作用机理、工程应用用途、体系相关性划分为三维结构	按标准化对象分产品标准、服务标准、共性技术标准、综合技术标准、相关性共性技术标准、技术基础标准共 6 类,按标准作用机理分为强制性标准、推荐性/协调性标准、自愿性标准 3 类,按工程应用用途分为标准标准化管理技术标准(元标准)、技术基础标准、技术协调标准、技术指导标准、工程产品和服务质量评价标准、工程管理技术标准;按开放性分为体系内标准、体系外相关标准(其中共性技术标准按装备分为装备体系/装备集团试验技术标准、装备型号/装备个体的评估标准共 4 类)	装备运用标准、试验服务过程标准及试验服务产品标准等相关共性技术标准适用范围广

注:单元装备可分为陆军装备、海军装备、空军装备、火箭军装备,陆军装备可分为作战装备、电子信息装备和保障装备体系;作战装备包括轻武器装备、炮兵装备、防空兵装备、装甲兵装备、陆军航空兵装备、弹药装备等;陆军电子信息装备包括侦察装备、通信及指挥自动化装备、电子对抗装备;保障装备包括工程装备和防化装备。

6.2　常规武器装备作战试验标准需求分析

对装备作战试验鉴定,应充分考虑信息主导、体系支撑、精兵作战和联合制胜的现代作战制胜机理,将装备个体、装备系统置于具体作战行动中试验,将装备型号、装备体系置于作战体系对抗作战任务背景下评估,但首要应分析基于信息系统体系作战装备运用复杂影响因素,装备作战试验评估过程涉及的要素和活动概念数目多达 60 个以上(见表 6－3),可见装备作战与试验评估复杂性和标准化复杂性,装备作战试验评估标准体系建设有很大难度。

(1)试验标准与评估标准应相互独立。试验针对装备实体,评估分别针对的是装备型号抽象对象、作战要素能力与装备体系任务能力对象,装备体系任务能力评估应分成传感器类装备、指挥控制类装备、通信类装备、行动类武器装备四类基本要素,从编配部署、体系组成、指挥控制、网络通信四种结构要素综合性评估,沿袭基地定型试验标准,以军兵种专业装备型号为标准化对象的试验评估一体化标准不适宜,因此试验标准与评估标准必须相互独立。

(2)试验标准应考虑作战不包含的试验基本要素。计量保障、场务保障、安全保障、试验技术保障不是作战基本要素,但却是试验基本要素,以往装备试验标准没有将其作为标准化对象进行考虑,从而造成了不同标准不一致和不协调,因此标准化应考虑这些要素。

(3)试验标准应关注装备运用相关要素。武器装备与作战双方作战理论、军事人员相互联系、相互影响,装备运用是作战中军事人员灵活使用武器装备,目的是发挥各种武器装备作战整体综合效能而高效打击敌人,其涉及武器装备编配部署、作战使用等,即典型作战环境、适度力量编配、基本作战运用、较高操作使用技能等实战化综合作战条件,试验中应以作战条令、训练教范为依据但不是以其为教条,因此应有提供不可或缺的实战化综合作战条件的指导性标准,但不是强制性标准,这些标准规范装备指挥、使用和保障人员的选拔、训练,也规范作战试验中对时间节奏、空间转换基本要求。

(4)试验标准应以作战试验想定为试验程序,以作战类型、作战样式和基本作战行动等作战任务为中心。

(5)评估标准应考虑作战体系对抗的人机结合和环境适应性。装备作战试验不局限于战斗力生成的装备解决方案问题,实质上已涉及装备质量因素外的军事理论、体制编制、军事训练和军事人才等非装备解决方案问题,可以说装备作战试验是作战体系对抗框架下的装备试验,甚至可以说试验是以作战体系为对象,其不是以作战战法研究、作战想定评估、训练预演为直接目的,但却超越了人机工程的范围而涉及作战体系范围内的人机系统整合,超越了实验室环境和自然环境而涉及联合火力环境,作战适应性应包括任务适应性、人机适应性、编成适应性、保障适应性、环境适应性等内容。人机适应性涉及人机结合(人与装备)、人人协作(战斗编组)、兵种专业协同、兵种合成、军种联合,更是涉及一般作战战法、基本作战想定、试验训练一体化等。

表 6-3 装备作战试验鉴定过程涉及的概念

项目 要素/过程	概念			备 注
	要素	活动	累计	
装备	装备个体(单体式装备个体、组合式装备个体)、装备集团(成建制的军兵种专业装备;装备型号、装备体系		6	装备参考实体对象和概念对象两种,实体对象为试验对象,包括装备个体和装备集团,装备个体包括单体式和组合式装备个体,即单台/套装备,组合式装备个体和装备集团即为装备系统,装备集团为成建制的军兵种专业装备;概念对象为评估对象,包括装备型号、装备体系
试验	计量保障、场务保障、安全保障、试验技术保障	使用、测试	13	计量保障、场务保障、安全保障、试验技术保障不是作战基本要素,但却是试验的基本要素

续　表

项目 要素/ 过程	概　念			备　注
	要素	活动	累计	
装备试验	装备;装备使用与保障人员;装备性能	装备使用与保障人员选拔、装备军事训练、安全保障、装备使用、测试	15	试验指不包括评估的狭义概念;试验对象为实体对象,包括装备个体、装备集团;装备使用与保障人员为部队单兵或代替单兵的研制方或试验方专家人员;装备试验主要包括装备使用与测试
作战对象		作战威胁、毁伤目标	18	
战场环境	战场自然环境、战场电磁环境、战场运输环境、战场火力环境		22	战场环境即作战对抗环境,战场电磁环境包括电磁攻击环境、电磁运行环境
作战任务	作战企图、战场环境、作战对象、毁伤效果、战场空间、作战时限		27	作战任务是"消灭敌人,保护自己"的作战根本目的的具体化,即上级为建制部队下达的作战具体目的;毁伤目标包括有生力量、防御阵地、防御设施(碉堡工事、堑壕等),毁伤目标即作战目标或作战试验靶标;作战威胁指对装备有威胁而装备无法攻击的敌方装备;作战对象包括作战威胁和毁伤目标
作战力量	作战基本力量、作战保障力量(装备个体、装备集团、单兵等)、部队编制	作战编组、作战编成、作战队形、作战协同	34	装备集团是战斗装备、保障装备和物资器材等实体概念的装备系统;作战力量的潜在战斗力生成取决于人机结合(人与装备)、人人协作(战斗编组)、兵种专业协同、兵种合成、军种联合;作战编成和配属、支援的作战力量共同构成了构成了作战力量;作战编成是建制(组织编制)部队和加强部队的兵力武器的临时组合;作战编组是作战编成内的兵力和武器的临时编组
作战基本行动		机动、突击、防护	38	
作战保障行动		作战保障、后勤保障、装备技术保障	42	作战保障包括侦察、警戒、工程保障、通信联络、信息防护、伪装、特种武器防护、气象与水文保障;后勤保障包括物资保障、卫生保障和运输保障;装备技术保障包括弹药保障
作战类型	进攻作战、防御作战		45	

续表

要素/过程 项目	概念			备注
	要素	活动	累计	
作战样式	作战基本样式、作战特种样式、作战类型		46	作战基本样式包括作战类型下的进攻作战基本样式(对防御之敌进攻、对立足未稳之敌进攻、对运动之敌进攻)和防御作战基本样式(阵地防御、运动防御、机动防御)
作战行动	作战基本行动、作战保障行动、进攻作战行动、防御作战行动、作战流程		50	
作战指挥	作战思想、战术原则、作战态势		54	作战思想、战术原则决定了作战特点
作战基本想定	作战任务、作战态势、作战指挥、作战流程		56	作战试验想定是试验中的作战想定(作战预案),主要内容是体现作战思想、作战原则的作战指挥;作战任务即作战企图
作战	作战任务、作战力量、作战编组、战场环境、作战想定	作战基本行动、作战保障行动、作战指挥	57	
装备作战试验评估	装备型号、装备体系;装备作战效能、装备作战适用性、装备作战生存性、装备体系贡献率	作战效能评估、作战适用性评估、作战生存性评估	61	装备作战评估对象为概念对象,包括装备型号、装备体系;作战效能包括装备单项效能、装备系统效能;装备体系贡献率需要在部队作战能力,部队作战能力(任务能力、要素能力、信息支撑能力)

(1)以上分析由于统一的术语标准缺乏,因此并不追求概念的特别准确,涉及装备作战试验评估的要素和活动等过程概念不仅仅限于以上61个,但足以说明装备作战试验评估的复杂性,这种复杂性特点决定了装备作战试验标准体系建设的框架结构设计;

(2)作战部队或作战力量的潜在作战能力不小于考虑指挥谋略等战术运用因素的现实作战能力,即

$$现实作战能力|_{基本作战流程+有勇有谋作战} \leq 潜在作战能力$$

6.3 作战标准体系表要素

6.3.1 基于标准化对象和标准化文件形式的标准名称要素

根据科学、技术、工程哲学三元论,常规武器装备作战试验标准化对象是装备作战试验工程质量与技术标准,分为标准化管理技术标准、技术基础标准、技术协调标准、技术指导标准、工程(产品和服务)质量评价标准和工程管理技术标准6种;标准文件形式分为标准、指南和规

范 3 类,标准名称由标准化对象(要素 1~要素 4)和标准化文件形式类别等要素组成:

要素 1:与作战体系关联的常规武器装备体系 4 类构成要素,包括用于试验时装备个体和装备集团;用于评估时按作战力量分类的装备体系和作战任务分类的装备型号,即装备个体、装备集团、装备体系和装备型号。

要素 2:作战试验包含的作战过程、试验保障、分析过程和评估过程等 13 类构成要素(不包括目标与威胁模拟、战场环境构建)。其中作战过程构成要素包括指挥保障、通信保障、气象保障、水文保障、工程保障、后勤保障和装备技术保障;试验保障过程构成要素包括计量保障、测试保障、安全保障、场务保障和回收保障。

要素 3:作战试验涉及的作战条件要素,包括战场环境、作战对象、作战力量、作战任务、作战编成和作战试验想定等。

要素 4:作战试验产品构成要素,包括试验鉴定初案、鉴定定型试验总案、作战试验想定、试验大纲、试验计划、试验报告和评估报告。

要素 5:标准化文件类别,包括标准、指南(即指导性技术文件)和规范等。

6.3.2　标准体系表要素

标准生命力在于应用,试验单位标准体系表比试验行业/军兵种、国军标更复杂(见表 6-4),其结构要素应考虑信息化管理要求和标准技术特性。信息化管理要求主要包括序号、体系位置编号、标准名称、分类号、级别、作用机理/约束力、标准文件形式、生命周期状态、引用标准、备注等 9 方面;标准技术特性主要是作用机理、产品与服务质量标准使用限制、技术标准试验领域、与其他相关标准协调性等 9 方面。

表 6-4　常规武器装备作战试验标准体系表

*序号	*分类号	*标准体系位置编号	*级别	*编号	*名称	标准文件、形式	作用机理/约束力	代替标准	引用标准	与其他相关标准协调性	产品标准使用限制	技术标准试验领域	标准适用性	生命周期状态	*编制单位	*编制人员	*备注
1																	
2																	
3																	
...																	

注: * 为信息化管理要求。

(1)序号:标准化文件信息检索的序列编号,标准明细表的标识;

(2)分类号:标准体系分类号,GJB 832 规定的国家军用标准分类号(现行有效版本为 GJB 832A—2005 需要修订),各部门、行业/军兵种、试验单位规定的分类号;

(3)体系位置编号:标准在作战试验标准体系中层次化结构位置编号;

(4)级别:标准适用范围对应的标准层级,GJB 、HB、HJB 等,各部门、军兵种、试验单位规定代号;

(5)编号:国家军用标准编号、行业标准编号、试验基地标准编号等标准文件编号的某一个,包括版本号和年号;

（6）标准文件版本号：表明标准为首次发布、修订版次（使用国家军用标准规定的 A、B、C 等英文大写字母）；

（7）标准文件名称：标准化对象，即标准化主题；

（8）引用标准文件：标准文件中所引用的本体系标准或相关性标准；

（9）代替标准文件：标准文件所代替的标准文件；

（10）标准文件形式：标准文件的类别，分为标准、规范、指导性技术文件（技术指南）三种，试验单位也可细化为技术基础标准、工程管理标准、试验产品服务质量标准（可根据需要细分为公众利益保护标准、通用产品标准、试验产品标准等）、共性技术标准、综合技术标准等，或各部门、军兵种和试验单位自行规定；

（11）标准文件作用机理/约束力：表明标准文件技术要求/产品/服务质量要求的作用机理/约束力为法规/强制性、公益推荐性/契约协商和自我声明公开/自愿自律性，（不能简单分成推荐性或强制性可由各部门、军兵种、试验单位识别商定），可与 GJB 0.1—2001 保持一致；

（12）标准文件生命周期状态：标识该标准是否需要立项论证制/修订、是否可以使用。标识为无、被代替、现行有效、废止等不同状态；

（13）产品标准文件使用限制：表明标准状态对应使用方式，规定为现行有效/老产品有效/无效；

（14）技术标准使用领域：表明标准文件使用于技术管理、项目管理和服务管理等领域或范围，也可分为认证认可、合格评定（质量评价）、技术培训、技术协调、技术指导、试验管理和标准化管理等，或组织规定；

（15）标准适用性：标准实施监督中信息反馈的标准适用性问题，用于标准体系清理整顿、优化完善等标准化管理，如标准化对象相同或部分相同的标准，不协调、不一致的相关标准，标准内容的完整性、适用性、技术错误、可操作性等标准文件适用性问题；

（16）相关协调性：表明与适用范围广的国家标准、国家军用标准、相关行业适用标准相关性和协调性，体系标准体系开放性；

（17）编写单位：为标准查询、绩效管理、职称评审等提供方便；

（18）编写人员：为标准查询、绩效管理、职称评审等提供方便；

（19）备注：其他有必要说明的问题。

需指出，现行大多数标准文件只有少部分内容有强制性，不能简单分为推荐性或强制性，为顺应国家标准化改革方向，高层级标准可定位为标准管理技术标准、技术基础标准、共性技术标准、通用产品标准（包括市场治理标准）和工程管理技术标准（包括社会治理标准），只有社会治理标准、市场治理标准等公众利益保护标准属于强制性标准，通用产品标准也可由试验基地在标准实施中升级规定为强制性标准。

6.4　作战标准体系结构图

6.4.1　标准体系总体结构

面向试验工程质量，着眼和落脚应用，强调开放性，建立面向常规武器装备作战试验工程的开放型质量技术标准体系总体结构（见图 6-1），将标准按约束力、工程应用用途、开放性

(与其他标准体系建设相关性关系为自建或共建)等三个维度表示其标准空间属性。

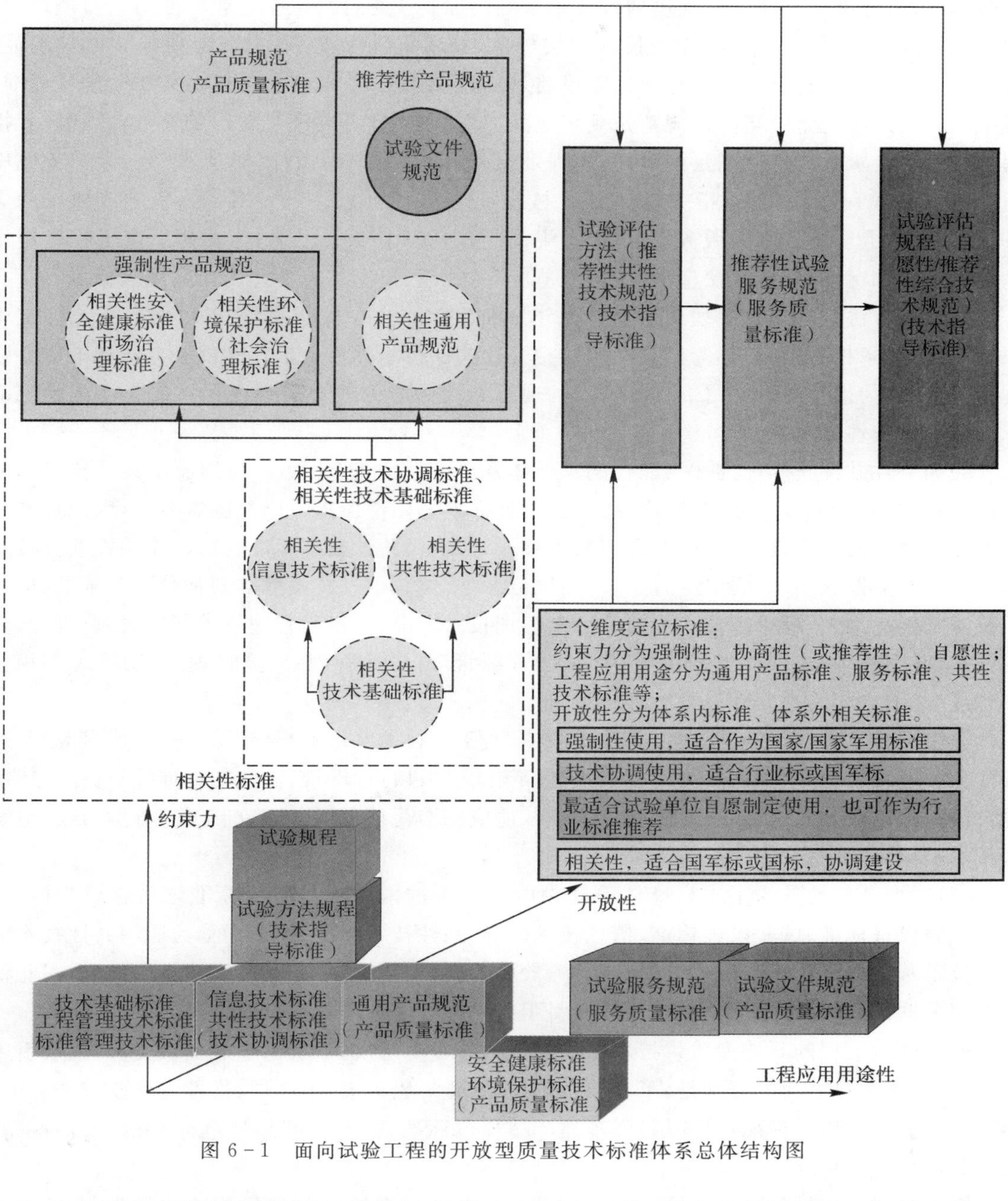

图 6-1　面向试验工程的开放型质量技术标准体系总体结构图

(1)标准约束力根据标准的质量水平(低水平基本质量、中水平期望质量、高水平自愿质量)和作用机理(质量法规强制、契约协商协调、自我声明自愿自律),确定标准约束力为强制性(对应供给侧的质量法规强制标准)、协商型(技术协调和指导,对应供给侧的推荐性标准)、自愿性(对应需求侧的企业自我声明公开和监督标准)。

(2)工程技术应用用途考虑 4 个因素:一是基于"科学-技术-工程"生态链,将质量技术标准按工程应用用途分为标准管理技术标准、试验工程管理技术标准、技术基础标准、技术指导标准、技术协调标准和产品/服务质量标准等六类。二是按国军标习惯与第四代国军标体系建设兼容性,将标准管理技术标准也列入技术基础标准。三是符合试验行业标准命名习惯,将技术协调标准、技术指导标准统称为技术方法标准,技术指导标准沿用"试验规程""试验规范""试验方法"。四是符合标准化行业命名习惯,根据 GB/T1.1 — 2009 标准化文件形式分标准、规范、指导性技术文件/指南。规范是规定产品、过程或服务需要满足要求的文件,适宜时宜指明可判定其要求是否得到满足的程序;规程是设备、构件或产品设计、制造、安装、维护或使用而推荐惯例或程序的文件;指南是给出某主题一般性、原则性、方向性信息、指导或建议的文件。产品/服务质量标准指服务规范、产品规范。综合以上 4 个因素,标准体系按工程应用用途分技术基础标准、技术方法标准、服务规范、产品规范(包括相关性通用产品规范标准)。

1)技术方法标准根据模块化组合要求分为推荐性试验方法标准(技术协调)、推荐性试验规范标准(技术指导,习惯称为试验规程)、相关性共性技术标准。推荐性试验方法标准对自愿性(也可以作为推荐性)支撑试验规范标准(现有有效标准称之为试验规程);推荐性试验规范标准引用推荐性试验方法标准。

2)相关性共性技术标准在第四代国军标体系(见图 6 - 2 至图 6 - 7)的通用共性技术标准(由于标准"通用"指技术共同性、产品通用性,且标准通用性所指适用范围难界定,因此标准没有通用相对应的专用性标准称谓,适应共性技术将"通用共性技术标准"纳入"相关性共性技术标准"。"相关性通用产品标准"置于"产品规范标准"类)、信息技术标准两种分法基础上,增加了技术基础标准、工程管理技术标准和标准管理技术标准;将工程管理技术标准(整合管理、范围管理、时间管理、成本管理、质量管理、人力资源管理、沟通管理、风险管理、采购管理和相关方管理等)纳入相关性共性技术标准中。

3)由于科学是技术基础,标准是技术载体,对于与技术基础标准(术语、符号、代号等)并列的标准管理技术标准(可理解为元标准,对标准化文件进行标准规范,包括标准编写、标准体系建设等),并适应第四版国军标体系总体结构,适应标准化行业"技术基础工作"分类习惯,也纳入技术基础标准中。

(3)标准开放性是为了本标准体系建设能与相关的国军标等其他标准体系建设相协调。由于试验设备标准、试验设施标准、信息技术标准、共性技术标准(国军标称为通用共性技术标准)、技术基础标准都是与性能试验、在役考核相关而需要统筹考虑和协调建设的标准,因此称之为相关性标准(保证标准体系开放性而引用相关标准体系中标准)。

面向试验工程的开放型质量技术标准体系共分 4 个层次,下层为上层提供支撑,上层引用下层标准,体系自上而下分别是:第 1 层:自愿性试验规程标准;第 2 层:推荐性试验方法标准、推荐性试验服务质量标准;第 3 层:强制性产品规范标准、推荐性产品规范标准;第 4 层:推荐性相关共性技术标准。

标准约束力(强制性、推荐性、自愿性)可基本对应标准级别(国军标、试验行业/军兵种标准、试验基地标准),但为什么采用标准约束力维度而不采用标准级别维度?

(1)考虑到制定标准的目的是对标准应用而不是管理,采用标准约束力维度更能体现标准如何应用。国军标体系建设重点为强制性标准及其配套标准、全军通用产品/共性技术标准,可与国家"强制标准-公益标准-团体标准-企业标准"标准化改革思路保持一致;试验行业标准建设重点是推荐性标准;试验基地标准建设重点是提升质量和技术水平、保护专利技术和隐性知识显性化的自愿性标准。

(2)2018 年的新标准化法的标准定义对民用标准和军用标准都是适用的,标准从供给侧分为强制性、推荐性,但从需求侧都是自愿性的,自愿性也是标准的本质属性,标准被"法规规章"所引用才具有所谓"强制性",可谓是"狐假虎威"(标准比喻若是狐狸;法规则为可比喻为老虎);新标准化法将企业标准由"备案制度"改为"自我声明公开和监督制度",正是基于标准的作用机理而强调了发挥标准实施主体/市场主体作用;而且正在征求意见的《军用标准化管理条例(草案)》贯彻了新标准化法的制度要求,其第三章"军用标准的实施与监督"第十九条【强制施行】规定"军用标准涉及下列内容的必须贯彻执行:(一)通用化、系列化和组合化要求;(二)互操作性要求;(三)通用符号、代号和命名要求;(四)安全和保密要求;(五)卫生、健康和环保要求;(六)法律、法规或办同规定必须贯彻执行的。"也就是说并不是所有国军标都是应强制施行的,也有推荐性标准;而且从试验鉴定工程实践看,由于要求过于原则、技术落后、内容错误等问题,很多标准需要选用和剪裁,因此应归其属于推荐性标准;试验单位标准(对应企业标准)的质量与技术提升、专利技术保护需求为自愿性标准,属于试验单位级别,其有利于发挥标准实施主体作用和提升质量管理水平,所以从标准作用机理分析将标准约束力区分为"强制性、推荐性、自愿性标准"不仅合法也符合实际,可适用于军标体系。

有单位构建"装备试验鉴定标准体系架构"时,将标准分为通用标准[基础类(基本术语、综合管理、文书管理、质量管理等四个子类)、保障条件类、过程类(过程管理、"状态鉴定""列装定型""在役考核"三个阶段以及一体化联合试验等 5 个子类)、技术类(技术管理、试验设计方法、通用质量特性、复杂环境试验、人机环境工程、试验建模仿真、分析评估技术、互联互通互操作验证、网络安全性验证、军用软件测评等 10 个子类)]、专用标准[专用装备(核武器装备、陆上装备等)、通用产品、专业性试验领域)]、型号规范。为什么不使用"装备试验鉴定标准体系架构"这种分类方法,这是考虑到:应区分法规文件与标准化文件,尽量不采用过程类标准化文件而采用法规规章来规范过程更符合法规与标准的各自作用发挥,也可避免法规规章与标准化文件对相同对象重复规范而浪费资源;基础类、过程类、技术类(含技术管理)中都包括管理类,对基础、过程、技术等多个类中破片化的管理类进行合并后分类更便于管理应用,而且该发类法体系架构未覆盖项目管理知识体系(PMBOK)中全部 10 类内容(如风险管理、知识管理等);"装备试验鉴定标准体系架构"中规定"型号规范主要用于规范具体型号(产品、工程)在研制过程中有关试验鉴定要求,以型号技术文件形式在型号研制系统内部发布和使用",也就是说型号规范是主要规定性能试验中性能验证试验的试验鉴定要求并供型号研制系统内部使用,不包括规定性能试验中性能鉴定试验的试验鉴定要求,因此型号规范与其他两种标准(通用标准、专用标准)的分类准则不统一,适用范围也不同(研制系统内部使用);"通用标准"中"过程类"只规定了"状态鉴定""列装定型""在役考核"三个阶段以及一体化联合试验,因此过程类标准不适用于性能验证试验过程,未能全部覆盖装备试验鉴定要求;"管理标准"应为"管理技术标准";为与国军标体系相一致,试验鉴定可共同使用的标准(包括通用产品标准、共性技术标准)不能使用"通用标准"分类名称;总之该分类方法存在的不少问题说明其不成熟,难以与装备试验鉴定体系所属的军标体系相一致,分类方法也不具有普适性。

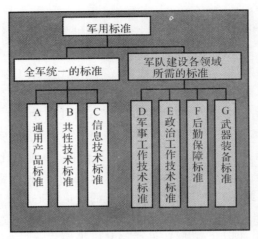

图 6-2 第四代国家军用标准体系

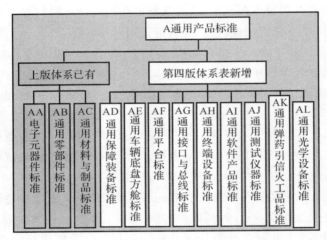

图 6-3 第四代国家军用标准体系——通用产品

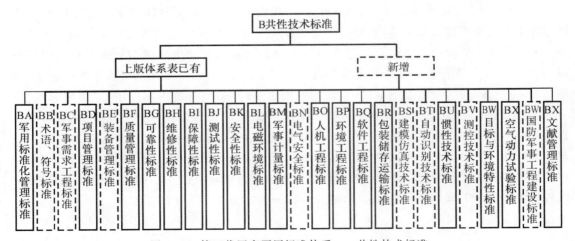

图 6-4 第四代国家军用标准体系——共性技术标准

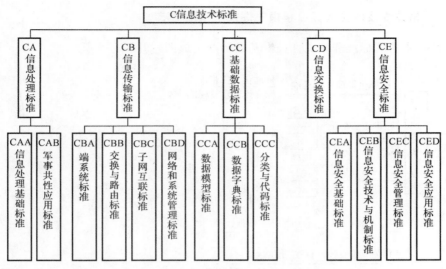

图 6-5　第四代国家军用标准体系——信息技术标准

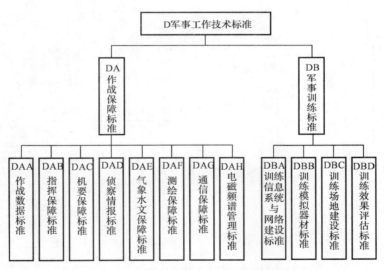

图 6-6　第四代国军标体系——军事工作技术标准

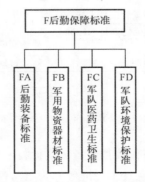

图 6-7　第四代国军标体系——后勤保障标准

6.4.2 相关性技术协调标准和相关性技术基础标准

相关性技术协调标准和相关性技术基础标准组成图，如图6-8所示。

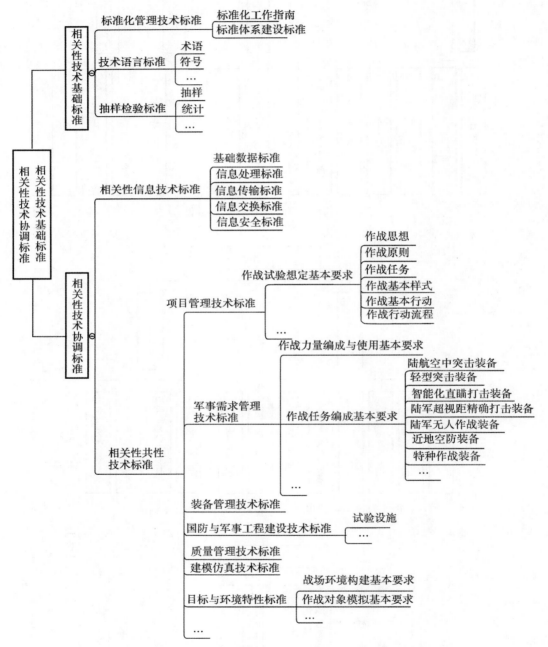

图6-8 相关性技术协调标准和相关性技术基础标准组成图

相关性共性技术标准是为了将作战试验所需共性技术标准纳入第四代国家军用标准体系（通用产品标准、共性技术标准、信息技术标准等），为了与性能试验、在役考核相关标准建设相互协调而确定的标准。作战试验共性技术标准包括作战试验术语符号标准(技术语言标准)、作战条件基本要求标准、抽样检验标准等,并置于第四代国家军用标准体系相应层级。试验基本要求标准补充了强制性要求标准,其分为战场环境构建、作战对象模拟、作战力量使用、作战任务编成以及作战试验想定等标准,这里不包括合同、协议中的特殊要求,这些标准贯彻作战条令但对其补充和详细规范;作战试验基本条件标准按照第四代国家军用标准体系结构在体系表中安排合理位置,保证与作战试验外的其他试验甚至设计、制造等标准体系建设总体协调。试验设备与设施是完成试验的必要条件基础,但性能试验、作战试验或在役考核对其要求相同,因此作战试验涉及的试验设施标准与性能试验、在役考核标准协调相关,应在国防与军事工程建设技术标准中考虑。

6.4.3 产品规范(产品质量标准)

产品质量标准包括推荐性产品规范标准、强制性产品规范标准。安全、健康、卫生市场治理及环境保护社会治理等保护公众利益要求,对试验单位有约束作用,需强制性执行的标准,试验与评估服务必须得到,称为强制性产品规范类,推荐性产品规范类包括通用产品、试验文件规范类,通用产品标准包括试验设备标准。试验设备标准与性能试验、在役考核标准协调相关;试验单位产品是作战试验文件,为使用方便,分为规范和配套技术指南(见图 6-9)。

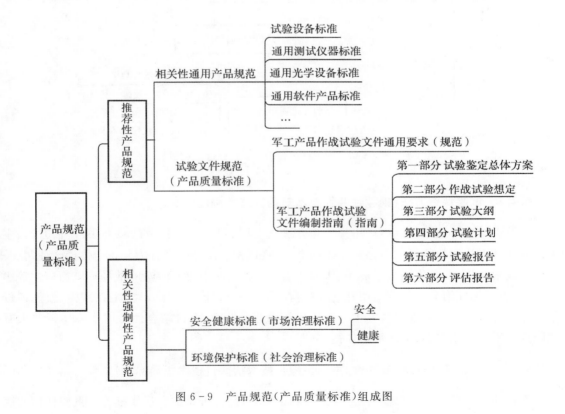

图 6-9 产品规范(产品质量标准)组成图

6.4.4 推荐性试验服务规范(服务质量标准)

试验单位产品通过试验评估服务得到的试验报告(含试验数据信息、鉴定评估结论和建议),以及服务过程标准称为试验服务规范类。试验评价服务包括试验和评估两个过程。由于评估过程置于试验规程标准、试验方法标准(共性技术标准),因此,此处只包括试验过程服务标准,属于推荐性而非强制性规范,称为推荐性试验服务规范。推荐性试验服务规范适合作为写兵种或试验行业推荐性标准文件,不适合作为技术基础标准,因此区分于相关性共性技术标准(见图6-10)。

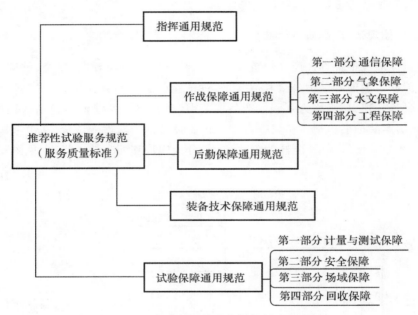

图6-10 推荐性试验服务质量标准组成图

6.4.5 试验评估方法(推荐性共性技术规范)(技术协调标准)

推荐性试验评估方法标准运用模块化方法建立而相互独立,分为试验方法、评估方法、主观试验评估方法和效能评估指标体系等四类,并将试验方法标准细分为装备个体操作使用、装备个体战术运用、装备集团战术运用、作战使用适应性、作战保障适应性、战场环境适应性等小类,评估方法标准细分为部队适用性、作战生存性、作战效能与保障效能、主观试验、效能评价指标体系等小类。生存性单独列出。在作战使用适应性中,人机结合性考虑作战体系与人有关因素时不包括生存性,但增加居住性(见图6-11)。

6.4.6 试验评估规程(自愿性/推荐性综合技术指南)(技术指导标准)

推荐性试验评估规范(现行标准一般称为试验规程)标准是综合运用推荐性试验评估方法标准,用于装备型号、装备系统以及装备体系,分为装备型号试验规程、装备型号系统效能评估规程、装备体系效能评估规程标准。与装备性能试验标准按装备系统组成(即技术)划分不同,装备型号试验规范/规程按装备效能/作战功能分类；装备型号系统效能评估规范/规程类标准文件按传感器、指挥控制、通信、作战行动装备分类；而装备体系效能评估类标准文件按作战力量单元划分(见图 6-12)。

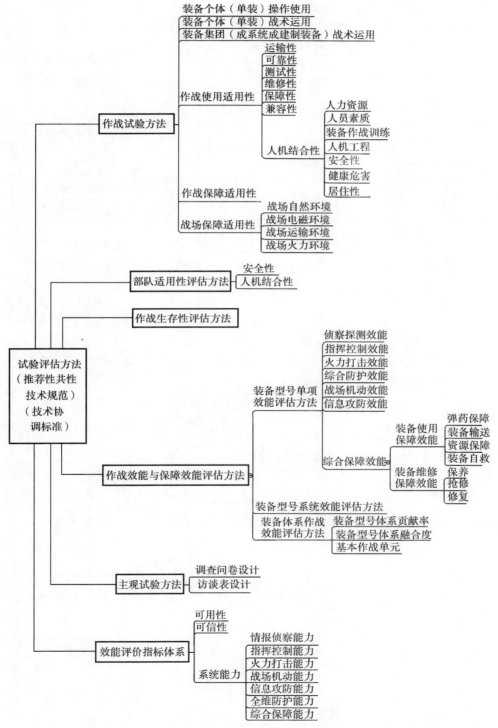

图 6-11　试验评估方法(推荐性共性技术规范)(技术协调标准)组成图

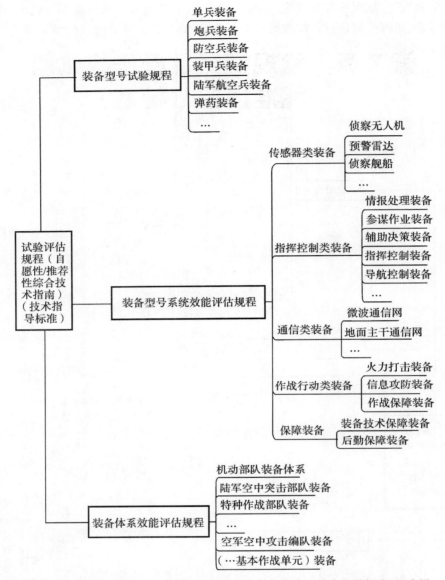

图 6-12　试验评估规程(自愿性/推荐性综合技术指南)(技术指导标准)组成图

第7章 常规武器装备作战试验标准项目分析

常规武器装备作战试验标准项目分析按以上面向常规武器装备作战试验工程的开放型质量技术标准体系总体结构展开,每个项目基本按照标准立项论证报告分为主要内容、适用范围、需求分析和国内外标准现状分析,并增加了项目制修订建议。项目建议提出了标准制定或修订的类别、标准建设的级别、标准综合体的组成、标准名称、标准编制中标准体系协调性的引用关系等建议,对标准在试验工程中的应用用途进行了简要说明(见表7-1)。项目标准化空间属性按照标准的约束力(R)、工程应用用途(E)、开放性(K)等三个维度用数组 B(R,E,K)表示,R 按自愿性、协商性(与推荐性标准对应)、强制性分别取值 1/3、2/3、3/3,E 按标准管理技术标准、试验工程管理技术标准、技术基础标准、技术指导标准、技术协调标准和产品或服务质量标准分别取值 1/6、2/6、3/6、4/6、5/6、6/6,K 按常规武器装备作战试验标准体系标准自建、相关标准开放建设分别取值 1、0。如试验设备规范的标准化空间属性为 S(约束力,工程应用用途,开放性),S(R,E,K)=(2/3,6/6,1)。

7.1 作战试验技术标准

7.1.1 装备个体操作使用试验方法

(1)项目建议。对现有装备勤务性试验、操作性试验、操作使用试验等内容清理、整合;制定项目。宜作为试验行业标准/军兵种标准。应明确作为技术协调公益推荐性标准文件使用,支持质量管理中成文信息管理和知识管理。标准可按军兵种作战与训练科目分为多个部分,标准名称可确定为《装备操作使用试验方法指南第 * 部分 * * * 》,标准应作为装备型号试验规程标准的引用标准。标准引用装备人机结合性主观试验方法标准、装备人机结合性客观试验方法标准、人员选拔标准。应将同类装备军事训练大纲作为参考文献。本标准应作为装备个体(即单装)战术运用试验方法标准的引用文件。标准文件形式为指导性技术文件。项目标准化空间属性为,S(R,E,K)=(3/3,4/6,1)。

(2)主要内容。装备作战使用中的装备操作使用(联合指挥训练、逐级集成训练、综合保障训练、复杂电磁环境训练等训练项目;指挥控制试验、射击试验、驾驶试验、防护试验等作战项目)、操作使用人员要求、训练考核验收要求、试验要求、操作使用绩效测试内容和试验程序等。

(3)适用范围。可用于单个装备作战、训练及开展状态鉴定、列装定型、在役考核等试验的人机结合、人人协同等作战适用性。

(4)需求分析。装备操作使用性能是影响武器装备作战与保障效能发挥的重要影响因素,装备操作使用试验可获得装备作战使用适用性、作战环境适应性和单项效能等数据与操作人员主观评价,其对于评价操作使用性能、评价使用维护说明书、编写兵器操作规程有重要作用,对部队装备运用、作战训练等工作有重要意义。目前装备操作使用试验中,由于新研制装备操作使用性可能存在人机交互性问题,试验中装备操作使用采用研制单位编制的装备操作维护使用说明书,参照训练部门编制的同类装备军事训练大纲,而说明书和训练大纲存在操作性差、使用不便、指导性不强等问题,而现性试验基地定型试验标准、部队试验试用标准、人机工程顶层标准等三类国军标存在作战任务剖面规范不够、试验内容不够全面、试验方法简单、标准之间引用关系不当、测试内容不够精细等问题,因此需开展装备个体操作使用方法标准研究项目,制定覆盖装备列装服役后作战保障、作战训练、作战实施各阶段所有过程的装备操作使用试验方法标准,为评价装备使用人机结合性与维护说明书、编写装备操作规程提供依据。

(5)国内外标准现状。目前装备操作使用有关标准有四类,①试验基地制定和使用的定型试验规程与试验方法标准,但其中试验项目名称不够规范,如勤务性试验(GJB 2971 — 1997《火炮安全性和勤务性试验方法》)、操作使用试验(GJB 6458.33 — 2008《火箭炮试验方法第 33部分:操作使用试验》)、人-机工程试验、人机环境试验等;而且试验方法基本是按技术说明书或使用维护说明书进行装备操作使用并测试部分性能;操作人员大多为研制方/试验单位的人员而较少选用部队人员;大多数标准都未引用 GJB /Z134《人机工程实施程序与方法》中的"8.3分析方法"与"8.6 人机试验与评价"方法;对装备认知任务与操作任务及其功能流程、操作顺序、情境意识、工作负荷等内容设置不全面。②部队设计定型试验/生产定型试验所用"部队试验规程"标准,这些标准考虑了保障、机动、展开、准备、工作、撤收等流程,内容比较全面,如场库保管及其相关勤务;技术检查与准备;机动(行军、运输、航行、行驶等及相关技术保障);展开与完成相关准备;基本指挥与操作;执行战斗、训练任务及相关技术保障;撤收。但试验方法操作性较差,对作战任务剖面规范不够,人机结合性试验也基本未引用 GJB /Z134《人机工程实施程序与方法》有关条款。③顶层人机工程标准,如 GJB 3207《军事装备和设施的人机工程要求》、GJB 2873《军事装备和设施的人机工程设计准则》、GJB /Z131《军事装备和设施的人机工程设计手册》、GJB /Z134《人机工程实施程序与方法》共 4 个顶层人机工程标准,但这些标准由于面向设计,虽对设计指导作用较强,但对试验的操作性较差。④装备操作规范标准,如GJB 6722 – 2009《通用型无人机操作使用要求》规范了通用型无人机等装备的操作使用和维护保养方法,但这种规范类标准难以有效指导装备试验工作。总之,现行四类国军标存在试验内容不够全面、试验方法简单,标准之间引用关系不当等问题,还没有共性技术标准规范装备操作使用试验方法,但在装备研制鉴定定型和列装部队使用过程中,对单个装备操作情况以正式文书形式随订购里程碑进行修订,作战部门也会根据实际运用情况对其不断修订与完善,指导部队试验和训练。有必要开展装备个体操作使用方法标准研究项目,制定覆盖装备各阶段所有过程的装备操作使用试验方法标准,为评价装备使用人机结合性与维护说明书提供依据。

7.1.2　装备个体战术运用试验方法

(1)项目建议。制定项目,应作为试验行业标准/军兵种标准。应明确作为技术协调推荐性标准文件使用,支持质量管理中成文信息管理和知识管理。可分为步兵武器、连属压制武器、连属反装甲武器、营属反装甲武器、营属压制武器、营属防空武器、营属保障装备、旅属指控通联装备、旅属侦察装备等多个战术运用试验方法标准,每个标准分解为多个部分标准,如步兵武器(突击步枪、狙击枪、霰弹枪等)、营属防空武器(防空导弹、预警雷达、导弹指控系统、高射机枪等)、旅属侦察装备(光电侦察装备、雷达侦察装备、侦察装备平台等)。标准引用文件应包括装备个体操作使用试验方法标准。标准文件形式为指导性技术文件,可用于个体武器装备作战训练及相关试验鉴定。项目标准化空间属性 $S(R,E,K)=(3/3,4/6,1)$。

(2)主要内容。射击、指挥控制、行驶与运输、防护等单装战术运用试验方法标准。

(3)适用范围。可用于单个装备作战、训练及状态鉴定、列装定型、在役考核等试验。

(4)需求分析。装备个体战术运用试验方法标准用于装备各阶段试验鉴定。目前我军性能试验方法标准较齐全,但尚无带有战术背景试验方法标准。武器装备作战运用是装备鉴定定型重点考虑因素,不考虑战术运用获取的相关试验数据只能作为装备性能试验一部分,不能全面反映装备作战运用实际情况,按照装备编配隶属关系,制定相关作战运用试验标准,规范试验鉴定工作至关重要,将试验鉴定条件实战化,使鉴定结论更为真实可信、科学有效。因此需对单个装备战术运用方法规范,制定基于单个装备战术运用的通用试验方法标准。

(5)国内外标准现状。目前国内只有 GJB 3901 — 1999《地地导弹作战运用软件规范》明确了导弹作战运用软件的内容、显示方法等,但对战术运用涉及不多,作战运用的试验方法标准目前尚无。国外资料收集较为困难,公开资料对外军装备战术运用的试验方法标准尚不了解。有必要开展对装备个体战术运用试验方法标准研究项目,制定各级、各类装备运用试验考核的方法及评估标准,每个标准可分为多个部分,规范试验方法、试验内容、试验评估等。

7.1.3　装备集团战术运用方法

(1)项目建议。制定项目,应作为试验行业/军兵种标准。应明确作为技术协调推荐性标准文件使用,支持质量管理中成文信息管理和知识管理。可按照基本作战单元分为轻型高机动部队装备、陆军空中突击部队装备、特种作战部队装备、空中攻击编队装备等多系列标准,如压制武器(连属压制武器、营属压制武器等)、防空武器(连属防空武器、营属防空武器等)、侦察装备(连属侦察装备、营属侦察装备等)等。标准引用文件应包括装备个体战术运用试验方法标准。标准文件形式为指导性技术文件,可以为武器系统作战训练及相关试验鉴定提供参照。项目标准化空间属性 $S(R,E,K)=(3/3,4/6,1)$。

(2)主要内容。基本作战单元(分队、师旅团)战术运用试验项目、要求与方法等。

(3)适用范围。可用于成建制、成体系等基本作战单元作战力量所编配装备作战、训练及联合作战试验、在役考核等试验考核。

(4)需求分析。装备集团战术运用试验方法标准主要用于成建制、成体系装备作战训练及装备系统各阶段作战试验,特别是指导联合装备作战试验。目前我军性能试验方法标准较多,但尚无带有装备成建制、成体系下在联合作战战术背景开展作战训练和试验鉴定方法标准,不考虑战术运用下获取装备集团效能、体系贡献率等不能全面反映装备作战运用实际情况,按照装备集团编配关系、运用方法,制定相关作战运用试验标准,规范试验鉴定工作至关重要,是将试验鉴定的条件实战化,使鉴定结论更为真实可信、科学有效。因此需要规范装备集团的战术运用方法,制定基于装备集团作战运用通用试验方法标准。

(5)国内外标准现状。目前国内尚无装备集团作战运用的试验方法相关标准。国外资料收集较为困难,对外军装备战术运用的试验方法标准尚不了解。有必要开展对装备集团战术运用试验方法标准研究项目,制定各级、各类装备运用试验方法及评估标准,每个标准可分为多个部分,对试验方法、试验内容和试验评估等规范。

7.1.4　装备作战使用适用性试验方法

1. 装备作战使用安全性试验方法

(1)项目建议。制定项目。对现有标准条文修订、标准拆分、整合形成新标准,应作为国家军用标准。应作为强制性技术标准使用。可考虑装备在部署、作战(独立作战、合成作战、联合作战)和维持各阶段人员安全和健康危害、系统安全、弹药安全、资源安全、信息安全和环境安全等,整合形成多个部分标准,可制定系统、体系级安全性试验方法。标准文件形式为军用标准。项目标准化空间属性 $S(R,E,K)=(3/3,4/6,1)$。

(2)主要内容。需要补充完善环境安全、系统安全等内容,主要内容包括装备在部署、作战(独立作战、合成作战、联合作战)和维持各阶段人员安全和健康危害、弹药安全、资源安全、信息安全、环境安全和系统安全等使用安全性试验方法。

(3)适用范围。用于装备状态鉴定性能试验、列装定型作战试验、在役考核等试验。

(4)需求分析。安全性是装备不发生事故(造成人员伤亡、职业病、设备损坏或财产损失的一个或一系列意外事件)能力,是装备基本质量特性,安全性对于武器装备生存性、作战效能、人员生命健康、保障效益乃至于战争胜负具有极为重要作用,因此,装备安全性试验对于装备作战使用极为重要,安全性标准属于强制性标准,需要在试验质量管理中重点进行标准实施监督管理。现行国军标安全性标准存在重复、不统一和军民融合问题、不便于适时修订、标准名称不包含"安全性"难以查询和难以质量监督等问题,因此需对现有标准条文修订、标准拆分、整合形成新标准,并制定基于作战体系框架下武器装备系统、体系级安全性试验方法。

(5)国内外标准现状。目前国军标安全性试验方法并未全在标准名称体现,标准问题有:①安全性标准为强制性标准,对试验有法律强制约束,适宜形成单独标准,避免难以查询使用、质量管理中监督实施及质量审核;②标准名称含"安全性"试验标准查到 18 项[GJB 165.2 - 1986《引信实验室试验引信隔爆安全性试验》、GJB 2178.1～2178.9《传爆药安全性试验方法》、GJB 2971 — 1997《火炮安全性和勤务性试验方法》、GJB 6458.15 — 2008《火箭炮试验方法第 15 部分:射击强度、射击稳定性及射击安全性试验》、GJB 6458.17 — 2008《火箭炮试验方法第 17 部分:战斗操作室安全性试验》、GJB 2697 — 1996《火炮火控系统安全性试验方法》、GJB 3857 — 1999《弹药安全性试验规程》、GJB 5496.20～5496.22《航空炸弹试验方法安全性与可靠性试验》、GJB 5489.4 — 2005《航空机枪试验方法第 4 部分:安全性》、GJB 3196.44～3196.46《枪弹试验方法爆炸弹安全性试验》、GJB 4087 — 2000《引信安全性检验方法》、GJB 573.19 — 1988《引信环境与性能试验方法顺序振动－装卸安全性试验》、GJB 573.21 — 1988《引信环境与性能试验方法静态雷管隔爆安全性试验》、GJB 573.31 — 1990《引信环境与性能试验方法拦截降落时导弹从飞机上冲脱安全性试验(地面发射架模拟)》、GJB 473.3 — 1988《舟桥器材设计定型试验规程安全性评价》、GJB 4617 — 1993(GJB z20128.3 — 1993)《四折带式舟桥设计定型试验规程安全性评价》、GJB 5902.8 — 2006《微声手枪试验方法第 8 部分:安全性试验》]。这些标准有四个问题:一是部分重复,如 GJB 2971 — 1997 与 GJB 2697 — 1996 重复、GJB 4087 — 2000 与 GJB 573.19 — 1988 军民共用标准重复;二是整合了安全性与其他试验方法,如 GJB 2971 — 1997;三是作为试验规程一部分不便于适时修订,引用关系复杂标准体系不协调,难查询而不便监督该强制性标准实施,如 GJB 473.3 — 1988,GJB 4617 - 1993(GJB z20128.3 — 1993)。总之,标准重复引发标准不统一和军民融合问题,不独立不便于适时修订,标准名称不包含"安全性"而难以查询、监督标准实施,因此,对装备性能试验、作战试验和在役考核共同使用的安全性标准,需打破专业技术沟壑统筹,对现行装备安全性试验评估标准条文修订、标准拆分、整合形成新标准。

2. 装备作战使用可靠性试验方法

(1)项目建议,制定项目。应作为国家军用标准,也可制定试验行业标准。试验单位可作为推荐性技术规范标准文件支持质量管理中成文信息管理和知识管理。可引用 GJB 450A — 2004、GJB 899 等标准。项目标准化空间属性为 S(R,E,K)=(2/3,4/6,1)。

(2)主要内容。装备在部署、使用和维护各阶段的运输性、可靠性、测试性、维修性和保障性等使用可靠性和任务可靠性试验方法。主要是增加任务可靠性试验方法,并对使用可靠性有关标准进行修订,对 GJB 450A — 2004、GJB 899 等标准具体化。

(3)适用范围。可用于常规武器装备列装定型作战试验,也可用于在役考核等试验。

(4)需求分析。由于武器装备复杂、任务剖面多、实验室内环境与战场环境差异等特点,利用作战试验验证武器装备可靠性是适用阶段。由于作战环境实战化程度高、使用人员更具代表性、作战系统集成度高和部队建制化、样本量更多,软件可靠性、人员可靠性、使用可靠性和任务可靠性等数据量更大,作战试验可靠性评估结果更可信。通过作战试验阶段可靠性试验可收集可靠性信息、评估可靠性进而改进产品,这是装备使用阶段可靠性工作主要内容。目前可靠性试验方法基本都是利用失效/故障、可靠性加速试验和退化等数据经典统计/Bayes 统计,但由于有些武器系统的环境、功能、状态及演化过程均有随机性,其可靠性具有时域动态性、环境差异性、层次变化性及对象关联性,目前已经有变动统计方法利用与复杂系统可靠性相关的因素和信息,但现有标准中还未反映创新技术,现行标准剪裁较困难、任务可靠性试验方法未统一,可靠性试验按照 GJB 450A — 2004 可分为基本作战单元初始部署或全面部署两种,但现行试验基地和部队试验/试用标准均未具体规范。因此,需要开展装备作战使用可靠性试验方法标准化研究,制定标准。

(5)国内外标准现状。现行国军标中,标准名称中包含"可靠性"的标准有 149 项,其中可靠性试验有关标准 36 项,但这些标准中还没有反映变动统计方法,现有标准剪裁较困难、任务可靠性试验方法也没有统一,可靠性试验按照 GJB 450A — 2004 可分为基本作战单元初始部署或全面部署两种,但现有试验基地和部队试验标准均未具体规范。因此,需开展装备作战使用可靠性试验方法标准化研究,制定装备作战使用可靠性试验方法标准。

3. 装备人机结合性客观试验方法

(1)项目建议。制定项目。可作为国家军用标准,也可制定试验行业标准。试验单位可作为推荐性技术规范标准文件在质量管理中进行成文信息管理和知识管理。可引用 GJB 3207 — 1998《军事装备和设施的人机工程要求》并将 GJB/Z 134A — 2012《人机工程实施程序与方法》作为参考文件资料,标准名称可以确定为《装备人机结合性客观试验方法第 * 部分 * * *》,标准可分为工作环境宜人性、工作空间和工作位置的宜人性、显示器和控制器人机交互操作使用性能、体力负荷、心理工作负荷、数字化人机工程等多个部分标准,各类武器装备试验规程类综合技术标准引用本标准。项目标准化空间属性为 S(R,E,K)=(2/3,4/6,1)。

(2)主要内容。观察法、环境参数测量、被试经历记录、生理测量、人体参数与认知特性测量、事件记录、声像记录、环境参数测量、被试经历记录、生理测量和人体测量等武器装备人机结合性客观试验方法。主要项目包括：①工作环境(热、振动、声、光、电磁、毒物等环境)对人员的健康危害试验方法；②工作空间、位置的宜人性试验方法；③人机工效试验方法；④视觉、听觉显示器和控制器人机交互操作使用性能试验方法；⑤体力和心理工作负荷的试验方法；⑥人机系统的可用性和可靠性试验方法；⑦基于数字化人因工程软件的人-机-环境系统工程试验方法。

(3)适用范围。可用于常规武器装备状态鉴定性能试验、列装定型作战试验、在役考核等试验的装备人机结合性客观性试验。

(4)需求分析。随着信息化战争和以信息技术为核心的现代军事高技术发展,武器装备表现为性能更加先进、结构更加复杂、功能更加多样、信息处理量更加庞大、自动化和智能化水平更高,但作战环境更加恶劣,这些对军事人员决策、监控、操作、维修保养功能发挥提出更高要求;而人的操作能力、感知能力有一定限度。如果研制中出现人机功能分配和人-机-环境系统设计不合理,装备就难以发挥其火力准确性、反应快速性、探测能力、鉴别能力等战术技术性能,并以人为作业差错方式影响任务可靠性,还会发生功能失灵甚至严重事故。装备人机结合性试验主要评估装备是否充分考虑人机环境系统中人员特性、武器装备特性和环境特性,是否有利于三者信息传递和人机环境系统整体效能发挥,人机环境系统组合是否达到最优配合。武器装备使用人机结合性试验是考核装备人机环境关系是否和谐匹配,对于全寿命周期中武器装备可用性和可信性以及各种环境下作战效能发挥起着重要作用。由于我国研制要求中多数未提出人因工程的效能度量(MOE)参数和性能度量(MOP)参数指标,因此大多数人机结合性试验(人因试验)不属于符合性"设计开发验证试验"而属于关注"预期用途和应用要求""设计开发确认试验"(或者称为用户试验),这种试验一般主要由部队试验完成,但由于缺乏专业知识和测试保障,对装备人机环相容性问题难以做出科学评价,试验难以达到理想效果。其中人机结合性试验标准缺少和适用性问题是产生问题主因之一,从国内人机结合性试验评估标准看,人机结合性因素还主要限于人机工程视角,对作战体系中其他与人有关因素考虑不足,只引进转化了美军顶层人因设计分析标准,制定了 GJB 3207,GJB/Z 134,GJB 2873 和 GJB/Z 131 等 4 个顶层人机工程标准,这些标准试验方法可操作性不强,而各类人因评估准则标准分散,各类装备试验规程类标准制定各自为战,缺少系统性,方法不一致、不统一,类似于国外试验行业 HSI,HFE 试验专业标准未建立,特别是人机结合性客观试验方法标准,还存在使用维修等人员缺乏具体控制要求、人机界面的测评缺乏定量手段、工作负荷缺乏定量测评、人机功能分配缺少综合评价等问题,从而导致试验中标准选用剪裁困难,人机结合性试验不规范、不充分,装备人机结合性差,交付部队"不好用"。因此,为适应作战试验和在役考核需求,制定武器装备人机结合性客观试验方法标准很有必要。

(5)国内外标准现状。美国是公认的武器装备人因试验技术总体水平最高和人机结合性最好的国家,受人文主义文化传统和职业军人制度影响,美军对生命价值极度重视。20 世纪60 年代开始至今,美军就关注人的因素,逐步开展了人因工程(HFE)和人因体系整合(HSI)(也有译为人因系统综合)试验。美国武器装备发展中对人的因素关注,经历了人适应机、机适应人、人机匹配[训练、人因工程(HFE)、人机交互]等阶段,现已进入与人有关因素的人因体系整合 HSI(英国称为 HFI)新阶段。目前美军人机结合性试验以体系化的人因体系整合 HSI 试验为新模式,以人因工程 HFE 为重点,始终关注系统安全、健康危害,并重点加强对虚拟仿真试验技术和软件人机界面试验技术研究。即由人因工程(HFE)领域拓展向人力、人员、训练、人因工程、系统安全、健康危害、可居住性及生存性等作战体系 8 个领域,但人因工程(HFE)仍是人因体系整合(HSI)试验重点,TOP 1-2-610《人机工程》的人因工程(HFE)试验标准,涉及照明测量、噪声测量、振动和冲击测试、温湿度和通风测量、可视性测量、语音清晰度试验、工作区和人体测量、力/力矩测量、HFE 设计检查表、面板共性分析、可维修性评估、人员绩效评估、出错可能性分析、乘员组绩效、信息系统、训练评估、工作负荷评估、任务检查表、调查表和访谈、手的灵巧性、寒区服装和装备、健康危害测评和软件界面等 20 个方面。在TOP 1-1-015《人因体系整合》中提出虚拟仿真试验技术要求,在 TOP 1-1-059《士兵计算机界面》提出软件界面试验技术。美军人机结合性试验标准,除了 HFE 顶层标准 MIL-STD-46855、MIL-STD-1472、MIL-HDBK-759、MIL-HDBK-763(分别对应国军标 GJB 3207《军事装备和设施的人机工程要求》、GJB 2873《军事装备和设施的人机工程设计准则》、GJB/Z 131《军事装备和设施的人机工程设计手册》、GJB/Z 134A《人机工程实施程序与方法》)外,美国还制定了 TOP 1-1-015《人因系统整合》、TOP 1-2-610《人机工程》等装备试验鉴定领域通用、系统、专用等多种人机结合性试验方法标准。从国内人机结合性试验评估标准来看,对人机结合性的因素还主要限于人机工程视角,只引进和转化了美军顶层的人因设计分析标准,制定了 GJB 3207、GJB/Z 134、GJB 2873、GJB/Z 131 等 4 个顶层人机工程标准,这些标准试验方法缺乏可操作性,而各类人因评估准则标准分散,各类装备试验规程类标准制定各自为战而缺少系统性,方法不一致、不统一,类似于国外的专用试验标准还没有建立,从而导致试验工作中标准选用剪裁困难而不规范,人机结合性试验不充分,人机结合性差,交付部队的装备"不好用"。客观试验方法也比较分散,因此,需针对作战试验和在役考核需求,制定武器装备人机结合性客观试验方法标准。

4. 装备人机结合性主观试验方法

(1)项目建议。制定项目。可作为国军标,也可制定试验行业标准。试验单位可作为推荐性技术规范标准文件在质量管理中进行成文信息管理和知识管理。可将 GJB/Z 134A-2012《人机工程实施程序与方法》和美军 TECOM Pam502-1《人机系统调查问卷和访谈表设计(主观试验技术)》作为参考文献,制定武器装备人机结合性主观试验方法标准,标准文件形式为技术指南标准(指导性技术文件),标准名称可确定为《武器装备人机结合性主观试验技术指南调查问卷和访谈表设计》,分为面谈、问卷、检查表多个部分标准。项目标准化空间属性为 S(R,E,K)=(2/3,4/6,1)。

(2)主要内容。武器装备面谈、问卷、检查表等主观试验方法,包括装备操作方便性;人机交互界面友好性;舱室活动空间对乘员影响;舱室废气浓度;噪声大小和振动强度;紧张激烈的战斗环境下对人员操作和维修能力影响等。

(3)适用范围。可用于常规武器装备状态鉴定性能试验、列装定型作战试验、在役考核等试验的装备人机结合性主观试验。

(4)需求分析。随着信息化战争和以信息技术为核心的现代军事高技术发展,武器装备表现为性能更加先进、结构更加复杂、功能更加多样、信息处理量更加庞大、自动化和智能化水平更高,但作战环境更加恶劣,这些对军事人员决策、监控、操作、维修保养功能发挥提出更高要求。而人肌肉工作能力、感知工作能力有一定限度。如果装备研制中出现人机功能分配和人-机-环境系统设计不合理,装备就难以发挥其火力准确性、反应快速性、探测能力、鉴别能力等战术技术性能,并以人为作业差错方式影响任务可靠性,还会发生功能失灵甚至严重事故。装备人机结合性试验主要是评估装备是否充分考虑人机环境系统中人员特性、武器装备特性、环境特性,是否有利于三者信息传递和人机环境系统整体效能发挥,人机环境系统组合是否达到最优配合。武器装备使用人机结合性试验是考核装备人机环境关系是否和谐匹配必要手段,其对于全寿命周期中武器装备的可用性和可信性以及各种环境下作战效能发挥起着重要作用。目前国外人因试验技术先进国家美国制定了专门主观试验技术指南标准,而我国武器装备人机结合性试验技术标准,还主要关注的是工程设计中人机工程试验方法,对作战体系中出人机工程因素外其他人的因素考虑不足,各类装备试验基地和部队试验规程中的试验方法比较简单甚至无法操作,实践中表现为忽略或不重视主观试验,对面谈、问卷以及检查表等主观试验的设计缺乏适用性强技术指南类标准。因此,需针对作战试验和在役考核需求,制定人机结合性主观试验方法标准。

(5)国内外标准现状。目前美军武器装备试验技术先进,其对人因试验主观试验方法较重视,很早制定了 TECOM Pam 502－1《人机系统调查问卷和访谈表设计(主观试验技术)》技术指南标准。该标准是 TOP 1－1－015《人因系统整合》引用文件之一,是试验鉴定司令部指南性手册,最早于 1975 年 07 月 25 日发布实施,可见美国非常重视主观试验技术应用。该标准提供主观试验技术的试验和参考材料。它被用作设计指南,是军事装备研制试验计划、指导和报告方面应用主观技术的整体方法、已获得数据的表格和分析方法,是确定设计与研制的军事装备和武器系统是否适于合格的军事人员有效操作、维护不可缺重要工具,对于获得有效可靠数据评估"军人-装备界面"特别有意义。主观试验技术 TECOM Pamphlet 602－1 包括两册,第一册《调查表和面谈设计》描述数据处理方法,也描述了调查表和面谈的设计和管理技术。第 2 册描述了检查表(程序、设计、生命期保障和可维护性)、观察记录和错误报告的开发和使用技术。目前,我国武器装备人机结合性试验标准主要体现为 2 类标准,一是 GJB/Z 134A－2012《人机工程实施程序与方法》"8.6 人机试验与评价"中提供了 20 种方法,其方法包括 2 种观察法(连续和抽样直接观察)、3 种评价清单表格工具(规范符合性摘要表、人机工程数据评价指南、技术手册功能评价)、11 种测量记录(环境参数测量、被试经历记录、生理测量、人体参数和认知特性测量、事件记录、录音、照相、电影、录像、面谈、问卷)、1 种分析方法(统计分析)、3 种试验方法(系统记录评审、次任务监测和联机交互模拟)。其中主观试验方法有面谈、问卷以及检查表三种,包括概述、说明、程序、应用、与其他方法比较等 5 方面内容,但试验方法内容操作性较差。由于该标准面向工程设计,这些主观试验方法对武器装备人机结合性试验评价适用性较差,工业心理学最新成果并没有被其吸收。二是各种试验基地定型试验规程/方法和部队试验规程标准,但其中试验方法较单一,未被 GJB/Z 134 引用,甚至试验方法无法操作,例如 GJB 3998－2000 高炮部队试验规程"5.27 人机环境系统工程试验"中,其"5.27.3 试验方法"中的内容为"由试验业务组根据作战需要,结合部队试验的项目、突出特点,参照使用说明书制定人机环境系统工程试验方法",实际上标准未规范人机环境系统工程试验方法。

总之,我国武器装备人机结合性试验技术标准,主要关注工程设计中人机工程试验方法,考虑作战体系中人机工程外其他人的因素不足,现行各类试验基地/部队"试验规程"中试验方法较简单甚至无法操作,造成试验中忽略或不重视主观试验,对面谈、问卷以及检查表等主观试验的设计缺乏适用性强技术指南标准。因此,需针对作战试验和在役考核需求,制定装备人机结合性主观试验方法标准。

7.1.5　装备作战保障适应性试验方法

（1）项目建议。对现有装备作战保障相关内容进行拆分、补充、整合，应作为试验行业标准/军兵种标准。应明确作为协调性或推荐性标准文件使用并在质量管理中进行文件识别和文件控制。可按照军械、工程、光电、车辆、卫勤等作战保障要素制定多个标准，每个标准可分为多个部分标准，如军械保障适应性试验方法（轻武器、压制武器、反装甲武器和防空武器等）、工程保障适应性试验标准（道路、桥梁和伪装等）。标准文件形式为指导性技术文件。项目标准化空间属性为 $S(R,E,K)=(2/3,4/6,1)$。

（2）主要内容。综合保障试验方法标准。包括军械维修保障试验、工程维修保障试验、通用车辆维修保障试验、保障资源试验等。

（3）适用范围。用于保障装备作战、训练及开展状态鉴定、列装定型、在役考核等。

（4）需求分析。装备作战保障适应性试验方法标准对部队装备作战保障、作战训练、试验鉴定等规范和指导。装备作战保障方法是否适应作战要求、保障装备是否满足作战保障需求、作战保障的组织方法能否满足实战条件下保障要求等均需试验验证。目前我军各类保障资源建设还不成体系，保障内容、组织方法、未经过实战检验。成建制、成体系作战试验检验发现，分队作战保障体系难以支撑分队作战需求，需不断加强装备作战保障适应性试验考核。因此需对现有分队、部队保障适应性试验内容、方法、评估等规范，制定保障要素齐全、方法科学可行、评估准确的保障适应性试验方法标准。

（5）国内外标准现状。目前国内对各类作战保障要素规范的军标较多，如 GJB 2100 — 1994、GJB 3274 — 1998 等对飞机地面保障设备的动力、配套目录等进行规范，又如 GJB 4000 — 2000 对舰船保障系统的建造、保障系统的构成等进行规范，又如 GJB 7194 — 2011 对炮兵测地保障技术进行规范等，但标准未按照作战保障要素区分，系统性不强；对于相关保障系统试验考核没有统一方法，缺少相应评估判定；缺少成建制成体系作战试验及在役考核试验中对相关作战保障适应性试验方法规范。

7.1.6　装备型号试验规范/规程

（1）项目建议。对现有标准修订、拆分、补充、整合，应作为试验基地/试验单位的标准。宜作为试验基地标准，也可作为试验行业/军兵种标准，应明确作为技术协调公益推荐性共性技术标准文件使用并在质量管理中进行文件识别和文件控制。可按照军兵种各类装备型号制定由部分标准组成的多个标准综合体。标准名称可确定为《＊＊＊装备作战试验定型试验规程　第＊＊部分　＊＊＊》。应将装备个体操作使用试验方法标准、装备个体战术运用试验方法标准作为引用文件。标准文件形式为指导性技术文件。标准文件形式为指导性技术文件。项目标准化空间属性为 $S(R,E,K)=(1/3,4/6,1)$。

（2）主要内容。各类装备型号试验规程，包括试验方法、条件、数据处理、评估方法等。

（3）适用范围。用于装备作战试验鉴定，也可用于性能鉴定、在役考核。

（4）需求分析。装备型号试验规程主要用于规范型号装备研制、鉴定中规范试验鉴定相关内容，包括型号装备试验的组织管理、型号试验的试验方法、条件、数据采集内容、评估方法等，为型号研制工作提供依据，为装备型号鉴定提供参考。目前国军标中有大量装备型号定型试验规程，缺少作战试验、在役考核规程标准，需进一步完善。

(5)国内外标准现状。目前在国军标体系中有大量型号定型试验规程,如 GJB 4711 — 1995《军用直升机试验规程》、GJB 4719 — 1995《反坦克武器系统部队试验规程》、GJB 7058 — 2010《炮弹引信定型试验规程》等,规程主要规范试验基地定型试验和部队试验的组织实施、试验方法、试验条件、试验数据采集和评估方法,是在支撑原有定型模式,完成各型装备设计定型、生产定型、部队试验的主要参考,但目前新的鉴定体系逐步建立起以性能鉴定、作战试验、在役考核为主的试验鉴定考核体系,相应的作战试验规范/规程还需在部队试验规程标准基础上修订,补充型号(即单装)作战试验规范/规程标准,应按照型号研制需求逐一编写标准,以保障相关试验的顺利实施。

7.2　作战效能评估技术标准

7.2.1　装备型号单项效能评估方法

1. 指挥控制效能评估方法标准

(1)项目建议。制定项目,宜作为试验行业标准/军兵种标准,也可作为国家军用标准。应明确作为推荐性试验评估方法标准文件使用并在质量管理中进行文件识别和文件控制。可分为指挥效能和通信效能评估方法标准。标准文件形式为指导性技术文件。项目标准化空间属性为 $S(R,E,K)=(2/3,4/6,1)$。

(2)主要内容。指挥控制效能评估指标选择、指标评估模型构建、多指标综合评估方法等。

(3)适用范围。用于常规武器装备状态鉴定性能试验、列装定型作战试验、在役考核等试验的指挥控制效能评估。

(4)需求分析。指挥控制效能对武器装备指挥控制能力度量。指挥控制手段有无线电通信、有线通信和无线电接力通信等。通信系统是指挥控制关键,其基本职能是传递信息,包括空情、指挥命令和战场情况等,并协调作战行动等,区分为指挥通信、协同通信、报告通信、后方通信和技术保障通信。作为通信枢纽,需要完成的通信任务和能够接转的通信任务是随机不确定的,当需求超过能力时,就可能接不通而必须等待。所以通信系统接通概率、平均通信时间与误码率等,以及指挥系统收发情报的延迟时间和系统指示目标位置的精度等评估重点。目前国军标有部分军标内规定的指标计算方法可以借鉴,但还没有专门指挥控制效能评估标准,现有试验基地定型规程和试验方法标准以及部队试验规程标准都缺少指挥控制效能评估方法内容。

(5)国内外标准现状。目前,与陆军、海军指挥控制系统相关的国军标有 GJB 8462 — 2015《地炮火力控制与指挥控制系统定型试验规程》、GJB 1180 — 1991《高炮指挥仪定型试验方法》、GJB 1571A — 1999《地炮营(连)射击指挥系统定型试验方法》、GJB 3650 — 1999《野战防空指挥自动化系统部队试验规程》、GJB 4375 — 2002《炮兵指挥自动化系统部队试验规程》、GJB 6427 — 2008《舰艇作战指挥系统仿真试验方法》、GJB 866 — 1990《水面舰艇作战指挥系统定型试验规程》等,内容多为试验方法以及单指标计算方法,评估方法未成体系。需开展指挥控制效能评估方法研究,制定指挥控制效能评估方法标准。

2. 信息攻防效能评估方法标准

(1)项目建议。制定项目,应作为国家军用标准。应明确作为推荐性试验评估方法标准文件使用并在质量管理中进行文件识别和文件控制。可分为雷达对抗、通信对抗和光电对抗效能评估方法等多个部分标准,标准名称可确定为《武器装备信息攻防效能评估方法　　第＊＊部分　　＊＊＊》。标准文件形式为指导性技术文件。项目标准化空间属性为 $S(R,E,K)=(2/3,4/6,1)$。

(2)主要内容。信息攻防效能评估指标选择、指标评估模型构建、多指标综合评估方法等。

(3)适用范围。可用于常规武器装备状态鉴定性能试验、列装定型作战试验、在役考核等试验的信息攻防效能评估。

(4)需求分析。信息攻防设备主要包括雷达设备、通信设备和光电设备三大类,信息攻防作战主要用途包括:实施电子侦察、获取军事情报;保持通信联络顺畅,保障作战指挥的顺利实施;干扰、迷惑、破坏敌方的通信联络,中断其指挥;干扰、破坏敌方雷达体系,保障己方雷达正常工作;实施电子伪装,隐蔽作战企图。信息攻防设备的截获概率、发现距离、测频精度、测向精度和截获时间等都是重点关注的内容。目前国军标中 GJB 6190 — 2008《电磁屏蔽材料屏蔽效能测量方法》、GJB 3039 — 1997《舰船屏蔽舱室要求和屏蔽效能测试方法》、GJB 5185 — 2003《小屏蔽体屏蔽效能测量方法》、GJB 5240 — 2004《军用电子装备通用机箱机柜屏蔽效能要求和测试方法》、GJB 5362 — 2005《导弹壳体屏蔽效能测量方法》、GJB 6785 — 2009《军用电子设备方舱屏蔽效能测试方法》与信息攻防效能的评估有一定相关性,但评估对象差别较大。需研究制定信息攻防效能评估方法标准。

(5)国内外标准现状。GJB 6190 — 2008《电磁屏蔽材料屏蔽效能测量方法》只适用于金属网、导电薄膜、导电玻璃、导电布、导电介质板、导电橡胶板、导电衬垫等电磁屏蔽材料屏蔽效能的测量,其中规范了屏蔽效能计算公式及测量方法。GJB 3039 — 1997《舰船屏蔽舱室要求和屏蔽效能测试方法》规范了舰船屏蔽舱室屏蔽效能测试方法,给出了磁场屏蔽效能计算公式。GJB 5185 — 2003《小屏蔽体屏蔽效能测量方法》主要规范了小屏蔽体屏蔽效能的测量要求和测量方法,屏蔽效能模型由无屏蔽体时测得的信号电平与有屏蔽体时测得的最大信号电平的差值来表示。GJB 5240 — 2004《军用电子装备通用机箱机柜屏蔽效能要求和测试方法》给出机箱机柜效能要求、测试方法、效能计算方法。GJB 5362 — 2005《导弹壳体屏蔽效能测量方法》、GJB 6785 — 2009《军用电子设备方舱屏蔽效能测试方法》同样规范了相应装备的屏蔽效能的测量和计算方法。以上军标都是针对部件效能展开,效能计算结果可作为一个效能指标加以应用,但是与作战试验信息攻防装备效能的评估有显著区别。

3. 侦查探测效能评估方法标准

(1)项目建议。制定项目,应作为国家军用标准。应明确作为推荐性试验评估方法标准文件使用,并在质量管理中进行文件识别和文件控制。可分为单兵侦察装备、雷达侦察装备和空中侦察装备等等多个部分标准,标准名称可确定为《武器装备侦察探测效能评估方法　　第＊＊部分　　＊＊＊》。标准文件形式可以为指导性技术文件。标准文件形式可以为指导性技术文件。项目标准化空间属性为 $S(R,E,K)=(2/3,4/6,1)$。

(2)主要内容。侦察探测效能评估指标选择与评估模型构建、多指标综合评估方法等。

(3)适用范围。用于常规武器装备状态鉴定性能试验、列装定型作战试验、在役考核等试验中侦察探测效能评估。

(4)需求分析。侦察装备主要包括陆、海、空、天等侦察资源,主要包括无线电通信侦察、照相侦察、雷达侦察和传感器侦察等,主要作用是发现目标、识别目标、监视目标、跟踪目标和定位目标等。侦察探测在作战中作用无法替代,是战争胜利先决条件。侦察效能系统的侦察范围、发现概率、精度、时间、识别概率、定位概率和跟踪概率是重点。目前国军标有部分指标计算方法可以借鉴,但没有专门侦察探测效能评估标准,现有试验基地定型规程/方法标准及部队试验规程标准,缺乏侦察探测效能评估方法内容。

(5)国内外标准现状。目前,与侦察系统相关国军标有 GJB 4261 — 2001《激光测距侦察设备部队试验规程》、GJB 4791 — 1997(GJB/Z 20420.4 — 1997)《光学侦察装备通用规范部队试验规程》、GJB 4798 — 1997(GJB/Z 20429 — 1997)《炮兵侦察校射雷达部队试验规程》等,内容多为单指标计算方法,需研究制定侦察探测效能评估方法标准。

4. 火力打击效能评估方法标准

(1)项目建议。制定项目,应作为国家军用标准。应明确作为推荐性试验评估方法标准文件使用并在质量管理中进行文件识别和文件控制。可分为轻武器、制导武器、非致命武器等多个标准综合体,标准名称可为《＊＊＊装备侦察探测效能评估方法第＊＊部分＊＊＊＊＊＊＊》。标准文件形式可以为指导性技术文件。项目标准化空间属性为 $S(R,E,K) = (2/3,4/6,1)$。

(2)主要内容。火力打击效能评估指标选择与评估模型构建、多指标评估方法等部分。

(3)适用范围。可用于常规武器装备状态鉴定性能试验、列装定型作战试验、在役考核等试验的火力打击效能评估。

(4)需求分析。火力杀伤武器系统最重要的单项效能指标是火力打击效能,在武器系统计划、研制、定型、生产和使用中有广泛应用。火力打击包括导弹射击、火炮射击和投弹轰炸机等战斗部作用目标活动。火力打击效能是衡量武器系统一定情况下完成射击任务程度。射击任务包括命中目标事件和毁伤目标,是火力打击效能评估重点。目前还没有专门的针对火力打击效能评估方法国军标,现有试验基地定型试验规程/方法标准以及部队试验规程标准缺少火力打击效能评估方法。因此,需研究制定火力打击效能评估方法标准。

(5)国内外标准现状。目前我国国军标中,与武器装备火力打击效能有关的标准主要有 GJB 8333 – 2015《小口径易碎弹毁伤效能评估方法》,该标准规范了小口径易碎弹毁伤效能评估的指标体系、试验方法、数据处理和评估准则等内容,只是火力打击效能的一部分,可以作为参考,还需制定专门的火力打击效能评估标准。

5. 综合防护效能评估方法标准

(1)项目建议。制定项目,应作为国家军用标准。应明确作为推荐性试验评估方法标准文件使用并在质量管理中进行文件识别和文件控制。标准文件形式为指导性技术文件。项目标准化空间属性为 $S(R,E,K) = (2/3,4/6,1)$。

(2)主要内容。综合防护效能评估指标选择与评估模型构建、多指标综合评估方法等。

(3)适用范围。用于常规武器装备状态鉴定性能试验、列装定型作战试验、在役考核等试验的综合防护效能评估。

(4)需求分析。装备防护性包括形体防护、迷彩防护、装甲防护、烟幕防护和特殊防护(如火警、灭火、三防系统)等。防止被发现、防止被命中、防止被穿透和防止被毁伤是防护效能评估主要方面,其中被发现时间、被发现概率、被命中概率、被穿透程度和被毁伤程度是重点。目前国军标中,与防护相关军标有 GJB 4505 — 2002《发烟装备红外干扰效能野外评价方法》、GJB 3994 — 2000《装甲车辆防护性能评定》,但只是针对单型装备,且判定指标为几个典型战术技术指标,未成体系。因此,需研究制定综合防护效能评估方法标准。

(5)国内外标准现状。GJB 4505 — 2002《发烟装备红外干扰效能野外评价方法》主要规范了烟幕形成时间、有效干扰时间、烟幕干扰尺寸、烟幕干扰面积等计算方法,这些指标作为单项指标,未进行多指标综合计算。GJB 3994 — 2000《装甲车辆防护性能评定》明确了采用层次分析法判定装甲车辆防护性能的方法。

6. 战场机动效能评估方法标准

(1)项目建议。制定项目,应作为国家军用标准。应作为推荐性试验评估方法标准文件使用并在质量管理中进行文件识别和文件控制。标准文件形式可以为战场机动效能评估方法指南。项目标准化空间属性为 $S(R,E,K)=(2/3,4/6,1)$。

(2)主要内容。战场机动效能评估指标选择与评估模型构建、多指标综合评估方法等。

(3)适用范围。用于常规武器装备状态鉴定性能试验、列装定型作战试验、在役考核等战场机动效能评估。

(4)需求分析。机动是战斗基础,贯穿作战过程始终。武器装备在战场上机动,对于控制战场、达成有利态势和迅速歼敌等具有关键作用。不同装备机动力不同,以自行高炮、地炮、装甲车、坦克等装备为例,越壕宽、对垂直墙高、涉水深、单位平均压力、最大爬坡度、最大行程和浮力储备等(越障)能力,越野平均速度、公路平均速度、最大速度、水上行驶速度等速度指标及可运输性是评估重点。目前国军标中还没有专门战场机动效能评估标准,现有试验基地定型规程和试验方法标准以及部队试验规程标准缺少战场机动效能评估方法内容。因此,有必要研究制定战场机动效能评估方法标准。

(5)国内外标准现状。目前国军标中机动性相关军标主要是 GJB 59《装甲车辆试验规程》系列,多为性能指标计算方法,效能指标可选用性能指标,如 GJB 59.41 — 1992《装甲车辆试验规程首发命中概率测定》。也有部分能力试验内容,如 GJB 59.43 — 1992《装甲车辆试验规程相互牵引能力试验》、GJB 59.55 — 1992《装甲车辆试验规程自救能力试验》、GJB 59.68 — 2004《装甲车辆试验规程第 68 部分:油料运输与加注能力试验》、GJB 59.83 — 2011《装甲车辆试验规程第 83 部分:乘员持续工作能力试验》、GJB 59.76 — 2008《装甲车辆试验规程第 76 部分:武器系统持续工作能力试验》,其中也有指标测量和计算方法。但没有专门战场机动效能评估方法标准,现有试验基地定型试验规程/方法标准及部队试验规程标准缺少战场机动效能评估方法。因此,需制定战场机动效能评估方法标准。

7. 综合保障效能评估方法标准

(1)项目建议。制定项目,应作为国家军用标准。应明确作为推荐性试验评估方法标准文件使用并在质量管理中进行成文信息管理和知识管理。标准文件形式为指导性技术文件。项目标准化空间属性为 $S(R,E,K)=(2/3,4/6,1)$。

(2)主要内容。综合保障效能评估指标选择与评估模型构建、多指标综合评估方法等。

(3)适用范围。用于常规武器装备状态鉴定性能试验、列装定型作战试验、在役考核等试验的综合保障效能评估。

(4)需求分析。综合保障包括武器装备技术检查和日常维护保养,油料、弹药等物质保障,装备运输保障,装备抢修等。目前国军标 GJB 1909A — 2009《装备可靠性维修性保障性要求论证》对保障性有部分规范,但没有专门的综合保障效能评估方法标准,现有试验基地定型试验规程/方法标准以及部队试验规程标准缺乏综合保障效能评估方法。因此,有必要研究制定综合保障效能评估方法标准。

(5)国内外标准现状。GJB 1909A — 2009《装备可靠性维修性保障性要求论证》中规范了采用由综合指标到单项指标、由系统级指标到分系统指标或部件指标的过程,明确了任务频率、任务持续时间、战场损伤概率、战斗损伤和自损比例、战损等级划分、战场损伤修复时间、战时抢救抢修能力和部署机动能力等指标计算示例,获取方法有专家调查法、仿真和作战对抗模拟等。但是没有系统的综合保障效能评估标准,现有试验基地定型试验规程/方法标准以及部队试验规程标准缺少综合保障效能评估方法内容。

7.2.2　装备型号系统效能评估方法

(1)项目建议。制定/修订项目,应作为试验行业标准/军兵种标准。应明确作为推荐性试验评估方法标准文件使用并在质量管理中进行成文信息管理和知识管理。可区分传感器类装备(侦察无人机、预警雷达、侦察舰船等)、指挥控制类装备(情报处理装备、参谋作业装备、辅助决策装备、指挥控制装备、导航控制装备等)、通信类装备(微波通信网、地面主干通信网等)、作战行动类装备(火力打击装备、信息攻防装备、作战保障装备等)和保障装备(装备技术保障装备、后勤保障装备等)系统效能评估方法等多个标准综合体,也可区分为信息装备、主战装备和技术保障装备和后勤保障装备等装备型号系统效能评估方法标准。标准名称可确定为《＊＊＊装备系统效能评估方法指南　　第＊＊部分　　＊＊＊》。标准文件形式可以为型号系统效能评估方法指南。项目标准化空间属性为 $S(R,E,K)=(2/3,4/6,1)$。

(2)主要内容。装备型号系统效能评估指标选择、指标评估模型构建以及多指标综合评估方法等部分。

(3)适用范围。用于常规武器装备状态鉴定性能试验、列装定型作战试验、在役考核等装备型号系统效能评估。

(4)需求分析。武器系统效能评估在武器系统的设计、研制、试验、采购、使用及维护等各个阶段十分重要,也是装备论证必不可少的有效工具和方法。在装备论证中,论证人员应提出新型武器装备型号系统在未来作战使用中应具备的效能水平,并根据型号系统方案衡量新型武器装备在作战使用中的作战能力。在装备全寿命周期的其他阶段,武器系统效能是提供决策依据重要手段。目前,系统效能评估国军标主要有 GJB 1364 — 1992《装备费用－效能分析》、GJB 6704 — 2009《无人侦察机效能分析方法》、GJB 3904 — 1999《地地导弹武器作战系统作战效能评估方法》、GJB 4113 — 2000《装甲车辆效能分析方法》,标准类型少、装备涵盖面不全。因此,有必要研究制定装备型号系统效能评估方法标准。

(5)国内外标准现状。GJB 1364 — 1992《装备费用－效能分析》规范了影响效能的几个因素,度量指标的选取原则,给出 ADC 法计算系统效能的数学模型。GJB 6704 — 2009《无人侦察机效能分析方法》规范了无人侦察机系统效能评估一般程序、无人侦察机系统效能计算模型,包括无人机效能、数据链效能、地面控制站效能、任务载荷效能、情报处理与分发系统效能和综合保障效能等,分别规范了分项效能计算模型、指标体系和计算方法等内容。GJB 3904

— 1999《地地导弹武器作战系统作战效能评估方法》系列标准主要有总则、主战系统、保障系统、作战指挥系统和作战系统,虽然标准名称为作战效能,但其方法和评估内容主要以系统效能为主;将主战系统作战效能分为生存能力、可靠性、突防能力和打击目标能力四个系列军标部分,保障系统作战效能分为作战保障系统、后勤保障系统、装备技术保障系统三个部分,作战指挥系统作战效能分为指挥决策系统和指挥保障系统两部分,构建评估指标体系,给出指标计算方法;GJB 3904.4 — 1999 规范了由主站系统、保障系统、作战指挥系统组成的作战系统评估方法。GJB 4113 — 2000《装甲车辆效能分析方法》对指标效能、系统效能、效能指数、作战效能以及其他效能度量做出了说明,其中指标效能主要指构建指标体系中的单项指标,系统效能采用 ADC 法计算,效能指数采用加权和法、模糊综合法和幂指数法计算,作战效能采用计算机仿真模型推演战斗过程,模型运用较灵活,可运用单一模型/综合运用不同模型,也可在不同层次、阶段分别运用不同模型。计算可运用效能值方案排序,并给出加权和法计算主战坦克系统效能示例。

7.2.3　装备型号系统效能评估规程

(1)项目建议。制定项目,宜作为试验基地标准,也可作为试验行业/军兵种标准。应明确作为推荐性试验评估规程标准文件使用在质量管理中进行成文信息和知识管理。应将装备型号单项效能评估方法标准、装备型号系统效能评估方法标准作为引用文件。标准文件形式为指导性技术文件。项目标准化空间属性为 $S(R,E,K)=(2/3,4/6,1)$。

(2)主要内容。传感器类装备(侦察无人机、预警雷达、侦察舰船等)、指挥控制类装备(导航控制装备、指挥控制装备、情报处理装备、参谋作业装备、辅助决策装备等)、通信类装备(微波通信网、地面主干通信网等)、作战行动类装备(火力打击装备、信息攻防装备、作战保障装备等)、保障装备(装备技术保障装备、后勤保障装备等)系统效能评估规程。

(3)适用范围。用于常规武器装备性能鉴定试验、作战试验、在役考核等试验的系统效能评估一般要求。

(4)需求分析。目前国军标中还没有专门的装备型号系统效能评估规程标准。因此,有必要研究制定装备型号系统效能评估规程标准。

(5)国内外标准现状。目前国军标中还没有专门的装备型号系统效能评估规程标准。

7.2.4　装备体系作战效能评估方法

(1)项目建议。制定项目,应作为试验行业标准/军兵种标准。应明确作为推荐性试验评估方法标准文件使用并在质量管理中进行成文信息和知识管理。可区分轻型高机动部队装备、陆军空中突击部队装备、防空部队装备、边防部队装备、特种作战部队装备、空军空中攻击编队装备等基本作战单元在不同地域、不同作战样式下的装备体系作战效能评估方法标准。标准文件形式可以为体系效能评估方法指南。项目标准化空间属性 $S(R,E,K)=(2/3,4/6,1)$。

(2)主要内容。装备型号体系贡献率(装备型号对体系作战能力贡献率、装备型号对体系单项作战效能贡献率、装备型号对体系作战任务效能贡献率)、装备型号体系融合度和基本作战单元作战效能评估等通用方法。

(3)适用范围。用于常规武器装备状态鉴定性能试验、列装定型作战试验、在役考核等试验的装备体系作战效能评估。

(4)需求分析。在军事战略思想指导下,装备体系是为完成作战任务而由功能上相互支持、性能上相互协调的各类武器装备或系统,按照一定结构综合而成的更高层次武器装备系统。在此基础上给出各种具体武器装备体系定义。例如,防空反导体系可以定义为根据防空反导作战要求,在特定地域,按照多层防线、多空域要求进行部署,由各种在功能上相互联系、相互作用、性能上相互补充,具备防空反导功能的武器装备系统按照特定的结构综合集成的一类更高层次的防空反导武器装备系统。装备体系作战效能是指体系实现特定作战任务目标的有效程度,即在给定威胁、条件、环境和作战方案下,体系完成任务的效果。通过体系作战效能评估可以为装备发展论证、型号的设计和研制、作战方案优化或检验等提供有力的方法支撑。目前,我国国军标 GJB 3904 — 1999《地地导弹武器作战系统作战效能评估方法》系列标准中有相关内容涉及,但其研究对象主要为武器系统,与体系作战效能评估方法还有区别。因此,有必要研究制定装备体系作战效能评估方法标准。

(5)国内外标准现状。国军标只有 GJB 3904.1 — 1999《地地导弹武器作战系统作战效能评估方法总则》中规范了由主站系统作战效能、保障系统作战效能、作战指挥系统作战效能构成地地导弹武器系统作战效能构成的框架,其中保障系统作战效能又区分为作战保障系统作战效能、后勤保障系统作战效能、装备技术保障系统作战效能。推荐了解析法、指数法、模拟法、德尔菲法、模糊综合评判法、类比法等几种常用方法,明确了评估步骤。

7.2.5　装备体系作战效能评估规程

(1)项目建议。制定项目,宜作为试验基地标准,也可作为试验行业/军兵种标准。应明确作为推荐性试验评估规程标准文件使用并在质量管理中进行成文信息和知识管理。应将装备型号单项效能评估方法标准、装备体系作战效能评估方法作为引用文件。标准文件形式可为体系效能评估规程。项目标准化空间属性 $S(R,E,K)＝(3/3,4/6,1)$。

(2)主要内容。轻型高机动部队装备体系、陆军空中突击部队装备、特种作战部队装备、空军空中攻击编队装备的编配部署、体系组成、指挥控制、网络通信等基本作战单元作战效能评估规程。

(3)适用范围。用于常规武器装备性能鉴定试验、作战试验、在役考核等试验的体系作战效能评估一般要求。

(4)需求分析。目前已开展轻型高机动部队作战试验任务,但国军标中还没有专门的装备体系作战效能评估规程标准。因此,有必要研究制定装备体系作战效能评估规程标准。

(5)国内外标准现状。目前国军标中还没有专门的装备体系作战效能评估规程标准。

7.3　作战适用性评估技术标准

7.3.1　战场环境适用性评估方法

1. 战场自然环境适用性评估方法

(1)项目建议。对现行标准修订、拆分、补充和整合,应作为国家军用标准。应明确作为推荐性共性技术标准文件使用并在质量管理中进行成文信息和知识管理。可分为空中环境、气象环境、地理地表环境和水文环境等多个自然环境适用性评估标准等系列标准,每个系列标准可分为多个部分标准,如空中环境(低空、中空、高空)、气象环境(温度、湿度、气流、光照环境、能见度环境、降水环境、云层环境等)、地理地表环境(高原、山地、丘陵、盆地、平原、草原、沙漠、水网、冰盖等)和水文环境(水温、水流、潮汐、浪涌、水体、腐蚀、能见度、水底等)。标准文件形式可为武器装备自然环境适用性试验评估技术指南。项目标准化空间属性 $S(R,E,K) = (2/3,4/6,1)$。

(2)主要内容。武器装备在空中环境、气象环境、地理地表环境、水文环境等环境中的环境适用性评估方法。

(3)适用范围。用于常规武器装备状态鉴定性能试验、列装定型作战试验、在役考核等试验的自然环境适用性评估。

(4)需求分析。环境适应性是装备重要质量特性。对于军用装备,不适应环境就无法发挥作战效能。提高装备环境适应性,充分的环境试验评价是必由之路。美国对环境试验工作非常重视,制定一系列大气自然环境试验标准,如 TOP 1-2-616《热带暴露试验》、MTP 3-4-01《兵器和单兵武器的沙漠环境试验》、MTP 3-4-03《兵器和单兵武器的热带环境试验》和 MTP 3-4-07《无后座炮北极环境试验》等,《美国国防部核心技术计划》把"环境效应"列为 11 项核心技术领域之一;美军标 MIL-STD-810F 对环境试验重新定位,把环境试验提高到装备环境工程高度列入装备环境工程重要组成部分,促进环境试验评价技术发展。俄罗斯对整机环境试验非常重视,其环境试验通用标准 ГОСТ 20.57-406-89 和 ГОСТ 16962.1/16962.2 规范优先考虑用整机进行环境试验原则。我国军用标准 GJB 4239—2001《装备环境工程通用要求》标志着我国装备环境工程工作与国际接轨。但我国武器装备自然环境试验标准与国外相比还具有一定差距,现有实验室环境试验标准是以统一的方法或确定数据面貌出现,这些方法和数据如何应用,缺少指导文件,尤其是缺少环境试验剪裁指导文件和试验技术指导文件,标准对于自然环境试验适用性不足;现有部队试验规程类标准中,武器装备自然环境试验方法还存在自然环境条件简单,对平台环境条件和微气候环境条件考虑较少,评估方法简单等问题;而专用的自然环境试验标准只有工业部门编制的 GJB 6458.25~6458.27《火箭炮试验方法》,其中只规定了沙漠、湿热/寒区的温湿度条件等少数几种自然环境条件。因此,有必要开展自然环境试验评估标准化研究项目,制定空中环境、气象环境、地理地表环境和水文环境等多个自然环境适用性试验评估标准,每个标准可分为多个部分标准。

(5)国内外标准现状。目前国外民用、工业环境试验标准基本还是以国际电工委员会(IEC)的 68 号出版物中规定的试验方法为主要依据,民用航空工业则以美国航空无线电技术委员会(RTCA)和欧洲民用航空电子组织(EURACA)一致同意的 IS07137《民用机载设备环境条件和试验方法》作为适航取证用环境标准。而自 1965 年发布美国军用标准 MIL-STD-810《空间及陆用设备环境试验方法》以来,各国军用环境试验标准逐步向 810 靠拢,目前其最新版本为 MIL-STD-810D《环境试验方法和工程导则》,而从美军武器装备试验行业标准看,《美国陆军装备试验操作规程》按装备类别和环境类型交叉分类,制定了一系列大气自然环境试验标准,如:TOP1-2-616《热带暴露试验》、MTP 3-4-01《兵器和单兵武器的沙漠环境试验》、MTP 3-4-03《兵器和单兵武器的热带环境试验》、MTP 3-4-07《无后座炮北极环境试验》等。除试验标准以外,国外还制定一些环境条件标准,如美国军标 MIL-STD-210C《确定军用系统和设备设计和试验用的气候环境资料》,IECTC 75 环境条件分类技术委员会制定的 721-2 出版物《自然界出现的环境条件》和 721-3 出版物《环境参数及其严酷度等级组合分类》。还有一些指导性出版物,如美国工程设计手册《环境部分》(共五册)和美国陆军规程 AR 70-38《在极端环境条件下所用装备的研究、发展、试验与鉴定》等。目前我国武器装备试验标准主要是 GJB 4239—2001《装备环境工程通用要求》、GJB 150《军用设备环境试验方法》(以 810C 为蓝本适当参考 810D)、GJB 360《电子元器件环境试验方法》(等效采用 MIL-STD-202F)、GJB 4《舰船设备环境条件和试验方法》、HB5830《机载设备环境条件及试验方法》等实验室环境试验,但这些现有环境试验标准都是以统一方法或确定的数据面貌出现,这些方法和数据如何应用,缺少指导文件,尤其是缺少环境试验剪裁指导文件和试验技术指导文件,这些标准对于自然环境试验适用性不足。而与自然环境试验有关标准可分为三种:一是自然环境条件要求标准,如 GJB 1172《军用设备气候极值》、HB5652.1《军用设备气候极值温度》、HB5652.2《军用设备气候极值压力》、GJB 282.1~282.4 装甲车辆环境条件,但不同标准中装备环境条件还存在不一致问题;二是标准名称中包含"自然环境"的标准,但只有 3 项(GJB 6458.24—2008《火箭炮试验方法第 24 部分:沙漠自然环境试验》、GJB 6458.25—2008《火箭炮试验方法第 25 部分:湿热自然环境试验》、GJB 6458.26—2008《火箭炮试验方法第 26 部分:寒区自然环境试验》),该标准适用于火箭炮一种装备型号,是工业部门编制的自用标准,自然环境只考虑了沙漠、湿热/寒区的温湿度条件等少数几种自然环境条件;三是在部队试验规程中规范了自然环境适应性试验,但试验项目名称不统一,自然环境条件基本只有热区/寒区温度和降雨/降雪天气及夜间等简单自然环境条件,如 GJB 3998—2000《高炮部队试验》中"5.22 机动性试验、5.23 夜间操作试验、5.28 环境适应性试验"中只规定了"2 种以上路面"但对路面(地理地表自然环境条件)没有具体规定,环境试验只规定了检验"湿热地区、严寒地区和其他环境中的适应性",而试验要求"符合试验大纲规定",本来试验大纲制定应以标准为依据并与相关方技术协商,而试验标准要符合试验大纲就出现了交叉引用问题,等于没有标准;又如 GJB 5179—2004《火箭炮部队试验规程》中"4.2.4 野战环境使用适应性试验",要求热区高温环境、雨天、夜间,寒区低温环境、雪天、夜间等六种自然环境条件下考核自然环境适应性,但评估内容只有"作战准备和作战实施时的方便性,作用确实可靠,综合分析有关数据……"过于简单,操作性不强,未考虑对环境试验结果分析及 GJB 150.1A—2009《军用装备实验室环境试验方法第 1 部分:通用要求》中"3.15 环境效应和失效判据"内容。

总之,现有武器装备自然环境标准存在自然环境条件简单,对平台环境条件和微气候环境条件考虑较少,评估方法简单等问题,因此,需开展自然环境试验评估标准化研究项目,制定空中环境、气象环境、地理地表环境、水文环境等自然环境适用性试验评估标准,每个标准可分为多个部分标准。

2. 联合火力环境适用性评估方法规范

(1)项目建议。制定项目。应作为试验行业标准或军兵种试验标准,也可作为国家军用标准。应明确作为推荐性共性技术标准文件使用并在质量管理中进行成文信息和知识管理。可分为敌方联合火力环境、我方联合火力环境环境适用性评估方法标准。项目标准化空间属性为 $S(R,E,K)=(2/3,4/6,1)$。

(2)主要内容。敌方联合火力和我方联合火力环境下的环境适用性评估方法。

(3)适用范围。用于常规武器装备状态鉴定性能试验、列装定型作战试验、在役考核等试验的联合火力环境适用性评估。

(4)需求分析。联合作战是现代战争基本特征,联合火力环境包括敌方联合火力和我方联合火力环境。敌方联合火力环境是指敌方联合火力威胁,主要包括远程火力威胁和近距离作战火力威胁,远程火力威胁是使用作战飞机、导弹、多管火箭炮等远程武器和精确制导炮弹实施长时间、大规模、高强度的火力饱和打击,大量杀伤威胁我方有生力量,瘫痪我方指挥系统,削弱我方作战潜力;近距离作战火力威胁是敌我双方在近距离交战中,敌方利用火炮、反坦克炮、坦克炮和火箭炮及枪械等常规武器装备,对我方进行火力威胁打击,并联合远程火力对其实施火力支援威胁。联合火力威胁环境对武器装备影响分为直接影响因素和间接影响因素两类。直接影响因素主要包括:敌方武器弹药对装备造成的直接损伤,因爆炸冲击波对装备造成的震动而引发的装备故障,因爆炸改变的地表形状造成的装备通行障碍,以及因爆炸引起的烟尘而造成的装备观瞄障碍等;间接影响因素主要指的是敌方联合火力环境对装备操作者的影响,包括震动、强光、噪声和刺激性气味等容易使装备操作者产生烦躁、焦虑等不良情绪,如果装备自身同时存在操作复杂、可靠性差等特征,则更容易加重操作员负面情绪,使得装备联合火力环境适用性不强,难以发挥出正常效能。因此,评估武器装备在联合火力环境下环境适应性非常重要。目前国军标中还没有专门的武器装备联合火力环境试验评估标准,现有试验基地定型试验规程/方法标准及部队试验规程标准都缺少联合火力环境试验评估内容。因此,有必要研究制定敌方联合火力和我方联合火力环境下的环境适用性评估方法标准。

(5)国内外标准现状。目前国军标中还没有专门的武器装备联合火力环境试验评估标准,现有试验基地定型试验规程/方法标准及部队试验规程标准未规范联合火力环境试验评估。

3. 战场电磁环境适用性评估方法

(1)项目建议,制定项目。应作为试验行业标准或军兵种试验标准,也可作为国家军用标准。应明确作为推荐性共性技术标准文件使用并在质量管理中进行成文信息和知识管理。可分为电磁攻击环境、电磁运行环境两种电磁环境适用性评估方法标准。项目标准化空间属性为 $S(R,E,K) = (2/3, 4/6, 1)$。

(2)主要内容。电磁攻击环境、电磁运行环境下的环境适用性评估方法。

(3)适用范围。用于常规武器装备状态鉴定性能试验、列装定型作战试验和在役考核等试验的战场电磁环境适用性评估。

(4)需求分析。战场电磁环境(EME)是军队、系统或平台在战场作战环境中执行作战任务,可能遇到在不同频段辐射或传导的电磁发射体功率与时间分布作用结果。具有信号密集、样式复杂、冲突激烈、动态交叠,空域、频域、时域和能量域复杂性特征;无形电磁波在有形立体战场空间状态表现为无形无影却纵横交错;战场电磁辐射在时间序列上时间分布持续连贯且集中突发;各种战场电磁辐射所占用频谱范围无限宽广却使用拥挤。战场电磁辐射强度能量密集并跌宕起伏。战场电磁环境主要由人为电磁辐射(分为军用电磁辐射源和民用电磁辐射源)、自然电磁辐射和辐射传播因素三部分组成。人为电磁辐射构成战场电磁环境主体,包括各种电磁应用活动电磁辐射、电子干扰等有意电磁辐射和人类活动产生的无意电磁辐射,其中有意电磁辐射是战场电磁环境核心影响因素。自然电磁辐射是自然界自发电磁辐射,主要有突发电磁辐射和持续电磁辐射,如雷电、地磁场、宇宙射线等。战场电磁环境还可分为电磁攻击环境和电磁运行环境。战场电磁环境对电气电子系统、设备、装备产生电磁环境效应,从而影响其运行能力,包括电磁易损性、电磁辐射、电磁兼容性、电磁干扰、电子对抗等对人员、武器装备和易挥发物质危害以及雷电和沉积静电等自然效应(见图 7-1)。因此,战场电磁环境适应性试验评估对提高武器装备战场生存能力和作战能力意义重大。目前,我国国军标电磁环境适应性试验评估标准主要由 GJB 152A — 1997《军用设备和分系统电磁发射和敏感度测量》、GJB 1389A — 2005 系统电磁兼容性要求以及若干试验标准和评估标准,总体上,电磁环境试验评估标准不少,但战场环境适用性试验评估标准较分散、适用性不强、试验标准与评估标准有的未区分,因此,需要研究战场电磁环境试验评估标准化,制定分类合理、适用性强电磁环境适应性评估标准。

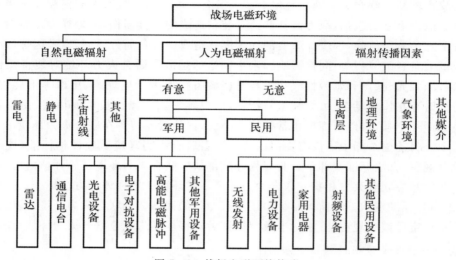

图 7 - 1　战场电磁环境构成

（5）国内外标准现状。目前与武器装备电磁环境适应性试验有关的国军标主要有 GJB 152A — 1997《军用设备和分系统电磁发射和敏感度测量》,该标准规范了电子、电气和机电设备及分系统电磁发射和敏感度特性的测量方法,属于电磁环境适应性试验手段的标准,但并不是电磁环境适应性评估标准;与武器装备有关且标准名称中包含"电磁兼容性"的标准有 6 项（GJB/Z 17 — 1991《军用装备电磁兼容性管理指南》、GJB 1389A — 2005《系统电磁兼容性要求》、GJB 1046 — 1990《舰船搭接、接地、屏蔽、滤波及电缆的电磁兼容性要求和方法》、GJB 5489.12 — 2005《航空机枪试验方法第 12 部分:电磁兼容性》、GJB 6458.29 — 2008《火箭炮试验方法第 29 部分:电磁兼容性试验》、GJB 3909 — 1999《指挥中心（所）电磁兼容性要求》）,其中适用于武器系统的 GJB 1389A — 2005《系统电磁兼容性要求》规定了系统内电磁兼容性要求、系统对外部电磁环境的适应性要求、雷电防护要求、静电防护要求和电磁辐射的危害防护要求等;标准名称中包含"电磁辐射"的标准有 5 项（GJB 5313 — 2004《电磁辐射暴露限值和测量方法》、GJB 7504 — 2012《电磁辐射对军械危害试验方法》、GJB 1446.42 — 1993《舰船系统界面要求电磁环境电磁辐射对军械的危害》、GJB 1446.40 — 1992《舰船系统界面要求电磁环境电磁辐射对人员和燃油的危害》、GJB 5292 — 2004《引信电磁辐射危害试验方法》）;标准名称中包含"电磁干扰"的标准有 4 项[GJB 4653 — 1994（GJB z20206 — 1994）《军用机场指挥、通信、导航设施抗电磁干扰技术要求》、GJB/Z 124 — 1999《电磁干扰诊断指南》、GJB 968.7 — 1990《军用舷外机定型试验规程电磁干扰试验方法》、GJB 1449 — 1992《水面舰船电磁干扰检测实施程序》];标准名称中包含"电子对抗"的标准有 6 项[GJB 2396 — 1995《机载电子对抗设备通用规范》、GJB 5397 — 2005《弹载电子对抗设备通用规范》、GJB 2225《地面电子对抗设备通用规范》、GJB 1448A — 2005《舰船电子对抗设备通用规范》、GJB 1558.2A — 2001《电子对抗设备试验规则舰船电子对抗设备》、GJB 1558.3 — 2012《电子对抗设备试验规则第 3 部分：导弹载电子对抗设备》]；标准名称中包含"电磁脉冲"的标准有 2 项（GJB 911 — 1990《电磁脉冲防护器件测试方法》、GJB 6457 — 2008《引信高空电磁脉冲试验方法》）。

总之，电磁环境试验和评估的标准不少，但战场环境适用性试验评估标准比较分散、适用性不强、试验标准与评估标准有未区分，因此，有必要开展战场电磁环境试验评估标准化研究项目，制定并形成自然电磁辐射环境（雷电、静电、宇宙射线、地磁场等）、军用电磁辐射环境（雷达、通信设备、光电设备、电子对抗设备、高能电磁脉冲武器等）和民用电磁辐射环境（无线电设备、电力设备、家用电器、射频设备等）适应性等多个自然环境适用性试验评估标准，每个标准可分为多个部分标准。

4. 战场运输环境适用性评估方法

(1)项目建议，制定项目。应作为试验行业标准或军兵种试验标准，也可作为国家军用标准。应明确作为推荐性共性技术标准文件使用并在质量管理中进行成文信息和知识管理。可分为运行、装卸环境两个部分标准。可以建立军民共用的公路、铁路、水路以及民用航空运输环境适用性试验评估标准、武器装备适用的野战路面和军用航空运输环境适用性评估标准，可分为野战路面运输、公路运输、铁路运输、水路运输、民用航空运输和军用航空运等多个部分标准。标准文件形式应为技术指南标准，可以命名为《武器装备运输环境适用性评估技术指南第 ∗ 部分　　　∗ ∗ ∗》。项目标准化空间属性为 $S(R,E,K) = (2/3, 4/6, 1)$。

(2)主要内容。公路、铁路、水路以及航空运输环境下的运行试验（运输飞行行驶）、装卸试验适应性试验评估方法。主要内容包括运行试验（限界尺寸通过性测定、运输稳定性试验、运输过载试验、电气化铁路电磁兼容性试验等）、装卸试验（吊装试验、吊具顶向冲击试验、铁路试验、举升试验、叉装试验、皮带输送试验、人力装卸搬运试验、堆码布放试验、捆绑加固试验、滚装对制式和应急活动站台适用性试验等）的时间（装卸时间、加固时间、运输时间）和费用（装卸费用和运输费用）等。

(3)适用范围。用于常规武器装备性能鉴定试验、作战试验、在役考核等试验的战场运输环境适用性评估。

(4)需求分析。战场运输环境适应性是武器装备在作战使用过程中，通过现有或计划采用的公路、铁路、水路以及航空等运输工具运输，实施战场机动的固有能力。战场运输适用性区别于装备自身的行驶速度、操纵性能、越野性能等能力，它是影响武器装备战略和战役机动的关键因素，没有合适的作战运输适用性，机动性就无从谈起。目前，与武器装备运输环境适应性评估有关的运输环境适用性试验评估标准比较零散、项目不完整、不同标准中的内容交叉重复甚至不统一，因此，应研究建立军民共用的公路、铁路、水路以及民用航空运输环境适用性试验评估标准、武器装备适用的野战路面和军用航空运输环境适用性评估标准。

(5)国内外标准现状。目前与运输环境适应性评估有关的装备型号试验国家军用标准标准名称并非全部包含"运输""行驶""机动""装卸"标准，国军标名称中包含"运输"有 5 项（GJB 5184 — 2003《地(舰)空导弹运输试验方法》、GJB 5895.13 — 2006《反坦克导弹试验方法第 13 部分：运输试验》、GJB 5389.19 — 2005《炮射导弹试验方法第 19 部分：运输试验》、GJB 5491.17 — 2005《末制导炮弹试验方法第 17 部分：模拟运输试验》、GJB 5491.27 — 2005《末制导炮弹试验方法第 27 部分：运输试验》），但这些标准都是工业部门编写的；标准名称中包含"机动性"有 3 项(GJB 1380 — 1992《军用越野汽车机动性要求》、GJB 151.8 — 1986《战术和专用车辆及机动设备的要求(C1 类)》、GJB 6458.10 — 2008《火箭炮试验方法第 10 部分:行军机动性试验》);标准名称中包含"行驶"有 8 项(GJB 59.14 — 1988《装甲车辆试验规程持续行驶性能试验》、GJB 6458.8 — 2008《火箭炮试验方法第 8 部分:行驶的基本性能试验》、GJB 59.45 — 1992《装甲车辆试验规程夜间行驶试验》、GJB 4110.3 — 2000《军用轮式工程机械设计定型通用试验规程行驶性能试验方法》、GJB 4111.5 — 2000《军用履带式工程机械设计定型通用试验规程直线行驶性能试验方法》、GJB 4111.7 — 2000《军用履带式工程机械设计定型通用试验规程平均行驶速度、最大行驶里程及油耗试验方法》、GJB 4111.8 — 2000《军用履带式工程机械设计定型通用试验规程夜间和雨天行驶性能试验方法》、GJB 59.6 — 1987《装甲车辆试验规程直线行驶偏驶量测定》);标准名称中包含"输送"标准有 7 项(GJB 1072A — 2011《履带式装甲输送车通用规范》、GJB 4513 — 2002《轮式装甲输送车规范》、GJB 5117 — 2002《轮式装甲输送车规范》、GJB 5328 — 2004《履带式自行火炮弹药输送车通用规范》、GJB 5116 — 2002《履带式自行火炮弹药输送车通用规范》、GJB 4503 — 2002《弹药输送车定型试验规程》、GJB 4099 — 2000《自行火炮弹药输送车部队试验规程》);标准名称中包含"包装"标准有 8 项(GJB 1181 — 1991《军用装备包装、装卸、贮存和运输通用大纲》、GJB 2683 — 1996《影响运输性、包装和装卸设备设计的产品特性》、GJB 4180.10 — 2001《海军导弹装备综合保障要求包装、装卸、储存和运输》、GJB 4432 — 2002《军用运输机货物装卸运输平台通用规范》、GJB 5658 — 2006《化学防暴弹药包装、装卸、贮存、运输技术要求》、GJB 573.15 — 1988《引信环境与性能试验方法粗暴装卸试验》、GJB 573.18 — 1988《引信环境与性能试验方法　顺序振动—装卸可靠性试验》、GJB 573.19 — 1988《引信环境与性能试验方法顺序振动—装卸安全性试验》);另外在标准名称中不直接体现运输环境适用性试验评估标准,还有各种装备定型试验规程、部队试验规程、适用于平台运输环境适用性的 GJB 150.16《军用装备实验室环境试验方法第 16 部分:振动试验》,但该标准属于剪裁标准不能直接引用,该标准规范了 3 种试验目的、12 种振动平台、25 种振动环境类别、4 种试验程序、试验顺序、振动试验量级、振动持续时间、试验完成判据、环境效应与装备故障/失效模式和装备失效判据等内容。这些运输环境适用性试验评估标准比较零散、项目不完整、不同标准中的内容交叉重复甚至不统一,因此,应研究建立军民共用的公路、铁路、水路以及民用航空运输环境适用性试验评估标准、武器装备适用的野战路面和军用航空运输环境适用性评估标准,标准文件形式应为武器装备运输环境使用性试验评估技术指南。

7.3.2　作战保障适用性评估

(1)项目建议。对现有标准修订、拆分、整合,应作为国家军用标准。应明确作为推荐性共性技术标准文件使用并在质量管理的成文信息和知识管理、监视测量以及质量管理体系审核中使用。可分为装备使用保障(弹药保障、装备输送、装备自救)、装备维修保障(装备保养、装备抢修、装备修复)、作战保障资源等 3 个部分标准,标准名称可确定为《作战保障适用性评估方法　第 * 部分　　 * * *》,并可制定保障性评价技术指南标准。项目标准化空间属性为 $S(R,E,K)=(2/3,4/6,1)$。

(2)主要内容。可分为装备使用保障、装备维修保障、作战保障资源等 3 个部分标准。内容主要包括装备使用保障(弹药保障、装备输送、资源保障、装备自救)、装备维修保障(装备保养、装备抢修、装备修复)的装备系统保障性指标、装备设计特性指标、装备保障资源等保障性指标等保障性定量参数评估方法和保障性定性评价方法。

(3)适用范围。用于常规武器装备状态鉴定性能试验、列装定型作战试验、在役考核等试验的作战适用性评估。

(4)需求分析。武器装备保障性是取决于装备系统的可靠性、维修性、测试性等设计特性和计划的保障资源满足平时战备完好性要求和战时使用要求的综合性能,有较多定量和定性影响因素,存在较大的不确定性。武器装备保障性评估是实现装备系统综合技术保障和保障性目标的重要而有效决策手段。但现有标准中武器装备保障性评估内容仍然不够全面,评估方法的操作性不强,评估方法与评估准则没有分开,缺少独立的保障性评估方法标准,不便于适时修订和标准体系发展,对保障性试验的分类不适应新型试验鉴定体系中性能试验、作战试验和在役考核的要求。

(5)国内外标准现状。目前与作战使用保障性有关国军标有 GJB 3872《装备综合保障通用要求》、GJB 59.53 — 1992《装甲车辆试验规程随车工具备品适用性评定》、GJB 4759 — 1997 (GJB/Z 20379 — 1997)《歼(强)击型飞机样机使用适用性评审程序和要求》、GJB 3744 — 1999《军用飞机部队适应性试验规范》、GJB 7686 — 2012《装备保障性试验与评价要求》、GJB/Z 170.13 — 2013《军工产品设计定型文件编制指南》第 13 部分:可靠性维修性测试性保障性安全性评估报告。但这些标准存在以下问题:一是不适应新型试验鉴定体系要求,如 GJB 7686 - 2012 中将装备保障性试验分为保障性研制试验和保障性使用试验,仍按照设计定型和生产定型进行规范;二是评估内容仍然不够全面,评估方法操作性不强,如 GJB 7686 — 2012 规定了保障性评价 6 个主要内容,规定规划保障、供应保障、保障设备、技术资料,人员专业、数量与技术等级,训练与训练保障,包装、装卸、储存与运输,保障设施、计算机资源保障等 9 个评价要点,但对装备系统保障性指标、装备设计特性指标、装备保障资源等保障性指标评价内容不全面,对保障性定性评价方法和保障性定量参数评价方法较简单;三是评估方法与评估准则未分开,缺乏独立保障性评估方法标准,不便于适时修订和标准体系发展。因此需要制定适用、独立的装备作战使用保障性评价方法标准。

7.3.3 作战使用适用性评估方法

1. 作战使用安全性评估方法

(1)项目建议。对现有标准修订、拆分、整合,应作为国家军用标准。应明确作为推荐性共性技术标准文件使用并在质量管理的成文信息和知识管理、监视测量以及质量管理体系审核中使用。可考虑装备在部署、作战(独立作战、合成作战、联合作战)和维持各阶段人员安全和健康危害、系统安全、弹药安全、资源安全、信息安全和环境安全等整合为多个部分标准,可制定系统、体系级安全性评估方法标准。项目标准化空间属性为 $S(R,E,K)=(3/3,4/6,1)$。

(2)主要内容。装备在保护人员安全和健康危害、系统安全、弹药安全、资源安全、信息安全和环境安全等方面避免事故能力和控制隐患能力的评估方法。作战使用安全性评估方法标准不包括评估准则标准。

(3)适用范围。用于常规武器装备状态鉴定性能试验、列装定型作战试验、在役考核等试验的安全性评估。

(4)需求分析。安全性属于装备的通用质量特性,安全性评价的重要性在于使得使用或保障人员了解系统所有残余的不安全设计或操作特性,安全性评价应尽可能地对未能消除危险的事故风险[13]进行定量的评价,以确定控制措施、禁止事项或安全规程,装备安全性试验对于装备作战使用极为重要。安全性标准也属于强制性标准,需要在试验质量管理中重点进行标准化实施监督管理。但目前现行国军标中,多数装备试验方法标准的评估方面,对安全性设计的初步危险表、初步危险分析、分系统危险分析、系统危险分析、使用保障危险分析、职业健康危险分析等危险信息以及安全性设计要求等缺少分析,对危险品、接口安全性、软件安全性、环境约束条件、操作使用规程、与安全性有关设备和保障设施和设备等危险性评估还存在漏项,特别是人为差错与系统危险性评估,对最小风险设计、安全装置、报警装置、操作规程与培训等4种具有优先次序的安全性措施缺乏全面评估,对风险的4级危险严重性等级和5种危险可能性等级缺少比较明确的评估。现行国军标与安全性有关的由于标准重复产生了不统一和军民融合问题、不独立不便于适时修订、标准名称不包含"安全性"而难以查询和进行质量监督等问题,因此需要对现有标准修订、拆分、整合,并制定基于作战体系框架下的武器装备系统、体系级安全性评估方法。

(5)国内外标准现状。目前安全性评估有关国军标名称并非全部包含"安全性",标准名称中包含"安全性"评估标准有14项,与"安全性"评估有关标准还有18项,这些标准存在问题是:①安全性标准为强制性标准,对试验工作有法律强制约束力,适宜作为独立标准,若作为其他标准中内容则难以查询标准和强制使用,不便于质量管理中监督标准实施和质量审核;②国军标名称包含"安全性"武器装备安全性评估标准有14项(GJB 900—1990《系统安全性通用大纲》、GJB/Z 102A—2012《军用软件安全性设计指南》、GJB 3194—1998《手工布设武器安全性设计准则》、GJB 373—1997《引信安全性设计准则》、GJB 1329—1991《航空子母炸弹安全性设计与安全性鉴定准则》、GJB 3210—1998《飞机坠撞安全性要求》、GJB 3700—1999《军用直升机安全性一般要求》、GJB 1473—1992《军用汽车安全性要求》、GJB 5290—2004《舰载导弹发射装置安全性要求》、GJB 4377—2002《弹药、导弹用火工品安全性要求》、GJB 6917—2009《化学防暴弹药安全性要求》、GJB 5102—2004《通用弹药检测设备安全性要求》、GJB 473.3—1988《舟桥器材设计定型试验规程安全性评价》、GJB 796.3—1990《军用固定桥梁器材设计定型试验规程安全性评价》),另有一些评估内容包含在试验方法标准中,这些标准存在5个问题:一是有部分重复,如 GJB 4377—2002、GJB 6917—2009、GJB 1329—1991 军标重复;二是只适合于装备设计工作,如 GJB 900—1990、GJB/Z 102A—2012、GJB 3194—1998、GJB 373A—1997;三有的将安全性评价与其他综合为一个标准,如 GJB 1329—1991;四是包含评估内容的试验方法标准中评估内容不够全面(如可参考的 GJB 900—1990),评估方法操作性差,对危险品、接口安全性、软件安全性、环境约束条件、操作使用规程、与安全性有关设备和保障设施和设备等危险性评估漏项,特别是人为差错与系统危险性评估,对最小风险设计、安全装置、报警装置、操作规程与培训等4种具有优先次序安全性措施缺乏全面评估,对风险4级危险严重性等级和5种危险可能性等级缺少较明确评估;五是评估方法与评估准则没有分开。总之,装备安全性评估标准重复产生了不统一和军民融合问题,不独立不便于适时修订,标准名称不包含"安全性"而难以查询和进行质量监督,特别是内容的缺失带来了装备鉴定定型工作"把关"不严,为部队使用带来安全风险。

2. 作战使用人机结合性评估方法

(1)项目建议:制定项目。宜作为试验行业标准,也可作为国家军用标准。试验单位可作为推荐性技术规范标准文件剪裁使用。该标准可以分为若干部分标准方便标准修订与标准体系的维护,标准名称可确定为《装备作战使用人机结合性评估方法》。标准引用现行人机工程评价准则标准、人机工程设计标准作为其部分内容,但还应增加人力资源、人员素质、装备作战训练、健康危害等方面的内容。项目标准化空间属性为 $S(R,E,K)=(2/3,4/6,1)$。

(2)适用范围。可用于常规武器装备状态鉴定性能试验、列装定型作战试验、在役考核等试验的评估。

(3)主要内容:该标准引用现行人机工程评价准则标准、人机工程设计标准作为其部分内容,增加人力资源、人员素质、装备作战训练、健康危害等内容,主要分为:工作环境(热、振动、声、光、电磁、毒物等环境)对人员的健康危害评估方法;工作空间、位置的宜人性评估方法;人机工效评估方法;视觉、听觉显示器和控制器人机交互操作使用性能评估方法;体力和心理工作负荷的评估方法;人机系统的可用性和可靠性评估方法;基于数字化人因工程软件的人-机-环境系统工程评估方法。

(4)需求分析。随着信息化战争和以信息技术为核心的现代军事高技术发展,武器装备表现为性能更加先进、结构更加复杂、功能更加多样、信息处理量更加庞大、自动化和智能化水平更高,但作战环境更加恶劣,这些对军事人员决策、监控、操作、维修保养功能发挥提出更高要求。而人肌肉工作能力、感知工作能力有一定限度。如果装备研制中出现人机功能分配和人-机-环境系统设计不合理,装备就难以发挥其火力准确性、反应快速性、探测能力和鉴别能力等战术技术性能,并以人为作业差错方式影响任务可靠性,还会发生功能失灵甚至于严重事故。武器装备使用人机结合性是考核装备人机环境关系是否和谐匹配必要手段,其评价结论可信性对于全寿命周期中武器装备的可用性和可信性以及各种环境下作战效能发挥起着重要作用。该标准制定项目,将以实践经验综合成果为基础,形成通用化、程序化的武器装备人机结合性试验方法,满足指导、规范、约束和保障军事装备试验鉴定工作需要,发挥标准技术监督、服务保障和决策支持作用。制定该标准必将促进军事装备试验鉴定技术进步和国防科学技术发展,加速发展军事技术装备,提高武器装备质量和作战效能,增强部队战斗力,具有良好的军事和经济效益和重要的战略意义。

(5)国内外标准现状。目前,我国国家人类工效学标准也有人的因素、信息显示设计、操纵控制设计、计算机交互界面设计、作业器具设计、作业空间设计、作业环境设计和人机系统设计等8个方面109项,而武器装备人机结合性的评估标准主要是引进国外最先进美军标准,但目前我国标准已比较落后,由于协调机制问题军民融合方面的军民共性标准建设还缺乏。武器装备的人机结合性评估标准主要为三类标准,一是各种评价准则标准(安全限值、允许限值、接触限制、生理要求、医学要求和标准等),如 GJB 470A — 1997《军用激光器危害的控制和防护》、GJB 12 — 1984《导弹火炮在舰上发射时的脉冲噪声对听觉的安全限值》、GJB 2A — 1996《常规兵器发射或爆炸时脉冲噪声和冲击波对人员听觉器官损伤的安全限值》、GJB 1158 — 1991《炮口冲击波对人员非听觉器官损伤的安全限值》、GJB 2935 — 1997《装甲车辆车内噪声允许限值》、GJB 50 — 1985《军事作业噪声容许限值》、GJB 966 — 1990《人体全身振动暴露的舒适性降低限和评价准则》、GJB 967 — 1990《坦克舱室一氧化碳短时间接触限制》、GJB 1569 — 1992《坦克舱室一氧化碳检测方法》、GJB 114 — 1986《急性缺氧防护生理要求》、GJB 898A — 2004《工作舱室温度环境的通用医学要求与评价》、GJB 3991 — 2000《装甲车辆内温度限值》、GJB 5421 — 2005《装甲车辆承载员通风需要量限值》、GJB 1002 — 1990《超短波辐射作业区安全限值》、GJB 7 — 1984《微波辐射安全限值》、GJB 2420 — 1995《超短波辐射生活区安全限值及测量方法》、GJB 4286 —2001《军用护听器防护性能评价方法》、GJB 2763 —1996《通信设备话音质量等级标准与评测方法》、GJB 1336 —1992《军事体力劳动强度分级》、GJB 113 —1986《中国人民解放军单兵荷量标准》、GJB 2560 —1996《高原单兵适宜负重量和行军速度》、GJB 703 —1989《炮手操作力》;二是人机工程设计标准及其配套技术指南标准,GJB 3207 —1998《军事装备和设施的人机工程要求》、GJB 2873 —1997《军事装备和设施的人机工程设计准则》、GJB /Z131 —2002《军事装备和设施的人机工程设计手册》、GJB 1062 —1991《军用视觉显示的人体工程设计通用要求》;三是试验规程和试验方法标准相关条款,但这些条款有的方法不明确,有的引用其他标准(甚至被引用标准又引用其他标准),因此不能满足标准统一性、适用性和标准体系协调性要求,如 GJB 2971 —1997《火炮安全性和勤务性试验方法》、GJB 349.13A —1997《火箭炮定型试验规程工作项目 109 人因工程试验》、GJB 2977A —2006《火炮静态检测方法》、GJB 59.66 —2002《装甲车辆试验规程》。这些标准存在的问题是:①用于设计研制的设计准则和设计要求等评定标准较多,但没有专用试验方法标准,试验标准中没有人因体系整合性能试验内容。GJB 3207 —1998《军事装备和设施的人机工程要求》、GJB 2873 —1997《军事装备和设施的人机工程设计准则》、GJB/Z 131《军事装备和设施的人机工程设计手册》、GJB/Z 134《人机工程实施程序与方法》顶层人机工程标准对设计指导作用较强,但对试验操作性较差;②人因试验名称混乱,不同型号试验规程标准中有勤务性能试验、操作使用性能试验、人—机工程试验、人机环境等多种名称,试验项目内容也不全面系统;③人机界面和工作环境对人员健康危害测评较零散;④软件人机界面测评缺乏定量手段;⑤工作负荷评价缺乏定量测评;⑥试验方法可操作性差,难以有效指导试验鉴定工作。⑦与国家人类工效学标准军民融合不够,标准协调性不好。

总之,国内装备人机结合性评估标准,不论是 4 个顶层人机工程标准还是人机工程评价准则标准,主要满足工程设计方需要,较适合工业研制部门使用而不适于试验部门,还缺少主观评估技术标准等,没有与其类似的适用于装备试验评估、对人的因素评价准则标准技术集成的共性技术方法标准,使得装备型号试验规范(/规程)之类的综合技术标准难以引用。因此,需要考虑包括人因工程因素在内的考虑作战体系中所有与人有关的所有因素,制定人的因素评估标准,也就是人机结合性评估标准。

7.4　作战生存性评估技术标准

(1)项目建议。应制定生存性评估标准。应明确作为推荐性共性技术规范标准文件使用并在质量管理的成文信息和知识管理、监视测量以及质量管理体系审核中使用。可分为防探测、防击中、防损坏、防伤亡等若干部分标准。可首先开展装备生存性标准化研究。项目标准化空间属性为 $S(R,E,K)=(3/3,4/6,1)$。

(2)主要内容。装备在抗御和经受敌对威胁环境影响下不出现持久的性能降低和连续有效完成规定任务能力的评估方法,包括防探测、防击中、防损坏和防伤亡等能力评估方法。

(3)适用范围。可用于常规武器装备性能试验鉴定、作战试验、在役考核等试验的生存性评估。

(4)需求分析。生存性是装备作战适用性重要的质量特性,生存性评价重在评价作战和保障效能。现有试验标准大多仅关注装备对模拟靶标或典型目标命中能力、毁伤能力,但对威胁特性、与地方遭遇条件、装备自身的易损性等考虑不多甚至没考虑,因此有必要开展质量基础的标准化研究项目,建立全面、便于引用和标准体系维护的装备生存性评估标准。

(5)国内外标准现状。目前国军标名称中包含"易损性"的只有一项标准(GJB 2178.3A — 2005《传爆药安全性试验方法第 3 部分:撞击易损性(飞板)试验》),但与装备易损性也没有关系;标准名称中包含"生存性"的国家军用标准有 11 项(GJB 1301 — 1991《飞机生存力大纲的制定和实施》、GJB 3696 — 1999《军用直升机生存力要求》、GJB 5551 — 2006《飞机非核生存力通用准则》、GJB /Z202 — 2001《飞机非核生存力通用指南》、GJB /Z121 — 1999《飞机非核生存力机体要求指南》、GJB /Z81 — 1996《航空发动机非核生存力设计指南》、GJB 4656 — 1995 (GJB/Z 20208.2 — 1995),GJB 3752.5 — 1999《地地战略导弹武器系统作战使用要求论证方法射前生存能力》、《飞行人员救生物品系列规范—生存力》、GJB 720.8A — 2012《军用直升机强度规范第 8 部分:结构生存力》、GJB 67.11A — 2008《军用飞机结构强度规范第 11 部分:结构生存力》、GJB 720.8A — 2012《军用直升机强度规范第 8 部分:结构生存力》)。这些标准存在问题是:一是只有飞机和地地战略导弹装备的生存性标准;二是只有适用于装备论证和研制的生存性标准,没有单独试验标准;另外某些试验标准有一些与生存性有关的易损性内容,但比较适合于性能试验、状态鉴定,而不适合于作战试验、列装定型。因此有必要开展质量基础的标准化研究项目,建立全面、便于引用和标准体系维护的装备生存性评估标准。

7.5　产品质量标准

7.5.1　试验设备规范

(1)项目建议。对现有标准修订、拆分、整合和补充。应作为试验行业标准或国军标,应明确作为推荐性产品通用规范标准文件在质量管理中进行成文信息和知识管理。应与国军标体系通用产品标准协调,应引用国军标体系中通用测试仪器标准、通用终端设备标准、通用光学设备标准、通用软件产品标准,通用车辆、底盘及方舱标准,通用保障装备标准、通用平台标准、通用接口与总线标准等,可制定试验基地试验设备信息化、作战试验伴随测试所需的试验设备,可分为多个试验基地武器装备试验设备标准,每个标准可分为若干个部分标准,如光学、电学、声学和力学等。由于这些标准也可适用于性能试验和在役考核,因此应在作战试验标准体系上层装备试验评估标准体系或军民共用标准体系筹考虑,研究试验设备标准化。项目标准化空间属性为 $S(R,E,K)=(2/3,6/6,1)$。

(2)主要内容。武器装备试验设备通用规范标准,包括光学(可见光、红外光、紫外光、激光、射线)、电学(雷达、遥测、遥控、导航、通信、干扰与侦察、电气测量)、声学(声波、次声波、超声波、水声)、力学等设计、制造和验收通用要求。

(3)适用范围。用于常规武器装备状态鉴定性能试验、列装定型作战试验、在役考核等试验鉴定体系构建中试验设备的条件保障建设。

(4)需求分析。试验设备用于复杂电磁环境构建、真实威胁目标模拟和武器装备测控等,试验设备对武器装备试验质量有重要影响,在武器装备试验鉴定中极其重要。试验设备具有同一型号装备数量少的特点,向多功能、一体化和大系统等方向发展,向新技术方向发展、新型试验鉴定体系构建、信息化试验基地和逻辑靶场建设,提高试验设备质量、延长装备寿命非常重要。为满足保障武器装备试、训、演需要，提高试验设备方案论证、研制（采购）、验收、使用、维护保养到最终报废等全寿命管理十分重要，而试验设备标准化手段十分必要，具体要求：在装备方案论证阶段，按照相关标准对试验设备性能指标、可靠性、维修性、保障性、装备"三化"（系列化、通用化、模块化）提出具体要求，为研制和采购合同的签订提供科学依据；在装备验收阶段，严格按合同和相关验收标准，对试验设备实施验收；在使用、维护保养阶段，按具体操作规程操作，按标准维修、维护，在其全寿命期内控制试验设备质量。而现有武器装备试验设备标准缺失信息化建设标准等、标准适用性差，对试验基地测试测量设备建设支撑不足。

（5）国内外标准现状。目前查询到含"靶场"的试验设备有关国军标 8 项（GJB 7339 — 2011《靶场测试设备代号命名方法》、GJB 1570A — 2012《靶场指挥调度设备规范》、GJB 5407 — 2005 靶场脉冲测量雷达通用规范、GJB 5824 — 2006 靶场高速电视摄像记录系统通用规范、GJB 4993 — 2003 靶场试验信息异步传输规定、GJB 5825 — 2006 靶场试验遥测图像传输要求、GJB 6855 — 2009 航空武器试验靶场测量系统精度鉴定、GJB 6766 — 2009 靶场试验机载任务系统设备维护要求），另外有与武器装备试验有关的光学（可见光、红外光、紫外光、激光、射线）、电学（雷达、遥测、遥控、导航、通信、干扰与侦察、电气测量）、声学（声波、次声波、超声波、水声）、力学等测量测试设备标准，如 GJB 1031 — 1990《星载可见光侦察相机通用规范》、GJB 1418 — 1992《星载可见光测量相机通用规范》、GJB 3147 — 1998《红外跟踪测量系统通用规范》、GJB 3981 — 2000《红外干扰机通用规范》、GJB 5093 — 2004《红外告警设备通用规范》、GJB/J 3351 — 1998《红外目标模拟器检定规程》、GJB/J 5227 — 2003《红外光学传递函数测量装置检定规程》、GJB/J 6220 — 2008《红外光学系统焦距测量装置校准规范》、GJB 5200 — 2004《紫外告警设备通用规范》、GJB 593.2 — 1988《无损检测质量控制规范 X 射线照相检验》、GJB 1580 — 1993《变形金属超声波检验方法》、GJB 1038.1 — 1990《纤维增强塑料无损检验方法超声波检验》、GJB 1721 — 1993《水声脉冲管测量系统检定规程》、GJB 2201 — 1994《金属超低温力学性能试验方法》、GJB 74A — 1998《军用地面雷达通用规范》、GJB 2086 — 1994《地面炮兵雷达通用规范》、GJB 5374 — 2005《防空兵目标指示雷达通用规范》、GJB 5407 — 2005《靶场脉冲测量雷达通用规范》、GJB 4214 — 2001《军用天气雷达通用规范》、GJB 5289 — 2004《军用测风雷达通用规范》、GJB 6077 — 2007《中层大气中频探测雷达通用规范》、GJB 5825 — 2006《靶场试验遥测图像传输要求》、GJB 5200 — 2003《无人机遥控遥测系统通用规范》、GJB 3511 — 1999《地面遥控设备通用规范》）。这些标准存在的问题是：在试验基地试验设备建设中难以查询和选用、不少标准缺失，对于试验基地测试测量设备建设支撑不足。因此，迫切需要研究制定武器装备试验基地试验设备标准体系，支撑试验基地信息化转型建设、仿真实验室建设、测试设备论证标准。

7.5.2　试验文件规范

（1）项目建议。对现有标准修订、补充。可作为试验行业标准或国家军用标准，应明确作为推荐性产品通用规范标准文件并在质量管理进行成文信息和知识管理。遵守有关试验鉴定法规制度要求。与新型试验鉴定体系构建相适应，可分为试验鉴定总体方案、作战试验想定、作战试验试验大纲、作战试验试验报告、试验计划和作战试验评估报告等若干个部分产品规范标准。项目标准化空间属性为 $S(R,E,K)=(2/3,6/6,1)$。

（2）主要内容。对 GJB/Z 170.5～170.8 的基地和部队试验大纲、试验报告编写指南标准进行修订,补充制定试验鉴定总体方案、作战试验想定、作战试验大纲和作战试验报告等试验技术文件编制指南等内容。主要包括试验鉴定总体方案、作战试验想定,试验大纲、试验计划、试验报告和评估报告等试验文件的编制内容和要求。

(3)适用范围。用于常规武器装备状态鉴定性能试验、列装定型作战试验和在役考核等试验的试验文件编制。

(4)需求分析。随着我军武器装备由单装引进仿制阶段进入成体系、自主创新发展阶段,改革装备定型工作,构建性能试验、作战试验、在役考核新型一体化试验鉴定体系,现行试验文件(试验大纲和试验报告等)产品规范标准已不能满足要求,还需要补充制定试验鉴定总体方案、作战试验想定等试验文件的产品规范标准。

(5)国内外标准现状。现行与试验鉴定文件有关国军标有 8 项(GJB 0.1 — 2001《军用标准文件编制工作导则》第 1 部分:军用标准和指导性技术文件编写规定、GJB 0.2 — 2001《军用标准文件编制工作导则》第 2 部分:军用规范编写规定 GJB 1362A — 2007《军工产品定型程序和要求》、GJB/Z 170.5 — 2013《军工产品设计定型文件编制指南》第 5 部分:设计定型基地部队试验大纲、GJB/Z 170.6 — 2013《军工产品设计定型文件编制指南》第 6 部分:设计定型基地部队试验报告、GJB/Z 170.7 — 2013《军工产品设计定型文件编制指南》第 7 部分:设计定型部队试验大纲、GJB/Z 170.8 — 2013《军工产品设计定型文件编制指南》第 8 部分:设计定型部队试验报告、GJB 6177 — 2007《军工产品定型部队试验试用大纲通用要求》、GJB 6178 — 2007《军工产品定型部队试验试用报告通用要求》、GJB 5100 — 2005《军队机关公文格式》)。这些已经不能满足性能试验、作战试验、在役考核一体化试验鉴定体系新型要求,需要补充制定试验鉴定总体方案、作战试验想定等文件的产品规范标准。

7.5.3　安全、健康与环境保护评估准则

(1)项目建议。应在对国军标清理整顿的基础上,加强军民共用标准化建设,将武器装备的安全、健康危害与环境保护(如引信自炸要求)等标准进行修订、整合,对其合理分类单独作为强制性标准由管理部门执法检查试验质量,并由顾客监督试验质量。应作为国家军用标准。试验单位应作为强制性通用产品标准使用。该标准可以分为安全、健康危害和环境保护评估规范等若干部分标准方便标准修订与标准体系维护。项目标准化空间属性为 $S(R,E,K)=(3/3,6/6,0)$。

(2)主要内容。安全性评价准则标准和健康危害评价准则标准、环境保护评价准则标准。

(3)适用范围。用于常规武器装备鉴定性能试验、作战试验、在役考核等阶段安全性试验、作战适用性试验、环境适用性试验的评估。

(4)需求分析。目前武器装备安全性试验标准、人机工程标准对安全性评估、作战使用时健康危害评估时,评估准则大致有三种情况:一是引用的评估准则标准较分散,标准引用不全和不同标准之间引用标准和标准条款不统一的问题比较常见;二是直接规定要求或参考有关标准内容进行规范,也存在不同标准之间要求不统一问题;三是没有明确评估要求,大多数是满足安全性要求或战术技术指标的含糊要求。另外,从标准化本质、标准化发展方向和国家标准化改革要求看,强制性标准、公益推荐性标准(技术协调)、自愿性标准明确区分,区分公标准与私标准是客观要求和改革要义,应建立产品通用、要求明确的安全、健康、环境保护的强制性标准,如 GJB 473.3 — 1988《舟桥器材设计定型试验规程 安全性评价》、GJB 4617 — 1993(GJB z20128.3 — 1993)《四折带式舟桥设计定型试验规程 安全性评价》。因此,有必要对现有标准进行清理整顿,合理分类,不同专业之间整合,制定分类合理、要求明确的基本要求,作为强制性标准为质量管理和质量执法检查提供支撑。

(5)国内外标准现状。国内正在整合行业、政府间强制性标准,武器装备试验国军标的安全、健康、环境保护评估标准还比较分散、要求不明确、不统一的问题还比较普遍。评估方法与评估准则没有分开,或者为试验规程一部分不便于适时修订,也难以监督强制性标准实施。

7.6 试验服务质量标准

(1)项目建议。制定项目应与作战保障行动的军事工作技术标准〔作战保障(作战数据、侦察情报、电磁频谱管理、指挥保障、机要保障、气象水文保障、通信保障、测绘保障等)〕和后勤保障标准(物资保障、卫生保障、运输保障)、装备技术保障标准(维修保障、器材保障、弹药保障)等相关性标准协调并引用这些标准。宜作为试验行业标准或军兵种标准,也可作为国家军用标准。试验单位应作为通用服务规范标准文件使用,也可制定更加适合本单位实际和质量技术水平更高的试验单位标准文件,并纳入本单位质量管理体系指导书文件。可制定包括计量保障、测试保障、安全保障、场务保障、回收保障等多个部分装备试验保障标准。由于这些标准也可适用于性能试验和在役考核,因此应在作战试验标准体系上层装备试验评估标准体系中统筹考虑。项目标准化空间属性为 $S(R,E,K)=(2/3,6/6,1)$。

(2)主要内容。计量、测试、安全、场务、回收等试验保障内容和要求。

(3)适用范围。用于常规武器装备状态鉴定性能试验、列装定型作战试验、在役考核等试验的试验保障。

(4)需求分析。装备试验过程包括试验设计、装备抽样、试验保障、装备使用、试验测量、试验分析与评估等技术过程,传统的装备试验流程设计不是按照作战流程,因此传统装备试验模式难以满足"像作战一样试验"的作战试验要求,因为作战保障、后勤保障、装备技术保障等作战保障有其特定作战流程和工作协调关系,而作战试验中试验保障(计量保障、测试保障、安全保障、场务保障、回收保障等)需要通过试验组织指挥与战斗保障、后勤保障和装备技术保障等作战保障相协调,且不影响作战保障和作战行动进程。而且现行装备试验标准基本上对试验保障标准化缺乏统筹考虑,造成不同标准中试验保障内容重复、不全面甚至不统一问题,从而影响试验质量和装备评价结论可信性。因此,考虑"像作战一样试验"的作战试验要求和原有试验标准的试验保障标准化问题,有必要制定 GJB 592.25 — 1988 一样的以试验保障为标准化对象的装备试验标准。由于这些标准也可适用于性能试验和在役考核,因此应在作战试验标准所属的装备试验评估标准体系中统筹考虑。

(5)国内外标准现状。国外装备试验服务规范类标准未查到,但少数领域有些非军用标准可作为参考,例如安全标准,英国《风险管理第三部分:技术系统风险分析指南》(1996 年)、英国 BS6079 — 3:2000《项目管理第三部分:与项目风险相关的经营管理指南》、加拿大 CAN/CSA - Q850 — 97《风险管理:决策指南》、国际电工委员会 CEI/IEC62198 — 2001《项目风险管理应用指南》、ISO10006:2003《质量管理系统:项目质量管理指南》、ISO/CD31000《风险管理风险管理原则与实施指南》等。目前国军标中,标准化对象为装备试验保障只有 2 项标准,其中 GJB 592.25 — 1988《舰炮武器系统射击效力评定射击试验准备(对空、对海)》,规范了试验文件准备和技术准备,其中试验文件准备包括试验大纲、试验实施方案、测量方案、时统与通信方案和数据处理方案等 5 方面;技术准备包括被试装备准备、弹道与气象测量准备、射击目标准备、射击阵地和目标航路准备、射击点参数准备、数据测量和录取设备准备、时统和通信设备准备、射击空域与海域准备、试验兵力准备、被试装备操作人员准备、试验组织指挥、安全措施等内容,可以看出该标准中与试验大纲等产品(试验文件)规范标准重复,也与气象保障、组织指挥等战斗保障内容重复;GJB 4233A — 2011《航天发射场测试发射技术安全准则》规范了产品装卸运输、技术区、发射区、产品转场的安全管理、设施设备、测试操作、产品等技术安全要求;而其他装备基地试验标准/部队试验标准中试验保障内容没有规范或者内容很简单,造成不同标准中试验保障内容重复、不全面甚至不统一问题,从而影响试验质量和装备评价结论可信性。

7.7　相关性标准

7.7.1　战场环境构建基本要求

(1)项目建议,制定项目。应作为国家军用标准。应明确作为协调性或推荐性标准文件使用并在质量管理中进行成文信息和知识管理。可分为战场运输环境(公路、铁路、水路以及民用航空运输环境)、战场自然环境(空中环境、气象环境、地理地表环境、水文环境等)、战场电磁环境(电磁攻击环境、电磁运行环境)、联合火力环境(敌方联合火力环境、我方联合火力环境)等多个部分标准。标准文件形式为规范类标准,标准名称可确定为《战场环境构建基本要求　第 ＊＊ 部分　　＊＊＊》。项目标准化空间属性为 $S(R,E,K) = (3/3, 5/6, 0)$。

(2)主要内容。战场运输环境(公路、铁路、水路及民用航空运输)、战场自然环境(空中环境、气象环境、地理地表环境、水文环境等)、战场电磁环境(电磁攻击环境、电磁运行环境)和联合火力环境(敌方联合火力环境、我方联合火力环境)等构建基本要求。

(3)适用范围。用于成建制成体系装备作战、训练及联合作战试验、在役考核等试验考核。也可为单个装备作战试验、在役考核等提供借鉴。

(4)需求分析。战场环境构建基本要求是开展成建制成体系装备作战、训练及联合作战试验和在役考核等试验考核的作战条件基本要求。目前我军在性能试验中,各类试验环境要求都非常标准,武器装备在试验时的使用环境与实战环境相差较大,因此,需要规范战场环境构建基本要求,使作战试验在近似真实的战场环境中开展。

(5)国内外标准现状。目前国内只有针对装备环境适应性的相关环境试验方法,如 GJB 150A — 2009《军用装备实验室环境试验方法》和各类装备特有的环境试验方法。目前尚无装备战场环境构建基本要求相关标准。国外资料收集较为困难。公开资料对外军作战配置、兵力部署、战术运用等有部分研究,但无对战场环境构建的相关标准,有必要开展对装备战场环境构建基本要求标准研究项目,制定针对各类特性的战场环境构建要求标准,可按目标和环境特性种类,对战场环境构建基本要求进行规范。

7.7.2　作战对象设置基本要求

(1)项目建议,制定项目。应作为国家军用标准,也可作为试验行业标准/军兵种标准。应明确作为协调性或推荐性标准文件使用并在质量管理中进行成文信息和知识管理。可按照作战力量规模分为班、排、连、营、旅团、师等多个作战对象设置要求标准。标准文件形式为规范类标准,标准名称可确定为《作战对象设置基本要求　第＊＊部分　＊＊＊》。可将作战条令与同类装备军事训练大纲作为标准的参考资料。标准可以为单个装备、武器系统(装备集团)作战训练及相关试验鉴定用提供参照。项目标准化空间属性为 $S(R,E,K)=(3/3,5/6,0)$。

(2)主要内容。作战对象的规模(兵力编制)、配置(人员、工事、靶标、障碍物等)、目标特性(可见光、红外、微光、运动、隐蔽、声等)和设置地域等设置要求。

(3)适用范围。用于单个装备作战、成建制、成体系装备训练等状态鉴定和列装定型试验、联合作战试验、在役考核等。

(4)需求分析。作战对象设置基本要求是开展单个装备、成建制、成体系装备作战、训练及联合作战试验、在役考核等试验考核的作战条件基本要求。目前我军在性能试验中,各类作战对象由研制总要求规定,如纱网靶、钢板靶等,仅适合在静态条件下考核装备的技术性能,难以用于考核装备在实战条件下的作战适用性和作战效能。因此,需要对作战对象设置基本要求进行规范,构建符合战场配置、近似真实目标特性的作战对象。

(5)国内外标准现状。目前国内各类装备的定型试验国军标中规定的作战对象多为静态模拟靶标,仅是针对特定指标设定的专用靶标,与实际作战对象差距较大。有必要开展对作战对象战场配置、目标特性等作战对象设置的标准化研究,制定不同规模、进攻或防御战斗任务的作战对象设置基本要求标准。

7.7.3　作战力量编成与使用基本要求

(1)项目建议,制定项目,应作为国家军用标准。应明确作为推荐性共性技术标准文件使用并在质量管理中进行成文信息和知识管理。可按照不用作战基本单元分为多个部分标准,标准名称可确定为《作战力量基本编配基本要求　第＊＊部分　＊＊＊》。可将作战条令与同类装备军事训练大纲作为标准的参考资料。标准文件形式为规范。项目标准化空间属性为 $S(R,E,K)=(3/3,5/6,0)$。

(2)主要内容。武器装备开展作战试验时基本作战单元兵力基本编成、不同作战任务时的临时编成(支援或配属)等所需的作战力量规定。

(3)适用范围。可用于常规武器装备作战试验。

(4)需求分析。作战试验应明确装备系统编成类别、数量、人员等要求及配属单位编成要求,并以此作为作战试验开展重要条件,为后续试验设计和实施等提供支撑条件。目前与作战力量编成与使用相关国军标均为部队试验规程,如 GJB 8304—2015《反坦克导弹武器系统部队试验规程》、GJB 8301—2015《远程火箭炮武器系统部队试验规程》、GJB 3656—1999《高炮雷达部队试验规程》、GJB 3671—1999《地地战术导弹武器系统部队试验规程》、GJB 3975—2000《地空导弹武器装备部队试验规程》、GJB 3998—2000《高炮部队试验规程》、GJB 4002—2000《压制火炮部队试验规程》、GJB 4065—2000《通信装备部队试验规程》、GJB 4099—2000《自行火炮弹药输送车部队试验规程》、GJB 4261—2001《激光测距侦察设备部队试验规程》、GJB 4285—2001《目标指示雷达部队试验规程》等 80 余部,型号系统装备作战试验时可提供部分借鉴。但目前还没有关于体系作战力量要求,所以需要开展作战力量编成与使用基本要求研究,制定作战力量编成与使用基本要求标准。

(5)国内外标准现状。目前国军标中没有专门作战力量编成与使用基本要求标准,现有试验基地定型试验规程/方法标准以及部队试验规程标准缺少作战力量编成与使用基本要求。

7.7.4　作战任务基本要求

(1)项目建议。制定项目,应作为国家军用标准。应明确作为推荐性共性技术标准文件使用并在质量管理中进行成文信息和知识管理。可按照军兵种基本作战单元作战任务与联合作战任务(联合火力打击任务、联合封锁作战任务、联合岛屿进攻任务、联合边境防卫任务、联合保交作战任务和联合防空作战任务、联合信息作战任务等)分为多个标准综合体,每个标准可按照子任务分多个部分标准。可将作战条令与同类装备军事训练大纲作为标准参考资料。标准名称可确定为《＊＊作战任务基本要求　　第＊＊部分　　＊＊＊》。项目标准化空间属性为 $S(R,E,K)=(3/3,5/6,0)$。

(2)主要内容。武器装备开展作战试验时典型作战任务类别、作战目的、作战实体(作战力量、人工设施)、作战行动、总体作战任务类别、具体作战任务类别、总体作战任务与具体作战任务的关系、任务时间、战场环境和基本作战规则等要求。

(3)适用范围。用于常规武器装备作战试验,在役考核也可参考。

(4)需求分析。作战任务是在一定的战场环境和时空约束下,作战单元为完成所承担的任务或达到特定作战目的,而进行的一系列相互关联的作战行动的有序集合,它是开展装备作战试验的基础,是进行作战试验条件分析的前提。作战条件包含因素很多,如操作人员、自然环境、战场设施、威胁环境、电磁环境和其他友方装备等,同时也和我方编制、敌我态势、作战对象和作战方式密切相关。所以,开展试验设计应明确以上条件。目前国军标中还没有专门的作战任务基本要求标准,现有试验基地定型试验规程/方法标准以及部队试验规程标准都缺少作战任务基本要求。因此,需研究制定作战任务基本要求标准。

(5)需求分析。作战任务是装备作战试验基础,是作战试验条件分析前提。作战条件包含操作人员、自然环境、战场设施、威胁环境、电磁环境、其他友方装备等因素,同时也和我方编制、敌我态势、作战对象、作战方式密切相关。试验设计应明确以上条件。目前国军标部队试验规程均有一些作战任务剖面要求,但没有专门的作战任务基本要求标准,现有试验基地定型试验规程/方法标准以及部队试验规程标准都缺少作战任务基本要求内容。

(6)国内外标准现状。目前国军标部队试验规程均有一些特定作战任务剖面规定,如 GJB 8304 — 2015《反坦克导弹武器系统部队试验规程》中基本战斗行动试验,规范了按要求拟制战术想定,按实战要求完成待机、机动、占领阵地、战斗准备、战斗实施和撤出战斗等行动要求。标准内容不够全面,缺乏针对性,因此,需要研究制定作战任务基本要求标准。

7.7.5　试验想定基本要求

(1)项目建议。制定项目,应作为国家军用标准/试验行业标准,也可作为军兵种标准。应明确作为技术协调公益推荐性标准文件使用,支持质量管理中成文信息管理和知识管理。可按照军兵种基本作战单元及其合成或联合 7.7.5 试验想定基本要求程度所完成的作战任务分为(多个部分)部分标准,如步兵班组试验想定、防空兵班组试验想定、反装甲兵班组试验想定、压制炮兵班组试验想定、步兵合成分队试验想定(攻/防、城市、反恐战斗等)和步兵合成部队试验想定(攻/防、城市、反恐战斗等)等。标准名称可确定为《＊＊＊试验想定基本要　　第＊＊

部分　　＊＊＊》。可将作战条令与同类装备军事训练大纲作为标准参考资料。标准为规范类标准文件,可为个体武器装备作战训练及相关试验鉴定提供参照。项目标准化空间属性为S(约束力,工程应用用途,开放性),S(R,E,K)＝(3/3,5/6,0)。

(2)主要内容。包括作战任务、作战态势、作战指挥和作战流程等作战想定基本要求;包括兵力、地形环境要求、装备、红蓝军情况及上级、友邻情况和处置方法等试验想定内容。

(3)适用范围。用于单个装备作战、训练等状态鉴定和列装定型阶段试验、在役考核等。

(4)需求分析。试验想定基本要求标准包括作战条件基本要求标准,是规范作战试验、在役考核等试验基本输入,目前作战试验中作战想定均由各任务部队根据自身作战时战场情况、敌手情况和装备情况等具体确定,存在标准不统一、对抗强度不一致、装备编配不一致问题。因此,应制定标准统一规范试验想定基本要求,为各类试验开展提供支撑。

(5)国内外标准现状。目前国内尚无关于试验想定的基本要求标准。目前美陆军已经完成合成分队级标准想定的制定,据了解目前规范了 36 项步兵合成分队作战标准想定,主要针对丛林、沙漠等地形下反恐作战内容,但其运用情况尚不清楚。制定我军试验想定基本要求标准,对于我军开展相关试验鉴定、指导部队训练和作战十分必要。

7.7.6　抽样检验方法

(1)项目建议。对现有标准修订、拆分、补充和整合,应作为国家军用标准。应明确作为推荐性共性技术标准文件使用并在质量管理中进行成文信息和知识管理。标准可分为系列标准,标准名称可命名为《武器装备抽样检验方法指南　　第＊＊部分　　＊＊＊》。标准文件形式可以为技术指南(指导性技术文件)。项目标准化空间属性为 S(R,E,K)＝(2/3,3/6,0)。

(2)主要内容。传统统计抽样(计数、计量及连续性抽样)方法、产品"零接收缺陷"抽样方法、经典统计评估、贝叶斯统计评估、大数据评估方法、射击精度评估方法等。

(3)适用范围。常规武器装备试验状态鉴定、列装定型、产品交验等试验中抽样、统计。

(4)需求分析。抽样检验是武器装备研制、生产和试验单位建立运行质量管理体系应用广泛的统计技术,对试验评价方和研制方保证产品或服务质量具有极其重要意义。在计数抽样检验方面,我军参照 MIL－STD－105 的 D、E 版发布实施标准 GJB 179 — 1986、GJB 179A — 96;在计量抽样检验方面,主要采用与 MIL－STD－414 等效的 GB/T 6378 — 2002《不合格品率的计量抽样检验程序及图表》(适用于连续批的检验);在连续抽样检验方面,主要采用与 MIL－STD－1235C 等效的 GB/T8052 — 2002《单水平和多水平计数连续抽样检验程序及表》。这些标准是承制单位制定军工产品制造与验收规范的重要依据,发挥了巨大作用。由于装备试验鉴定定型特殊性,除了样本量较大的弹药、引信等产品可采用 GJB 179《计数抽样检验程序及表》外,其他产品由于经费对样本量的限制都无法使用,比如火炮、雷达等装备,试验只能提供两台样机,而这属于无奈之举的极小样本抽样。而且,美国国防部制定并推荐首选使用 MIL－STD－1916《国防部首选产品验收方法》,一般不再使用以 AQL 为"指标"的 MIL－STD－105E(计数抽样检验程序及表,1989)、MIL－STD－414(不合格率的计量抽样检验程序及抽样表,1957)、MIL－STD－1235C(单水平和多水平边续抽样程序及表,1988)三个抽样检验标准,实际上就是替代甚至废止了这三个标准。MIL－STD－1916 着重过程控制和不断质量改进,体现了以顾客为关注焦点、过程方法、持续改进和与供方互利的关系等质量管理原则。

另外,从统计技术角度看,国内标准中适用的武器装备统计方法基本上是经典统计方法,基本没有采用贝叶斯统计方法,还缺少基于相关性分析的大数据方法的应用,对命中率有关的 CEP 指标在不少标准中出现适用条件未说明、公式错误等问题。因此,有必要开展抽样检验标准的标准化研究,对国外美军 MIL-STD-1916 和国家有关标准研究,修订和制定抽样检验标准,建立装备试验鉴定样检验标准综合体。

(5)国内外标准现状。目前国外抽样检验标准,可查询到美军计数抽样检验 MIL-STD-105、《计量抽样检验标准》MIL-STD-414、连续抽样检验标准 MIL-STD-1235C,但 1996年 4 月美国国防部颁布 MIL-STD-1916《国防部首选产品验收方法》,同时宣布产品验收中首选该标准而尽量不使用以 AQL 为"指标"的 MIL-STD-105E(计数抽样检验程序及表,1989)、MIL-STD-414(不合格率的计量抽样检验程序及抽样表,1957)、MIL-STD-1235C(单水平和多水平边续抽样程序及表,1988)三个抽样检验标准,实际上就是替代甚至废止了这三个标准。美军 MIL-STD-1916 标准是美国新时期质量政策具体体现、质量管理技术发展结晶、美军标准体系变革产物,是对 1943 年起近 50 年来以 AQL 为指标的抽样检验体系升华,标志现代质量检验技术和管理方法开始。MIL-STD-1916 着重过程控制和不断质量改进,激励承制方建立、实施和保持质量体系,树立"服务用户、过程控制、预防为主、不断改进"理念,实现"组织—顾客"相互获利,实现"双赢",体现以顾客为关注焦点、过程方法、持续改进、与供方互利关系等质量管理原则。而目前国内抽样检验标准有 GJB 179(参考 MIL-STD-105)和 GB/T 6378—2002(参考 MIL-STD-414)、GB/T 8052—2002(参考 MIL-STD-1235C),但适用于产品样本量较大(弹药、引信等)装备的鉴定定型抽样标准是 GJB 179,其他装备抽样检验没有统一标准,各种装备型号试验标准中基本是采用两台(偶尔超过两台)样机的试验实践惯例,可以看出,国内传统抽样检验标准与美军在与质量管理结合、质量要求水平有差异。国内传统抽样检验标准应用于列装定型或状态鉴定时存在几个问题。①容许存在一定数量不合格,不符合 $3\sigma,6\sigma$ 乃至"零缺陷"、"一次成功"质量发展形势;②把固定缺陷水平作为满足用户的目标,不符合以顾客为关注焦点质量管理原则;③质量管理根本是加强预防,对不合格品防患于未然,由于不能给组织以持续改进激励,不符合持续改进质量管理原则;④产品质量或服务质量是设计和生产服务提供过程中产生,不是检验出来的,保证产品质量最积极做法是加强生产过程控制,保证生产过程稳定,传统抽样检验标准做法不是基于过程,不符合过程方法的质量管理原则;⑤确定 AQL 时容易引起承制方与使用方争执,为降低风险采用增加抽检量方法将导致抽样检验费用的增加,不能促进生产方和使用方之间的互利合作关系建立和维持,不符合与供方互利关系的质量管理原则。

总之,传统抽样检验标准与以顾客为关注焦点、过程方法、持续改进、与供方互利关系等质量管理原则违背。另外,武器装备可适用的统计方法国内标准基本上是经典统计方法,还缺少基于相关性分析的大数据方法应用,对命中率有关 CEP 指标在不少标准中出现适用条件未说明、公式错误等问题。因此,有必要开展抽样检验标准的标准化研究,对国外美军 MIL-STD-1916 和国家有关标准进行研究,修订和制定抽样检验标准,建立装备试验鉴定样检验标准综合体。

7.7.7　试验设施规范

(1)项目建议。对现有装备使用维护说明书及训练大纲相关通用要求内容整合,应作为国家军用标准,也可作为试验行业/军兵种标准。标准属于全军统一标准中相关性共性技术标准中国防与军事工程建设标准,在役考核等其他试验也可使用,需要多军兵种相关单位协调编制。应明确作为协调性或推荐性标准文件使用并在质量管理中进行成文信息和知识管理。可分为固定阵地设施、蓝军设施、测试保障设施等。可分为多部分编写如固定阵地设施(迫击炮炮位、牵引火炮炮位、自行火炮炮位、工事、伪装、道路等),蓝军设施(迫击炮炮位、牵引火炮炮位、自行火炮炮位、工事、伪装等),试验测试保障设施(光学测试设施、雷达测试设施等),军民共用设施(道路、桥梁、渡场等)。标准名称可确定为《装备试验设施通用要求　第＊＊部分　＊＊＊》,标准文件形式为军用规范。标准文件形式为军用规范。项目标准化空间属性为 $S(R,E,K)＝(2/3,4/6,0)$。

(2)主要内容。迫击炮炮位、牵引火炮炮位、自行火炮炮位、工事、伪装、道路、桥梁和渡场等设施的通用要求。

(3)适用范围。用于单个装备作战、训练等状态鉴定和列装定型试验、在役考核等。

(4)需求分析。标准属于国防与军事工程建设标准,是指导作战试验设施建设,完成试验任务的基本保障。目前我军关于试验设施建设的标准较多,但对于作战试验的试验设施标准尚无,武器装备的作战运用是后续装备鉴定的重点,相关设备设施建设急需标准规范。

(5)国内外标准现状。国外目前资料收集较为困难,公开资料对外军试验设施的标准尚不了解。目前与试验设施有关国军标有三种:一是阵地、伪装、工事等方面的标准,目前,国家军用标准名称中包含"阵地"标准有 7 项(GJB 8306 — 2015《地面雷达阵地建设通用要求》、GJB 6868 — 2009《大气雷达阵地建设要求》、GJB 4645 — 1993(GJB z20195 — 1993)《军用地面雷达阵地选择规范》、GJB 6332 — 2008《野战防空导弹阵地工事构筑与伪装要求》、GJB 5281 — 2004《军用地面雷达阵地反侦察要求》、GJB 5182 — 2004《陆军地地战役战术导弹阵地伪装要求》、GJB 4959 — 2003《地地战役战术导弹阵地工程构筑要求》),标准名称中包含"伪装"的标准有 18 项,路面标准 1 项 GJB 1891A — 2009《制式路面设计定型试验规程》;二是通信、舰船设施要求较多;三是对军事装备和设施的人机工程如 GJB 2873 — 1997《军事装备和设施的人机工程设计准则》及 GJB 3207 — 1998《军事装备和设施的人机工程要求》。总之,试验设施标准较少。因此有必要研究制定各类试验设施的论证、设计、建造、管理标准,每个标准可分为多个部分规范。

7.7.8　建模仿真方法

(1)项目建议。制定项目,应作为试验行业标准/军兵种标准,也可作为国家军用标准。应明确作为协调性或推荐性标准文件使用并在质量管理中进行成文信息和知识管理。标准应引用目标模拟器、运动姿态仿真、目标与环境特性等标准。标准可按照装备型号分为多个部分标准。标准为技术指南类标准文件。项目标准化空间属性为 $S(R,E,K)＝(2/3,4/6,0)$。

(2)主要内容。常规武器装备计算机仿真、半实物仿真、实物仿真等仿真要求与方法。

　　(3)适用范围。可用于常规武器装备状态鉴定性能试验、列装定型作战试验等仿真试验。

　　(4)需求分析。由于作战环境越来越复杂及常规武器装备信息化、精确化发展,对装备鉴定定型带来许多挑战。2007 年《常规武器试验场发展纲要》明确提出试验基地鉴定试验模式"一个体系,四个转变"要求,指出"要努力实现试验鉴定由简单试验环境条件向复杂目标、背景、环境条件下的转变,由单体性能试验向单体与整体性能试验并重转变,由实物试验向实物与仿真相结合的试验模式转变,由单项性能指标考核向综合效能评估转变"。由于不受外界气候和场区限制,技术风险小、效率高,能耗低,模拟界面多样,仿真试验可实现边界条件、特殊条件下特性仿真与失效模式复现,完成对武器系统各种状态和使用环境下作战能力考核,是扩展鉴定试验考核条件和降低费效比重要支撑,仿真试验技术成为实现"四个转变"重要途径。但目前我国仿真试验方法,做法不一,程序不严格,特别是仿真软件设计、软件实现、软件测试和软件文档编制方法与过程不严格、不规范,仿真建模验模及每种方法模型所考虑因素不全面,影响仿真精度,甚至范造成仿真结果错误。目前常规武器装备仿真试验没有总体、专业标准,在运动姿态仿真器、目标模拟器设计方面规范比较完整,目标与背景校核、验证方法有清晰思路和要求,但操作性需提高;对于火控系统仿真试验项目和方法现行标准比较完整,但仿真技术相对落后,要适应新仿真系统需修订完善;对于制导系统仿真试验只有空军、海军标准,适用于各型反坦克制导系统仿真试验标准急需制定。因此,有必要开展武器装备仿真试验鉴定的标准化研究课题,并制定装备仿真试验评估标准指导、规范、约束和保障仿真试验。

　　(5)国内外标准现状。国外为更好地开发仿真系统,不断提高建模与仿真的互操作性、可重用性、可信性,建立一系列实验系统,并在此基础上提出仿真标准规范。1995 年 10 月美国国防部公布建模与仿真主计划(MSMP),提出要达到六大目标,其中核心是提供通用建模与仿真技术框架(由任务空间概念模型、高层体系结构和数据标准组成)。美国国防部为支持训练、分析和采办,分别建立 SIMNET、JSIMS、JWARS 和 JMASS 等大型仿真系统。制订 DIS 标准EIEE127.8X 系列、DIS 环境标准美军标 1820 和 1821、HLA 标准 IEEEP1516.X 系列。IEEEP1516 为 HLA 框架与规则集,是纲领性定义文件。EIEEP1516 定义了 HLA 各种术语,系统组成、描述 HLA 联邦及联邦成员责任的规则集。其中定义规则共十条,各有 5 条分别适用联邦及联邦成员。目前,国内总结多年实践上,制定了有关仿真系统建设与研究以及仿真试验标准规范,如仿真相关标准名称中包含"常规兵器"有两项,GJB 349.42 — 1990《常规兵器定型试验方法反坦克导弹系统制导设备》、GJB 349.43 — 1990《常规兵器定型试验方法反坦克导弹系统测角仪》,但标准只是提出了方法,操作性不强;标准名称中包含"仿真"有 7 项(GJB 6935 — 2009《军用仿真术语》、GJB 2324 — 1995《鱼雷声自导与控制系统测试和仿真试验方法》、GJB 2731 — 1996《鱼雷总体仿真试验方法》、GJB 3566 — 1999《空空导弹仿真试验方法》、GJB 3958 — 2000《地空导弹武器系统仿真试验要求和方法》、GJB 6427 — 2008《舰艇作战指挥系统仿真试验方法》、GJB 6432 — 2008《舰炮仿真试验方法》),但对于陆军装备仿真试验只有部分可借鉴;仿真相关标准名称中包含"目标"有 15 项(GJB 3489 — 1998《太阳模拟器光学参数测量方法》、GJB 2474 — 1995《舰船目标模拟器通用规范》、GJB 3260 — 1998《漫反射假目标通用规范》、GJB /J3351 — 1998《红外目标模拟器检定规程》、GJB 4238 — 2001《军用目标特性和环境特性术语》、GJB 5250 — 2004《动态目标光学特性测量通用要求》、GJB 5251 — 2004《静态目标光学特性测量通用要求》、GJB 5252—2004《目标与环境特性数据入库要求》、GJB 5253—2004《目标与环境特性模型入库要求》、GJB 5254—2009《目标与环境特性数据元》、GJB 6181—2007《目标与背景辐射亮度测试方法》、GJB 6183—2007《目标与环境特性测量校核、验证与确认通用要求》、GJB 6184—2007《目标与环境特性建模校核、验证与确认通用要求》、GJB 6635—2008《目标与背景红外辐射特性机载下视测试方法》、GJB 6879—2009《陆战场火力打击目标分类与特征参量》、GJB 6925—2009《目标与环境紫外辐射测试方法》），这些标准中，关于目标与环境特性实际测试军标较多，详细地规定和说明了测试准备、测试方法、数据处理等，可为基地开展相关测试工作借鉴和提供有效引用；关于目标与环境特性数据库方面军标较多，对建库、入库数据规范化、标准化进行了要求，可为基地开展相关工作提供参考，但对VV&A实际操作性不强，关于目标模拟器军标不多，未找到激光目标模拟器、可见光目标模拟器相关军标，模拟器设计、性能特性及性能检验方法急需规范标准；与仿真相关标准名称中包含"模拟"＋"转台"有13项（GJB 1728—1993《速率转台通用规范》、GJB 1807—1993《单轴伺服转台通用规范》、GJB 2884—1997《三轴角运动模拟转台通用规范》、GJB 5878—2006《双轴测试转台通用规范》、GJB 1849—1993《飞行模拟器术语》、GJB 1395—2009《飞机模拟器通用规范》、GJB 2099—1994《飞行模拟器分级》、GJB 5449—2005《直升机飞行模拟器通用要求》、GJB 5450—2005《直升机飞行模拟器鉴定要求》、GJB 6352—2008《军用直升机飞行模拟器通用规范》、GJB 2021—1994《飞行模拟器六自由度运动系统设计要求》、GJB 5686—2006《军用直升机作战模拟系统通用要求》、GJB 4512—2002《装甲车辆驾驶模拟器通用规范》）。

总之，现行常规武器装备仿真试验方法标准有7项，目标模拟器标准有16项，运动姿态仿真标准有13项，但没有总体、专业标准，在运动姿态仿真器、目标模拟器设计方面规范较完整，目标与背景校核、验证方法有清晰思路和要求，但操作性需提高；对于火控系统仿真试验项目和方法现行标准体现较完整，但仿真技术相对落后，要适应新仿真系统需修订完善；对于制导系统仿真试验只有空、海军标准，适用于各型反坦克制导系统仿真试验标准急需制定。总体上，仿真标准研究工作很不完善，因此，有必要开展武器装备仿真试验鉴定标准化研究课题，并制定装备仿真试验评估标准，以指导、规范、约束和保障装备仿真试验。

7.7.9　作战试验数据要求

（1）项目建议。对现有标准修订、拆分、补充和整合，应作为国家军用标准。应明确作为推荐性共性技术标准文件使用并在质量管理中进行成文信息和知识管理。可分为多个部分标准。标准名称可确定为《常规武器装备作战试验数据管理要求第＊部分＊＊＊＊＊＊》。标准文件形式可以为武器装备作战试验数据管理技术指南。项目标准化空间属性为$S(R, E, K) = (3/3, 5/6, 0)$。

（2）主要内容。装备试验数据获取、存储、传输、处理和应用等要求，主要包括装备技术性能与战术性能数据、装备效能数据、装备适用性数据、装备生存性数据、装备体系贡献率数据、装备故障或失效数据、装备试用数据、作战数据、作战保障数据、试验保障数据、装备试验样本量数据和装备技术状态数据等。

（3）适用范围。可用于常规武器装备列装定型作战试验、状态鉴定性能试验，在役考核也可参照执行。

　　(4)需求分析。装备试验鉴定数据对于试验管理、装备分析评估有重要意义。目前,国内武器装备试验鉴定有关数据标准大致分数据管理技术标准、数据安全要求、数据定义与格式要求、装备特性数据要求、装备故障数据要求、目标与环境数据要求、建模与仿真环境数据通用要求、战术训练演习数据要求和数据收集与处理要求等 9 个方面,但数据标准还不能满足装备试验鉴定的要求,内容不够完备和统一,无法满足装备试验鉴定特别是作战试验鉴定的要求。因此,有必要基于装备试验数据标准化总框架,开展装备作战试验数据标准的标准化研究,制定装备作战试验数据标准,建立装备试验鉴定数据标准综合体。

　　(5)国内外标准现状。目前,国外与武器装备试验有关的数据标准很难获得比较系统的资料。而国内标准名称中包括"数据"的国军标可查询到的有 237 项,其中与装备试验鉴定有关的有 42 项(GJB/Z 139 — 2004《数据标准化管理规程》、GJB 7853 — 2012《实兵训练演习数据采集与管理要求》、GJB 2824 — 1997《军用数据安全要求》、GJB 4454 — 2002《技术侦察情报数据库安全要求》、GJB 2435 — 1995《军用数据元素的基本属性》、GJB 1923 — 1994《军用数据元素定义表述的规则》、GJB 5941 — 2007《军用公文数据交换格式》、GJB 7874 — 2012《陆军合同战术训练演习实体状态数据通用要求》、GJB 6600.4 — 2009《装备交互式电子技术手册第 4 部分:数据字典》、GJB 8362 — 2015《装备科技信息元数据》、GJB 3830 — 1999《目标雷达散射截面数据格式要求》、GJB 4344 — 2002《雷达识别数据库数据格式》、GJB 2010 — 1994《弹药数据卡》、GJB/Z 212 — 2002《引信故障树底事件数据手册》、GJB 3435 — 1998《信息交换用图象数据格式》、GJB 5603 — 2006《军用数字地图产品元数据要求》、GJB 2238A — 2004《遥测数据处理》、GJB/Z 67 — 1994《导弹飞行试验外测数据收集指南》、GJB 2322 — 1995《鱼雷实航试验内测数据处理要求》、GJB/Z 140 — 2004《电子对抗装备现场维修数据收集指南》、GJB 570.3 — 1988《气象仪器定型试验方法静态测试的数据录取和处理》、GJB 6556.8 — 2008《军用气象装备定型试验方法第 8 部分:数据录取和处理》、GJB 570.4 — 1988《气象仪器定型试验方法动态比对试验的数据录取和处理》、GJB 592.4 — 1990《舰炮武器系统射击效力评定射表数据处理》、GJB 7875 — 2012《陆军合同战术训练演习部队指挥控制数据通用要求》、GJB 7876 — 2012《陆军合同战术训练演习导调控制数据通用要求》、GJB 7877 — 2012《陆军合同战术训练演习数据采集通用要求》、GJB 7878 — 2012《陆军合同战术训练演习想定数据通用要求》、GJB 7879 — 2012《陆军合同战术训练演习计划数据通用要求》、GJB 7880 — 2012《陆军合同战术训练演习概要数据通用要求》、GJB 7881 — 2012《陆军合同战术训练演习行动效能数据通用要求》、GJB 5070 — 2004《军用大地测量数据格式》、GJB/Z 222 — 2005《动力学环境数据采集和分析指南》、GJB 5254A — 2009《目标与环境特性数据元》、GJB 5366 — 2005《全军综合情报数据库系统数据结构分类编码》、GJB 7856 — 2012《建模与仿真元数据通用要求》、GJB 7864 — 2012《建模与仿真人文环境数据通用要求》、GJB 7865 — 2012《建模与仿真地理环境数据通用要求》、GJB 7866 — 2012《建模与仿真大气环境数据通用要求》、GJB 7867 — 2012《建模与仿真核生化环境数据通用要求》、GJB 7868 — 2012《建模与仿真海洋环境数据通用要求》、GJB 7869 — 2012《建模与仿真电磁环境数据通用要求》、GJB 7870 — 2012《建模与仿真空间环境数据通用要求》)。

这些标准大致分为管理技术标准、安全要求、数据定义与格式要求、装备特性数据要求和装备故障数据要求、目标与环境数据要求、建模与仿真环境数据通用要求、战术训练演习数据要求和数据收集与处理要求等 9 个方面,但数据标准不能满足装备试验鉴定的要求,内容不完备统一,无法满足装备试验鉴定特别是作战试验鉴定的要求。因此,有必要基于装备试验数据标准化总框架,开展装备作战试验数据标准的标准化研究,制定装备作战试验数据标准,建立装备试验鉴定数据标准综合体。

7.7.10 装备评估指标体系基本要求

(1)项目建议。制定项目,可作为国家军用标准,也可作为试验行业标准。可分为作战效能、作战适用性和体系贡献率三类。标准名称可确定为《装备作战试验评估指标体系基本要求第一部分作战效能指标体系基本要求》《装备作战试验评估指标体系基本要求第二部分作战适用性指标体系基本要求》《装备作战试验评估指标体系基本要求第三部分体系贡献率指标体系基本要求》。标准应作为单项效能、系统效能、体系作战效能等评估方法、评估规程标准的引用文件,标准应引用战场环境构建、作战对象设置、作战力量编成与使用、作战任务和作战想定等基本要求标准。标准文件形式为规范。项目标准化空间属性为 $S(R,E,K)=(3/3,5/6,0)$。

(2)主要内容。装备评估指标体系建立原则、指标分类、指标表达形式和指标类型等。包括装备型号指标效能(战术技术指标)评估指标体系分类、评估指标定义;装备型号系统效能评估指标体系分类、评估指标定义;装备型号作战效能评估中关键作战问题的分解原则、评估指标体系分类(总体指标、功能指标、性能指标、效能指标)、评估指标表达形式、指标类型(可测试指标、可计算指标、可评估指标);装备体系作战效能评估指标体系的分解原则(包括作战使命任务分析、环境和约束条件、任务阶段划分)、装备体系整体性评估指标分类(互操作性、有效复杂度、自适应能力等)、装备体系效能评估指标分类、装备体系效能评估指标定义;作战适用性评估指标体系分类、评估指标定义;装备对作战体系贡献率(装备型号对体系作战能力贡献率、装备型号对体系单项作战效能贡献率、装备型号对体系作战任务效能贡献率)的指标定义、指标格式要求等。

(3)适用范围。适用于武器装备作战试验。

(4)需求分析。构建清晰明确、结构合理的装备评估指标体系是保证作战试验评价活动有序开展基础,是作战试验设计与评估基本依据。目前,国军标主要围绕单装性能试验和部队试验规定战术技术性能指标,有部分军标内规定的作战适用性指标和个别效能指标构建思路和评估方法可借鉴。但还没有专门针对装备作战试验的指标体系建立标准。主要问题体现在:一是作战试验的试验对象以系统、基本作战单元装备、体系装备为主,目前的指标建立的相关标准主要针对单型号装备战技术性能指标(指标效能)为主,无法满足系统效能和作战效能评估需求;二是作战效能和作战适用性指标在个别标准中能见到少量的指标,但没有体系整体效能评估指标,体系贡献率指标体系的相关标准。由于作战试验处于起步阶段,没有标准可依,不同单位对相同作战试验任务建立的评估指标体系差异大,造成评估的结果差异大。因此需加强作战效能、作战适用性和体系贡献率指标体系的标准化研究,制定相关的作战试验评估指标体系基本要求标准,为作战试验提供依据。

(5)国内外标准现状。目前,国外与武器装备试验有关的数据标准很难获得比较系统的资料。目前国内针对型号装备战术技术性能和可靠性等方面建立了一些标准,而国内标准名称中包括"指标"可查询到标准 101 项,标准名称中包括"效能"可查询到标准 18 项。主要体现有五类标准:一是战术技术指标要求项目规范类标准,规范了指标的项目格式,这类标准查询到的有 12 项(GJB 5296 — 2004《指挥自动化系统指标体系》、GJB 6678 — 2009《舰艇作战系统战备完好性指标要求》,GJB 701.3 — 1989《地面雷达情报处理和传递系统通用技术条件战术技术指标要求项目格式》、GJB 806.3 — 90《地地战略导弹通用规法战术技术指标要求项目格式》、GJB 74.3 — 1985《军用地面雷达通用技术条件战术技术要求项目格式》、GJB 1621.4 — 1993《技术侦察装备通用技术条件战术技术要求项目》、GJB 2092 — 1994《雷达对抗设备战术技术要求项目格式》、GJB 2137.3 — 1994《机载雷达通用要求战术技术要求项目格式》、GJB 3680 — 1999《光电对抗设备战术技术要求项目格式》、GJB 4789 — 1997(GJB z20420.2 — 1997)《光学侦察装备通用规范战术技术性能要求》、GJB 4964 — 2003《无线电引信对抗设备战术技术要求项目格式》和 GJB 2226.3 — 1994《舰载雷达情报系统通用要求战术技术要求项目格式》)。二是指标论证类标准。GJB 1367 — 92《战略导弹武器系统战术技术指标论证》、GJB 3732 — 1999《航空武器装备战术技术指标论证规范》,明确了指标论证的任务、依据、项目内容和论证要求,但与装备试验评价工作关系不大。三是可靠性、安全性试验方法标准与性能指标测试方法标准。其中试验方法标准比较具体,GJB 1626.8 — 2006《技术侦察装备通用技术要求第 8 部分:可靠性指标和验证试验方法》、GJB 1909A — 1994《装备可靠性维修性参数选择和指标确定要求》系列标准,按照弹药、火炮、装甲车辆、军用汽车电子系统等不同武器类别建立了分标准,明确了装备可靠性维修性参数选择和指标确定要求。测试方法类标准明确了具体的测试项目、测试设备、测试方法等(GJB 7589 — 2012《军用 VHF/UHF 频段监测站性能指标测试方法》、GJB 2224.4 — 1994《电话自动交换网信号技术指标测试方法铃流和信号音技术指标测试方法》(已废止)、GJB 1716 — 1993《航天惯性平台系统性能指标评定》)。四是分析评估类标准。GJB 4113 — 2000《装甲车辆效能分析方法》,分析了指标体系的构建原则和具体分析方法,对指标效能、系统效能、作战效能以及其他效能度量都做出了说明,通过计算可运用效能值进行方案优劣排序,并给出了运用加权法计算和主战坦克系统效能的示例。GJB 4505 — 2002《地地弹道式战术导弹战术技术指标评定方法》、GJB 3904 — 1999《地地导弹武器作战系统作战效能评估方法》对由主站系统、保障系统、作战指挥系统、作战系统组成的作战系统评估方法进行了明确。上述标准中与装备评价指标有关的只有第一类,但其绝大多数只能适用于传统性能试验的指标效能评估,少部分标准涉及的系统效能、作战效能、作战适用性等评估指标和思路可以借鉴,但无法满足装备作战试验指标体系建立需求。因此,有必要开展作战试验指标体系标准化研究课题,并制定作战试验指标体系标准,以指导、规范、约束作战试验评估工作。

7.7.11　技术语言标准

(1)项目建议。修订项目综合性的术语符号标准 GJB 2240 — 1994《常规兵器定型试验术语》,对分散的其他术语符号标准进行整合。该标准应引用其他分散的 187 项术语符号标准。应作为国家军用标准。应作为推荐性技术标准使用。标准名称可命名为 GJB 2240A - ＊＊＊

*《常规武器装备鉴定定型试验术语》。项目标准化空间属性为 S(R,E,K)＝(3/3,3/6,0)。

(2)主要内容。修订 GJB 2240—1994《常规兵器定型试验术语》,标准名称可更改为 GJB 2240A-＊＊＊＊《常规武器装备鉴定定型试验术语》或制定《装备试验鉴定术语》。内容包括:常规武器装备、试验类型、试验项目、测试内容、作战环境、目标与威胁、装备战术指标、装备技术指标、作战活动、作战保障活动、试验保障活动、试验保障设施、故障/缺陷、抽样检验、试验统计、装备效能评估和装备适用性评估等术语。

(3)适用范围。用于常规武器装备状态鉴定性能试验、列装定型作战试验和在役考核等试验鉴定。

(4)需求分析。随着装备的发展、试验技术的创新以及试验鉴定体系变革,现行 GJB 2240－1994《常规兵器定型试验术语》需要补充其他分散的 187 项术语符号标准的相关内容,而且该标准中设计定型试验、生产定型试验定义已与新型试验鉴定体系要求不适应,装备类型不全面,因此,需要修订该标准,补充有关装备产品类型定义,增加作战试验、在役考核等新的试验定义,对某些术语进行修订。

(5)国内外标准现状。目前我国国军标技术语言标准中可查询到标准名称中只包括"术语""符号"的标准分别有 153、40 项,标准名称中包括"术语和符号"的有 5 项,与常规武器装备试验鉴定有关的主要是 GJB 2240－1994《常规兵器定型试验术语》,该标准引用了 GJB 102《弹药系统术语》、GJB 103《手榴弹术语、符号》、GJB 175.13《舰艇及其装备术语武器随动系统》、GJB 340《枪弹术语、符号》、GJB 349.1《常规兵器定型试验方法枪弹》、GJB 349.2《常规兵器定型试验方法枪械》、GJB 349.3《常规兵器定型试验方法延期杀伤爆炸手榴弹》、GJB 371《弹道学术语及符号》、GJB 375《引信术语、符号》、GJB 550《弹箭术语及定义》、GJB 741《火药术语、符号》、GJB 743《军用光学仪器术语、符号》、GJB 744《武器发射系统术语》和 GJB 745《兵器火控系统术语、符号》等 14 项标准。但该标准仅对轻武器、火炮、火控系统、弹药、试验类型、试验项目、环境试验项目、内外弹道测试、靶道和基线、射击阵地、靶标、试验技术文件、试验技术人员、内外弹道、气象、故障/缺陷、统计术语等方面进行了术语规范,随着装备发展、试验技术的创新以及试验管理改革,该标准中设计定型试验、生产定型试验定义已与新型试验鉴定体系要求不适应,装备类型不全面,因此,需要修订该标准,补充有关装备产品类型定义,增加作战试验、在役考核等新的试验定义,对某些术语进行修订。

7.7.12 武器装备试验鉴定质量管理要求

(1)项目建议。制定项目。应作为国家军用标准。应作为推荐性技术标准使用。标准名称可确定为《武器装备试验鉴定质量管理体系要求》或《质量管理体系要求武器装备试验鉴定》。项目标准化空间属性为 S(R,E,K)＝(2/3,2/6,0)。

(2)主要内容。武器装备试验鉴定单位的质量管理体系要求,包括质量管理体系、管理职责、装备试验与评估、试验质量的测量分析与改进等内容。

(3)适用范围。用于武器装备试验监鉴定单位的质量管理体系的建设、评价与审核。

(4)需求分析。目前国外质量管理体系标准主要为 ISO 9000 质量管理体系,该标准族以实现"一个标准、一次检测、全球有效"为目标,得到了 WTO 组织成员的广泛认可和应用。而我国国军标对该标准进行了转化并增加了军品的特殊要求,但由于装备试验工作的服务产品特点,该标准对于试验评价单位的试验鉴定工作适用性不强,例如,人员认证、试验外包单位认可、数据采信、试验产品、抽样、试验保障工作、装备试用、技术状态管理要求、装备效能与适用性评估等内容都缺少规范性要求,因此有必要制定装备试验鉴定质量管理体系标准,以指导、规范、约束和保障装备试验单位质量管理体系建设运行。

(5)国内外标准现状。目前国外质量管理体系标准主要为 ISO 组织的 ISO9000 质量管理体系,得到了 WTO 组织成员的广泛认可和应用,另外还有 ISO 10018 投诉处理 ISO 20121《活动可持续性管理体系》、ISO 22301:2012《公共安全—业务连续性管理体系-要求》、ISO 29990：2010《非正规教育及培训学习服务提供者基本要求》、ISO 55001 资产管理标准系列、ISO《服务标准化指南》、ISO/TS 10004 — 2010《质量管理顾客满意监视和测量》GB/T 19039 — 2009《顾客满意测评通则》、GB/T 19038 — 2009《顾客满意测评模型和方法指南》等相关标准。而我国国军标 GJB 9001C‑2017 对 ISO 9001 标准进行了转化并增加了军品的特殊要求,但由于装备试验工作的服务产品特点,该标准对于试验评价单位的试验鉴定工作适用性不强,例如,人员认证、试验外包单位认可、数据采信、试验产品、抽样、试验保障工作、技术状态管理要求、装备效能与适用性评估、顾客满意监视测量等内容都缺乏规范性要求,而且由于 ISO 9001 标准进行了修订使得 GJB 9001C — 2017 需要根据其新要求进行等同采用修订相关内容,因此有必要开展武器装备试验鉴定质量管理体系要求的标准化研究课题,并制定装备试验鉴定质量管理体系标准,以指导、规范、约束和保障装备试验单位质量管理体系的建设和运行。

常规武器装备作战试验标准项目标准化空间属性见表 7‑1。

表 7‑1　常规武器装备作战试验标准项目标准化空间属性

序号	标准		约束力 R			工程应用用途 E						开放性 K	
						基础标准			技术标准		质量标准		
			自愿性 1/3	协商性 2/3	强制性 3/3	标准管理技术标准 1/6	工程管理技术标准 2/6	技术基础标准 3/6	技术指导标准 4/6	技术协调标准 5/6	产品或服务质量标准 6/6	体系自建 1	与相关体系共建 0
1	作战试验技术标准	装备个体操作使用试验方法			●				●			●	
2		装备个体战术运用试验方法			●				●			●	
3		装备集团战术运用方法			●				●			●	
4		装备作战使用适用性试验方法 / 装备作战使用安全性试验方法			●				●			●	
5		装备作战使用可靠性试验方法	●						●			●	
6		装备人机结合性客观试验方法	●						●			●	

续 表

序号	标 准		约束力 R			工程应用用途 E						开放性 K	
						基础标准			技术标准		质量标准		
			自愿性 1/3	协商性 2/3	强制性 3/3	标准管理技术标准 1/6	工程管理技术标准 2/6	技术基础标准 3/6	技术指导标准 4/6	技术协调标准 5/6	产品或服务质量标准 6/6	体系自建 1	与相关体系共建 0
7	作战试验技术标准	装备作战使用适用性试验方法	装备人机结合性主观试验方法		●					●			●	
8		装备作战保障适应性试验方法			●					●			●	
9		装备型号试验规范/规程		●	●					●			●	
10	作战效能评估技术标准	装备型号单项效能评估方法	指挥控制效能评估方法		●					●			●	
11			信息攻防效能评估方法		●					●			●	
12			侦查探测效能评估方法		●					●			●	
13			火力打击效能评估方法		●					●			●	
14			综合防护效能评估方法		●					●			●	
15			战场机动效能评估方法		●					●			●	
16			综合保障效能评估方法		●					●			●	
17		装备型号系统效能评估方法			●					●			●	
18		装备型号系统效能评估规程		●	●					●			●	
19		装备体系作战效能评估方法			●					●			●	
20		装备体系作战效能评估规程		●	●					●			●	
21		战场环境适用性评估方法	战场自然环境适用性评估方法		●					●			●	

续　表

序号	标准	约束力 R			工程应用用途 E						开放性 K	
					基础标准			技术标准		质量标准		
		自愿性 1/3	协商性 2/3	强制性 3/3	标准管理技术标准 1/6	工程管理技术标准 2/6	技术基础标准 3/6	技术指导标准 4/6	技术协调标准 5/6	产品或服务质量标准 6/6	体系自建 1	与相关体系共建 0
22	作战适用性评估技术标准　战场环境适用性评估方法　联合火力环境适用性评估方法		●					●			●	
23	战场环境适用性评估方法　战场电磁环境适用性评估方法		●					●			●	
24	战场环境适用性评估方法　战场运输环境适用性评估方法		●					●			●	
25	作战保障适用性评估		●					●			●	
26	作战使用适用性评估方法　作战使用安全性评估方法			●				●			●	
27	作战使用适用性评估方法　作战使用人机结合性评估方法		●					●			●	
28	作战生存性评估技术标准			●				●			●	
29	试验设备规范		●							●	●	
30	试验文件规范	●	●							●	●	
31	装备安全评估准则			●						●	●	
32	装备健康危害评估准则			●						●	●	
33	装备环境危害评估准则			●						●	●	
34	装备试验计量保障规范	●	●							●	●	
35	装备试验测试保障规范	●	●							●	●	
36	装备试验安全保障规范	●	●							●	●	
37	装备试验场务保障规范	●	●							●		
38	装备试验回收保障规范	●	●							●	●	
39	战场环境构建基本要求			●					●			●
40	作战对象设置基本要求			●					●			●
41	作战力量编成与使用基本要求			●					●			●
42	作战任务基本要求			●					●			●

续 表

序号	标 准	约束力 R			工程应用用途 E						开放性 K	
					基础标准			技术标准		质量标准		
		自愿性 1/3	协商性 2/3	强制性 3/3	标准管理技术标准 1/6	工程管理技术标准 2/6	技术基础标准 3/6	技术指导标准 4/6	技术协调标准 5/6	产品或服务质量标准 6/6	体系自建 1	与相关体系共建 0
43	试验想定基本要求			●					●			●
44	作战试验数据要求			●			●					●
45	装备作战试验评估指标体系基本要求			●					●			●
46	试验设施规范	●					●					●
47	建模仿真方法	●					●					●
48	抽样检验方法	●					●					●
49	技术语言标准			●			●					●
50	武器装备试验鉴定质量管理要求	●				●						●

第8章 试验标准体系建设与推行的对策

8.1 试验标准体系建设

8.1.1 研究完善装备试验理论和标准规范体系

试验鉴定理论体系不能仅限于技术层面的基础试验鉴定理论和专业试验鉴定理论,还应包括项目管理、质量管理和标准化等管理理论,其中应重视装备试验标准化理论研究,标准化理论研究包括:面向试验工程的质量技术标准体系建设、适应新型试验模式的试验标准信息服务、试验共性技术与综合技术、武器装备体系评估等装备试验标准化方法、基于认证认可制度的军兵种标准化方法、基于标准公示制主体责任发挥的试验基地标准化方法、试验基地标准信息管理方法、标准化与信息化和技术创新的协调发展模式等问题。

建立装备试验标准体系应借鉴国外成功经验,以胜战打赢提高部队战斗力标准为根本要求,以装备发展和试验鉴定转型为导向,服务合格评定和顾客监督,与科技发展协调,以试验单位为主体和先锋,国军标以强制性标准为重点,并加强试验方法标准、试验文件规范标准、试验服务规范标准等公益推荐性、技术协调性质量技术标准建设,军兵种标准/试验单位标准以综合技术标准/"私标准"为重点,聚焦于型号试验标准和个性技术标准,标准体系建立需对与标准体系有关内容研究:基于新型试验鉴定模式的试验标准体系、装备试验技术基础标准体系、装备试验军民共用技术标准体系、装备试验综合技术标准体系、装备试验服务标准体系、试验行业标准体系、试验单位标准体系、军兵种作战力量体系和装备体系、仿真试验标准、作战条件基本要求标准、装备主观试验技术标准、装备效能评价指标体系标准、装备体系效能评估标准和装备集团战术运用方法标准等。

8.1.2 完善标准立项和评审机制,健全标准生成体系

标准是治理工具,是根深蒂固的权力结构中的新形式软法治理,作为一种规范通过基于多边互动协商而产生全面、基础性力量,具有治理的本质力量,可以提升管理和服务水平,成为管理体制、文化和市场标识,但现有标准在评审中协商性不够,"技术上的外交"活动和"技术上的民主"不够,因此迫切需要建立新型的协商评审机制解决以下标准生成问题:标准评审专家由项目组提出,而非由标准化管理部门负责聘请或由标准技术委员会/标准评审专家库产生,也不是由相关单位推荐,因而评审专家不是对标准质量负责而可能会有让标准过关想法;标准评审专家代表性和广泛性不够;评审中未使用标准文件信息管理系统对标准审查引用文件适宜

性有效性;标准意见与建议记录不是由标准化管理部门而由编制单位完成的,对标准技术意见处理可能会被编写人员回避。

采用国内外相关先进标准是我国重要制度,标准军民融合是我国重要发展战略,武器装备鉴定定型中军民双方性能试验、作战试验和在役考核一体化试验设计,必然涉及试验标准军民共用问题,即军用和民用标准军民融合。现行标准有国家标准、兵器行业自用"军用标准"、军队专业试验单位制定军用标准,这些军民标准主要用于装备单元级试验评估,包括安全健康环境保障等公众利益保护标准、技术基础标准、项目管理标准、通用试验产品标准和共性试验技术标准等,但都是针对相同标准化对象,比如军用产品通用规范、装备定型试验规程/方法标准、兵工行业与军队试验基地分别制定的军用/行业试验方法标准,因此有必要对国家标准、兵器行业和军队试验基地共用的试验技术标准进行军民融合,另外由于美军标、北约标准和 ISO 等国际标准化组织的国际标准比我国先进、现行标准管理是军民分口管理、标准立项审查中普遍缺乏有效技术手段研究国外标准现状〔包括 ISO 组织 ISO9001 质量管理体系标准、北约标准体系(APP 管理出版物、STANAG 和 STANREC)、美军开放标准体系(ISA、NGS、FIPS、MIL-STD-××××、MIL-HDBK-××××、TOP××-×-×××、ITOP××-×-×××试验标准)、GB9001-××××、HB××××-××××等标准〕,因此应完善强制性公众利益保护标准、军用通用产品和共性技术标准立项机制,健全标准生成体系,吸收国外先进试验技术标准,对武器装备试验中的军用通用产品或共性技术标准把好立项审查"优生优育"关,促进军民装备科研技术紧密结合和相互转换,打破军用标准和民用标准壁垒,扩大民用标准选用范围,建立完善军民融合协调互补质量技术标准体系,发挥军民共用标准在军民融合管理体系、创新体系、保障体系和信息体系建设中作用。

8.1.3 建立装备试验型号规范标准化工作机制,健全型号规范生成体系

标准化文件包括技术标准、技术指南和型号规范。装备型号规范是在通用规范、相关规范的基础上制定的详细规范,应在具体装备型号试验中加强型号规范(即详细规范,或者称为工程标准),为通用规范的制定应积累总结详细规范经验。每一项具体装备型号试验任务是对或多或少具有技术创新的装备型号产品试验评估,试验设计中要求实施强制性标准并正确选用和合理适宜剪裁推荐性标准。标准选用要求从现行、有效的标准中适时地选择适用于特定产品的标准,并在有关文件中加以规定;标准剪裁要求对选用标准的每一项要求进行分析、评估和 QCD 权衡,确定对特定产品适用程度,必要时对其进行修改、删减或补充,并通过有关文件提出适合于特定产品最低要求。目前试验单位质量管理体系运行中,型号规范标准文件(试验大纲、试验技术方案等)生成体系对标准使用缺乏有效监督(职责不明导致标准化审查不够规范),因此很有必要建立型号标准化工作机制,以试验设计中编制装备型号试验规范/工程标准方式,规范试验标准使用,以对装备试验工作统一、规范、约束,保证装备试验质量,健全型号规范标准文件生成体系。

8.1.4 完善标准化工作与技术创新管理融合管理机制,健全标准生成体系

从科学、技术和工程生态链看,标准来源于科学研究、技术创新和工程实践,除标准体系建设标准、标准编制规范标准、技术语言标准等少量基础标准外,武器装备试验中要使用很多技术标准、工程(产品/服务)质量标准,这些标准是关于装备试验工程的工程技术要求、产品和服

务质量要求,这些标准制修订立项需求都是起因于技术创新成果,而标准的技术适用性和先进性要求标准化工作与技术创新管理工作协调,应正确处理工程技术创新(即所谓科研工作)和试验工程(即试验工作)关系,使试验单位瞄准试验工程主战场,"在开放的复杂巨系统理论视角下,将标准化作为面向创新 2.0 的科技创新体系的重要支撑以及技术创新体系、知识社会环境下技术 2.0 重要轴心""要最大限度地普及和应用技术开发成果的观点,把标准化最为通向新技术与市场的工具,深刻认识以标准化为目的的研究开发重要性",重视"技术专利化,专利标准化""技术标准逐渐成为专利技术追求的最高体现形式",使技术创新项目(工程性质的试验单位的所谓科研项目)的"项目成果内容包括硬件、软件、资料、培训服务、标准……""制定标准草案的标准化过程是技术创新的最后一个过程""标准是技术创新成果的形式之一""标准是方法类技术成熟度的度量衡"等成为共识和行动,健全标准生成体系。

8.2　试验标准体系推行

8.2.1　完善标准化工作法规制度,健全法规体系

标准作为技术规则,可为法律法规提供技术支撑和必要补充,全面推进依法治国,贯彻落实依法治军,实现治国和治军方式根本转变必须依靠标准,而标准化的体系完善和管理应在法规框架下才能顺畅运行。落实《新形势下装备建设纲要》《关于改进加强装备试验鉴定工作的意见》,应遵守《中华人民共和国标准化法》(2018 年 1 月 1 日实施)、《装备试验鉴定条例》(制定中),《中国人民解放军装备条例》《武器装备质量管理条例》《装备通用质量特性管理工作规定》等有关标准化法规对标准体系(国军标/军兵种标准/型号规范)建设要求、军兵种/试验基地标准化工作经费保障、评价激励等规定,为试验基地/军兵种标准化提供法规保障。须强调,修订颁布后的新标准化法着眼于解决四方面标准体系和管理措施问题:①标准范围过窄,主要限于工业产品、工程建设和环保要求;②强制性标准制定主体分散,交叉重复问题突出;③政府主导制定标准过多,团体、企业等市场主体自主制定、快速反映市场需求标准少,导致标准有效供给不足;④缺少对标准制定、实施、评价、标准化工作等监督具体措施,不利于加强事中事后监管。新标准化法总体修订思路是:

(1)坚持问题导向,着力解决标准化工作中存在突出问题,优化现行标准体系结构,理顺标准管理体制,更好地发挥标准化在促进经济持续发展和社会全面进步等方面基础性、战略性作用;

(2)坚持简政放权,鼓励科技创新,更加充分发挥市场主体在标准制定、实施中的重要作用,由政府、部门和市场主体共同努力推进标准化工作,积极培育和推动团体标准发展;

(3)根据社会管理和公共服务需求,扩大制定标准范围;理清部门监管职责,建立部门间协调机制、完善监管措施,强化对标准化工作事中事后监管。

常规武器装备试验标准化工作制度应按照国家标准化法新要求及时修订完善。

8.2.2　完善标准化与质量管理融合机制,健全标准推行体系

标准是质量轨道和质量评价依据,推行标准应"协调"、"融合"标准化与质量管理,标准化应解决质量管理中现实性/潜在性问题;质量管理应真实全面及时反馈标准不适用信息,为标

准立项需求论证提供依据,根据国家标准化改革要求,应基于标准公示制度探索建立顾客监督试验单位标准实施制度,将标准化管理部门监督、质量管理部门自我检查与顾客外部监督结合。质量管理中成文信息管理、知识管理、设计开发、生产和服务中,强制性标准使用和推荐性标准选用剪裁要与标准实施监督、型号标准化工作融合,不能让标准化在标准实施监督环节"断链"、"失明",应加强试验大纲设计与评审中标准使用审查以及试验报告或试验总结中标准适用性反馈,建立顾客满意度调查中对标准使用监督,收集大纲评审和鉴定定型中顾客对标准使用情况的顾客监督信息,实现管理部门的标准实施监督模式转向基于试验单位自觉追求卓越绩效、自我声明标准制度下的顾客监督,将自检自律和外部监督结合,为标准化保证试验质量提供机制保障。

总之,标准化是为解决实际/潜在问题做出统一规定以在一定范围获得最佳秩序和促进最佳共同效益,标准是质量评价依据、技术培训依托,质量基础(计量、标准和合格评定)和技术基础(计量、标准化、科技信息、质量管理、知识产权)、国家和军队治理体系(法规、政策、标准)重要组成,全面推进依法治国、贯彻落实依法治军重要制度和有效抓手,实现"依法治军、从严治军"三个根本性转变,提高试验质量和作战效能与适用性,应充分发挥标准基础性、战略性、引领性作用。面向试验鉴定体系能力建设,以质量管理为中心,重点加强标准基本体系建设,还应加强标准推行体系建设:①树立"工程技术创新以技术标准为终点、技术基石;以试验工程质量管理为中心,以质量标准铺就质量轨道"理念,完善标准化、质量管理、技术创新管理融合机制,加强标准实施监督和适用性信息反馈;②加强质量文化建设和标准化意识教育,树立综合标准化、试验基地标准化和型号标准化理念;完善标准化工作法规制度,健全法规体系;加强标准化理论研究,完善装备试验理论,深化标准体系研究,完善试验标准规范体系;建立装备试验标准化研究机构和标准化技术委员会,健全人才队伍体系;设立型号标准化和试验单位标准化专项经费,完善标准化工作和标准化人才评价激励制度,激活标准化工作活力;完善开放型标准信息管理,健全标准化工作条件保障体系。

8.2.3　建立装备试验标准化研究机构和标准化委员会,健全人才队伍体系

技术标准体系建设包括标准体系构建与优化、标准编制和标准推行三大部分。技术标准体系包括技术标准、技术指南和型号规范,标准体系建设的发展需要专业化标准化研究机构和研究人员的充分有效介入,由于没有专业的装备试验标准化研究机构和稳定的标准化研究人员,以往标准体系清理整顿、标准立项审查、标准宣贯实施存在标准管理"软"、标准体系"乱"和标准水平"低"等问题。因此,建立装备试验标准化研究机构非常必要和迫切,专业标准化研究机构和研究人员任务是:①标准发展战略研究,包括总体战略目标、具体战略目标、战略任务等内容;②标准立项论证和标准编制中标准协调性把关,确保管理部门的标准供给和使用单位标准需求的有效协商;③技术标准体系的建设和优化,对从下而上传统标准化和从上而下综合标准化技术咨询和指导;④型号规范的型号标准化或者工程标准综合标准化标准推行对标准选用剪裁和型号规范编制工作标准化审查把关;⑤重大专项装备和新型装备试验标准研制;⑥针对标准推行中发现问题提出修订意见;⑦国内外军民相关性试验标准科技信息研究,提出制修订建议。

《中华人民共和国标准化法》第十六条关于标准制定主体规定"制定推荐性标准,应当组织由相关方组成的标准化技术委员会,承担标准起草、技术审查工作。制定强制性标准,可以委

托相关标准化技术委员会承担标准的起草、技术审查工作。未组成标准化技术委员会的,应当成立专家组承担相关标准的起草、技术审查工作。标准化技术委员会和专家组的组成应当具有广泛代表性"。我军建有目标与环境特性军标委、人机工程军标委等军标委,但缺少装备试验标准化技术委员会。我国装备试验标准草拟只能全由标准化素养不足的一线试验技术人员完成;由于存在标准化专业人员无法作为编写组主要成员积极参与的体制机制问题,影响标准编写质量;标准草案审查工作临时聘请相关行业技术专家,但多数情况下这些人员标准化知识和能力不够,难以对标准化对象合理性、标准与标准体系协调性等标准化问题有效审查,影响到标准体系协调性和标准质量技术水平。过去,试验标准一直受到装备研制单位标准化模式影响,如未选择试验过程的试验保障作为标准化对象进行共性技术标准建设,根据强军目标确定的打胜仗战斗力标准,目前装备试验的发展由性能指标试验需求牵引模式转向装备能力评价驱动模式,要求高度重视作战试验,因此,尤其应建立装备试验标准化技术委员会。

8.2.4　加强质量文化建设与标准化意识教育,建立综合标准化新观念

标准体系建设包括基本体系和推行体系。推行体系是基本体系赖以生存发展的根基,其制度设计影响面广、制约因素多。基本体系应实现技术法规和技术标准分离,建立由国家标准、行业/协会标准和基层"私标准"组成的自愿性标准体系,但若没有质量与标准化意识,标准体系必然乱,标准推行定然难,产品质量保证难,因此加强质量文化建设和标准意识教育,是重要的经常性工作。质量与标准化意识教育内容包括:

(1)标准在质量治理体系(法规、政策、标准、合格评定)中地位、与法治关系。应认识到法规、合同或合同才具有强制力,但标准中要求只有通过法规、合同、协议等形式才具有强制性法律效力,基于利益所有标准对使用者来说都是自愿去使用的,不应错误地认为法规规定的标准就自然具有强制性。标准是"治理工具"、规范经济和社会发展的重要制度、国家和军队治理体系的重要组成,全面推进依法治国、贯彻落实依法治军,实现治国和治军方式根本性转变必须依靠标准,将标准作为技术规则,为法律法规提供技术支撑和必要补充。

(2)标准与质量技术基础工作的关系[技术基础包括计量、标准化、科技信息、质量管理、知识产权;国家质量基础包括计量、标准、合格评定(检验检测和认证认可等)]。需要指出,标准化工作不只是制修订和宣贯标准,以往将标准化工作归入技术基础工作,虽有一定合理性,但实际上制定技术基础标准、共性技术标准虽属于技术基础工作,但制定产品质量标准、型号规范类标准以及标准实施监督均属于试验质量管理工作,是试验中心工作,显然已不属于技术基础工作。因此,应破除标准化工作就是技术基础工作的片面认识。

(3)标准的作用和标准化意义。标准是科学、技术和工程经验总结,根据科学、技术、工程三元论思想,虽然标准已从工程进入科学和技术领域,但标准根本上是面向工程,是面向工程的质量技术标准;标准有"守底线、保基本、促技术、强质量、提效益"重要作用,具有基础性、战略性和引领性作用,应充分认识到标准化可引领技术创新,是科学管理的重要方法、精细化管理的核心要义、技术创新的支撑、质量的轨道,也是质量管理的有效抓手,是质量能力现代化重要标志。应使"三流的企业做产品,二流的企业做技术,一流的企业做专利,超一流的企业做标准"观念深入人心。标准对于管理者意味着协调、指导、规范、约束、保障;对于个人意味着知识学习、要求遵守、标准剪裁、成果共享,要在质量管理中全员树立"学标准、用标准、守标准、建标准"、"习惯形成标准,标准变成习惯","智者依标准生存"意识。

(4)标准化历史和发展趋势。包括标准化对质量技术统一的本质;自发标准化、传统标准化和现代标准化的发展阶段;标准化从传统标准化(基本/一般水平质量技术、强制性/公益推荐性标准制定、选用标准)向现代标准化(动态发展、高水平质量技术、自愿性标准制定)发展;企业"私标准"备案管理向自愿自律"私标准"自我声明公开转变发展。

(5)标准化基本知识和标准化法规制度。包括标准、标准体系、综合标准体、标准化、综合标准化、标准的性质、标准化风险、标准化主体,国家标准化法(标准化目的、技术标准范围、采用国外标准要求、标准层次确定要求、制定标准的基本目标和一般目标、标准体系建设要求、制定标准主体要求以及标准发展要求)等,遵守标准化法律。

(6)标准需求与标准供给关系。以往国家军用标准是管理部门供给,强调标准实施监督,而自愿性的试验基地标准化才可能真正满足需求,需要标准向顾客公示。

(7)试验工程项目管理中的型号标准化和综合标准化理念。要认识综合标准化项目就是标准应用和解决问题见效益,开展综合标准化应把贯彻实施现行标准/采用国际标准、制定新标准、修订老标准等内容列入项目规划,实现明确的标准化目的,保证成功并取得显见效益;综合标准化通过建立与相关标准协调的标准综合体(其中大量的是从现有标准中选用的),有效地从系统中剔除无用标准、修订落后标准、制定必要标准,这比标准修订周期内复审更有效,可使标准系统动态发展适用性更好;综合标准化有利于从技术标准向面向工程的质量技术标准拓展。在优化工程管理技术方面,综合标准化围绕总体目标,可不断优化完善标准体系,避免照搬标准、描述现状,避免陷入将积分定量评价变成惩罚工具的陷阱,提高对工程管理技术标准认识和管理水平;综合标准化不仅为开创了业务、能力生长点,而且可以把标准化工作由以标准数量积累为主推向为以标准综合应用创造效益为主的新发展阶段。综合标准化是基层单位标准化优选模式,可提供攻克长期困扰标准化工作"实施难、无反馈"顽症的药方,是提高标准工作水平的科学实用途径。

8.2.5 设立型号标准化和试验单位标准化专项经费,激活标准化工作活力

标准化工作的生机活力依赖于市场主体/试验单位标准化工作,应建立促进合作的统一"公标准"和促进竞争的多样"私标准"相协调,"公标准"提供更好资源和知识,更广阔视野和消除偏见,"私标准"更适合单位实际,在充分有效的质量管理为标准化工作反馈标准适用性信息和项目需求前提条件下,实现单一国家军用标准化工作模式向国家和军兵种试验行业军用标准为辅、试验基地标准化工作为主"双结合"工作模式转变,适应国家"政府单一供给转变为由政府主导制定和市场自主制定"新型标准体系建设要求。对装备试验,标准化以往绝大多数是国军标层面军用标准化,由于标准宣贯是标准化管理部门,而标准实施归口试验管理部门,试验管理部门对标准选用和剪裁等标准化审查存在不会管和不愿管现象,标准化工作缺乏与质量管理、试验工作融合,标准化管理部门在制修订和宣贯等标准供给上虽然下了大力,但在标准的监督实施上难以发挥作用,这就造成不能得到标准实施反馈信息、不了解并及时满足试验的标准需求等问题。适应国家标准化改革要求,要求国家军用标准化工作以"守底线、保基本"为目标,围绕技术基础、共性技术、通用产品制定标准,重点突出为企业和试验单位提供以公众利益保护基本要求标准的供给,通过管理监督强制执行,并提供产品/服务质量技术期望性要求的推荐性标准供给;试验基地标准化工作应以"促技术、强质量、提效益"为目标,围绕专利技术、个性技术、综合技术、专用产品制定标准,突出以技术指南和指导性技术文件的标准文件重

点,以质量管理体系程序文化和作业指导书的形式发布,以自愿性企业标准化模式制定试验基地标准并向试验服务顾客公示,实现"你定我用"到"我用我定"。

应解决目前严重制约试验基地标准化活力、动力的机制性障碍:

(1)上级部门对试验单位绩效评价中标准化工作考虑不足,试验单位领导对标准化工作重视不够,推动力弱,标准化工作地位低,试验基地标准体系建设缺乏动力,因此应完善对试验单位综合评价中标准化工作绩效评价制度。

(2)国家军用标准化工作有经费保障,但由于试验基地立项论证项目难以及时批准,会在一定程度上影响试验基地人员标准制修订热情。由于试验基地标准化工作没有经费保障渠道,因此,要在经费管理上有试验基地标准化工作专项经费,这项经费不同于国家军用标准制修订项目和标准化研究项目的项目经费。

(3)试验单位工程技术创新成果(所谓科技成果)在职称评定中作用远大于试验工程质量技术标准作用,削弱了标准制修订热情,因此在试验单位要树立以标准为核心的工程创新观念和评价激励机制。

8.2.6　完善开放型标准信息管理,健全条件保障体系

国外标准采用和标准军民融合建设对标准信息管理要求高更,但由于信息管理系统及其管理问题,无法高效、完整查询到相关适用标准,影响标准使用、立项论证及其审查、试验中标准化审查以及技术创新中基于标准的技术需求分析。标准信息管理应解决以下问题:①不能高效方便查询国内外相关标准;②标准信息管理系统只支持名称、编号、年号但不支持分类号、编写单位、编写人员等字段查询;③标准化文件库信息正确性;④立项查询和立项评审中未规范标准文件库使用;⑤标准文件信息发布周期较长(国军标半年一次发布周期相比美军半月一次太长);⑥标准体系优化不及时;⑦试验单位质量管理中知识管理难以满足试验设计中标准选用剪裁时适用性分析和试验条件控制;⑧试验中标准适用性信息及时不反馈。

参 考 文 献

[1] 麦绿波.广义标准概念的构建[J].中国标准化,2012(4):57-66.

[2] 麦绿波.标准体系的内涵和价值特性[J].国防技术基础,2012(12):3-7.

[3] 中华人民共和国国务院新闻办公室.中国的军事战略[M].北京:人民出版社,2015.

[4] 张星,宋善秋.制度视野下的国防采办比较研究[J].国防技术基础,2003(4):3-6.

[5] 周德勇,张代平.美军推行渐进式采办经验分析[J].装备指挥技术学院学报,2008,19(4):25-29.

[6] 谢志航,冷洪霞.DoDAF 及其在美军武器装备体系结构开发中的应用[J].国防科技,2011,32(4):25-31.

[7] 陈庆华.装备发展的"精明采购"与"精明需求"[J].装备指挥技术学院学报,2002,13(4):1-5.

[8] 姚轶.美军联合能力技术验证计划概述[J].飞航导弹,2009(12):30-33.

[9] 石海明,曾华锋.技术决胜:美国军事战略思维特征评析[J].国防科技,2006(9):69-72.

[10] 魏长春.基于仿真的采办研究[J].国防技术基础,2005(4):22-27.

[11] 段红,黄柯棣.基于仿真的采办体系结构[J].系统仿真学报,2001,13(2):247-250.

[12] 曾清,杜阳华.信息化条件下复杂军事装备效能评估技术研究[J].舰船电子工程,2009,29(9):18-31.

[13] 尹树悦.安全性与风险的相关概念分析[J].质量与可靠性,2011(3):50-55.

[14] 杨磊,武小悦.美军装备一体化试验与评价技术发展[J].国防科技,2010,31(2):8-14.

[15] 王国盛.美军一体化试验鉴定分析及启示[J].装备指挥技术学院学报,2010,21(2):95-98.

[16] 郭武君.我军作战理论中的一些新概念[J].现代军事,2001,25(3):48-49.

[17] 尹树悦,王晓云,赵廷弟.装备体系效能研究状况分析[C]//大型飞机关键技术暨中国航空学会 2007 年学术年会论文集.深圳:中国工程院机械与运载工程学院,2007:1-6.

[18] 张最良,李丽.一种结合应用需求的装备体系能力评估方法学研究[J].军事运筹与系统工程,2013,27(4):13-17.

[19] 侯国江,曲炜.美军装备采办改革与发展[J].装备指挥技术学院学报,2005,16(5):10-14.

[20] 白凤凯,秦红燕,杨开放.美军国防采办政策与程序重大改革解析及启示[J].装备学院学报,2014,25(4):23-28.

[21] 张英朝,张浩.美军 JCIDS 分析及对航天装备体系发展的启示[J].装备指挥技术学院学报,2006,17(3):14-19.

[22] 崔侃,王保顺.美军装备试验与评估发展[J].国防科技,2012(2):17-22.

[23] USDoD.CJCSI3170.01G Joint Capabilities Integration and Development System[R].Washington:USDoD,2009.

[24] 马开权,邓红旗.武器装备建设军民融合发展现状及对策研究[J].装备指挥技术学院学报,2011,22(2):9-14.

[25] 夏爱民.新中国 60 年标准化大事记[J].标准生活,2009(10):34-43.

[26]　顾孟洁.新中国标准化事业 60 年发展综述[J].中国标准化,2009(12):31 - 34.

[27]　郎志正.把握方向　服务中心:我国标准化发展战略的思考[J].中国标准化,2009(8):28 - 29.

[28]　李春田.企业标准化的发展方向[J].中国标准化,2011(8):43 - 47.

[29]　尹彦.从技术委员会的视角看标准化发展趋势[J].中国标准化,2014(1):45 - 48.

[30]　郑康华.中国技术标准发展战略研究总报告[R],2004,9.

[31]　高丽稳.如何应对航空领域的国际标准与"全球性标准"之争[J].航空标准化与质量,2014(2):51 - 56.

[32]　郭晨光.IEC 发展纲要(2006 版)正式发布[J].中国标准化,2006(11):11 - 12.

[33]　国家发展的奠基工程:国家重大科技专项重要技术标准研究实施回顾[J].世界标准信息,2006(9):4 - 23.

[34]　郑巧英,徐成华.我国高新区企业"科研-标准-产业"协调机制的相关实践[J].中国标准化,2011(2):24 - 27.

[35]　佚名.国际组织的标准化发展战略[J].化工标准·计量·质量,2005(10):42 - 46.

[36]　张亮.标准引领可持续发展世界:ISO2005 — 2010 战略计划简介[J].电器工业,2005(11):52.

[37]　肖寒.欧洲标准化政策[J].中国标准化,2008(2):65 - 68.

[38]　洪益群.北约标准化新变革[J].航天标准化,2013(9):37 - 39.

[39]　洪益群.北约标准化概貌[J].航空标准化与质量,2005(10):49 - 54.

[40]　王海玉,黄婧,李惠菁.国外先进军用标准引进分析综述[J].国防技术基础,2008(3):14 - 16.

[41]　王勉钰.向贸易型标准转化的探讨[J].国防技术基础,2007(7):8 - 11.

[42]　李东林.论军民结合的演变及其对标准化工作的影响[J].机械工业标准化与质量,2011(8):43 - 47.

[43]　孙丹峰,季幼章.标准的分级和分类[J].电源世界,2013(1):56 - 60.

[44]　程恺,车军辉,张宏军.作战任务的形式化描述及其过程表示方法[J].指挥控制与仿真,2012,34(1):15 - 19.

[45]　刘三江.试论我国标准体系改革的基本逻辑:从标准利益竞合的角度[J].中国标准化,2016(19):87 - 93.

[46]　李维,吕彬.基于 POPS 和 PSR 的美军里程碑节点审查方法[J].装甲兵工程学院学报,2012,26(5):18 - 23.

[47]　任连生.基于信息系统的体系作战能力教程[M].2 版.北京:军事科学出版社,2013.